无人机应用技术专业系列教材

# 固定翼无人机
# 组装调试与飞行实训

主　编　王古常　李纯军

参　编　阳建文　叶　丹　王　卉
　　　　曹建龙　刘　航　王若天

重庆大学出版社

## 内容提要

本书以固定翼无人机组装、调试和超视距飞行实训为主线,在介绍固定翼结构组成和基本飞行原理的基础上,以常规布局的固定翼航模装调为切入点,详述了通过加装飞控和地面站系统,使航模升级为无人机并成功实现超视距飞行的具体方法;以自选的新微风航模和自研的"白云岩"垂直起降固定翼无人机为主训设备,配套目前主流使用的 PIXHawk 系列开源飞控和 MP 系列地面站,力求体现结构组成全系统、飞行作业全流程和所见即所得、所学即所用的编写理念。

本书可作为高等职业教育院校无人机应用技术专业和中等职业院校无人机操控与维护专业等相关专业的教材,也可作为各类无人机培训机构资质认证和无人机爱好者的参考用书。

**图书在版编目(CIP)数据**

固定翼无人机组装调试与飞行实训/王古常,李纯军主编. -- 重庆:重庆大学出版社,2023.6(2025.1重印)
无人机应用技术专业系列教材
ISBN 978-7-5689-3924-9

Ⅰ.①固… Ⅱ.①王… ②李… Ⅲ.①无人驾驶飞机—组装—教材②无人驾驶飞机—调整试验—教材③无人驾驶飞机—飞行控制—教材 Ⅳ.①V279

中国国家版本馆 CIP 数据核字(2023)第 112696 号

**固定翼无人机组装调试与飞行实训**
主 编 王古常 李纯军
策划编辑:秦旖旎
责任编辑:文 鹏 版式设计:杨粮菊
责任校对:邹 忌 责任印制:张 策
＊
重庆大学出版社出版发行
出版人:陈晓阳
社址:重庆市沙坪坝区大学城西路 21 号
邮编:401331
电话:(023) 88617190 88617185(中小学)
传真:(023) 88617186 88617166
网址:http://www.cqup.com.cn
邮箱:fxk@ cqup.com.cn(营销中心)
全国新华书店经销
重庆长虹印务有限公司印刷
＊
开本:787mm×1092mm 1/16 印张:17 字数:416 千
2023 年 6 月第 1 版 2025 年 1 月第 2 次印刷
ISBN 978-7-5689-3924-9 定价:59.00 元

# 前 言

在党的二十大报告中,习近平总书记将"办好人民满意的教育"列为"实施科教兴国战略,强化现代化建设人才支撑"的首要任务。作为与普通教育同等重要的职业教育,要办到人民满意,必须做到质量优先,不断优化职业教育的类型定位,推动教师教材教法创新改革,促进提质培优行动落实。基于教材改革的质量导向,在前期成功出版教材《多旋翼无人机组装调试与飞行实训》的基础之上,我们再次组织编写了本书,后续还将陆续推出专注于无人机地面站系统、动力系统和飞控二次开发等系列教材,以期为推动无人机职业教育的发展持续助力。

固定翼无人机是最早问世的无人机机型,其具有续航时间长、飞行速度快和巡航面积大等诸多优点,一出现便在军事领域获得了十分广泛的应用。垂直起降技术的日趋成熟,进一步助推固定翼无人机在边境巡逻、治安监控、灾情监视、森林防火、航空摄影测量和地理信息勘察等民用领域崭露头角。伴随着无人机产业的蓬勃发展,无人机驾驶员成为高新技术领域的新兴职业,各级各类无人机职业技能大赛方兴未艾,无人机操控与维护、无人机应用技术、无人机测绘技术和无人机系统应用技术等成为国内中、高等职业院校和应用型本科院校的热门专业之一,无人机专业建设热潮正逐步来临。

为更好地满足职业教育特色,本书根据高职院校无人机应用技术专业人才培养方案和课程标准要求,结合"1+X证书制度"的无人机驾驶员职业技能等级认证标准和相关行业标准编写而成;依据职业教育特点,以固定翼无人机结构组成全系统、飞行作业全流程和所见即所得、所学即所用为编写原则,在理论够用的前提下,重点关注无人机行业岗位知识、能力和素质养成;采用项目导向和任务驱动的结构设计,共分为结构认知、原理解读、航模组装与放飞、在航模中加入自主控制和垂起固定翼飞行实训5个项目、20个任务,详细讲述了由航模升级为无人机的具体步骤,并通过引入新兴的垂直起降固定翼无人机实现了场地有限环境下的固定翼超视距飞行实施;每个学习任务坚持工作过程导向,穿插安全提醒、知识拓展和延伸阅读等学习要素,引领读者轻松愉快地学习,在情境启发和技能实训中加强对岗位任职的针对性。全书采用活页式彩色印刷,图文并茂,形象直观。

本书第一作者王古常教授系陆军退役大校,有近20年的军用无人机装备一线教学和管理经验,编写组骨干教师有多年军、民用无人机教学与培训经历,多人拥有民航无人机超视距驾驶员和教员飞行执照;还参阅了大量的技术资料,归纳整理了诸多网络资源,对这些文献的作者表示衷心的感谢。

由于时间仓促、水平有限,书中缺点和不足难免,热忱欢迎同行和读者们批评指正。

编 者

2023 年 2 月

# 目 录

1

# 项目 1　系统综述与结构认知

 导学

固定翼无人机是有人驾驶飞机因战争需求而发展起来的。现阶段,尽管旋翼机已占据无人机市场的半壁江山,但旋翼机特别是多旋翼无人机,是 20 世纪 90 年代因微机电系统(Micro-Electro-Mechanical System, MEMS)技术研究进展神速,才真正走进了大众视野。学无人机先从固定翼入手,不失为一种明智的选择。而在军事作战行动中,固定翼因续航时间长和载荷量大等优势,相对多旋翼具有更广的适用范围和更高的应用价值。

## 知识目标

(1)简述固定翼无人机的发展脉络、典型个例及军事应用。
(2)解释固定翼无人机的定义、特点、系统组成及常见类型。
(3)阐述固定翼无人机飞行器的具体结构。

## 能力目标

(1)感受战争需求牵引固定翼无人机发展的历程与脉络。
(2)深刻理解固定翼无人机的定义,全面掌握其系统组成和常见类型。
(3)掌握固定翼无人机飞行器系统的结构组成,理解各组成部分的具体功能。

## 素质目标

(1)认同科技发展是社会进步的不竭动力。
(2)形成固定翼无人机系统结构与功能的整体观。

# 任务 1.1　回顾历史

让我们走进历史,回顾一下固定翼无人机的发展及军事应用历程。

## 1.1.1　早期发展

若支持不同的定义,人们对无人机会有不同的理解。有人说第一架无人机或许是史前穴居人扔出来的一块石头,或者说是中国人在 13 世纪时发射的火箭。但这些"飞行器"几乎或根本不能控制,基本上遵循惯性飞行轨迹,即弹道轨迹。如果把无人机的定义仅局限在能够通过空气动力产生升力,并且有少许操纵动作的话,那么风筝便符合这一定义,可以称作第一架无人机了。

1883 年,一个名叫阿奇博尔德·道格拉斯(Archibald Douglas)的英国人在一根风筝线上拴了一只风速表,在 1 200 ft(1 ft = 0.304 8 m)的高度上成功测量出风速。1887 年,他又在风筝上安装了照相机,制造出了世界上第一架"无人侦察机"。在 1898 年爆发的美西战争中,威廉·埃迪(Willian Eddy)就利用风筝拍摄了成百上千张照片,这可能是最早使用无人机的战例之一。

然而,直到第一次世界大战,无人机系统才被世人所认识。1914 年,在第一次世界大战如火如荼的进程中,英国的卡德尔和皮切尔两位将军提议研制一种无人驾驶空中炸弹,可以自行飞到目标上空消灭敌人,然而试验多次均以失败告终。

在第一次世界大战进入尾声时,虽然动力飞行还完全是一个新生事物,但这一时期却是重大发明频出的时代。1917 年,皮特·库珀(Peter Cooper)和埃尔默·A. 斯佩里(Elmer A. Sperry)发明了第一台自动陀螺稳定器,这种装置能够使飞机保持平衡地向前飞行,无人飞行器自此诞生。这项技术成果将美国海军寇蒂斯 N-9 型教练机成功改造为首架无线电控制的不载人飞行器(被称为"斯佩里空中鱼雷"),如图 1-1 所示。斯佩里空中鱼雷可搭载 300 lb(1 lb = 0.453 6 kg)的炸弹飞行近 50 mi(1 mi = 1.609 344 km),可惜从未参与实战。

同样是在 1917 年,美国通用汽车公司的查尔斯·F. 凯特林(Charles F. Kettering)用 3 年的时间为陆军通信兵开发了一种双翼无人机,并命名为"凯特林航空鱼雷",如图 1-2 所示。凯特林航空鱼雷还有一个更加响亮的名字称为"凯特林小飞虫(Kettering Bug)",飞机由预设控制系统导向目标,并且可以巧妙地从装有滚轮的手推车起飞,以 88.51 km/h 的速度飞行近 40 英里。可分离式机翼在飞机到达目标上空时与机身分开,使机身能够像炸弹一样投向地面。飞机可携带 180 磅的炸药,最大载重 300 磅,1917 年的造价为 400 美元,美军曾下了大量凯特林小飞虫的订单,但在它被派上战场之前战争就已经结束了。

图 1-1  "斯佩里空中鱼雷"无人驾驶飞机            图 1-2  "凯特林小飞虫"无人机

直到 1921 年,英国才研制成可付诸实用的第一架靶机。1933 年,英国人从一艘轮船上通过遥控试飞了 3 架装饰一新的 Fairey Queen 双翼飞机。其中两架失事,但第三架飞行成功,他们曾决定将其中一架作为靶机,但却没能将它击落。这些实践使得英国成为第一个完全理解了无人机价值的国家。1935 年,"DH.82B 蜂王号(DH.82B Queen Bee)"无人机(图 1-3)横空出世,其最大飞行高度 17 000 英尺,最高航速 160.93 km/h,在英国皇家空军一直服役到 1947 年。蜂王号无人机克服了以往空中飞行器不能飞回起飞点的弊端,使回收无人机成为可能。蜂王号无人机的问世才能说是无人机时代的真正开始。

到了第二次世界大战期间的 1944 年,阿道夫·希特勒希望拥有攻击非军事目标的飞行炸弹,德国工程师弗舍莱·福鲁则浩(Fieseler Flugzeuhau)设计了一架最高航速达到 756.39 km/h 的无人机,并命名为"复仇者一号",如图 1-4 所示。该飞行炸弹专为攻击英伦列岛而设计,英国曾有 900 多人死于该型无人机之下。由于 V-1 飞行炸弹采用从弹射道发射并能按照预定程序飞行 150 英里,因此被认为是当代巡航导弹的先驱。

图 1-3　"DH.82B 蜂王号"无人机　　　图 1-4　"复仇者一号"无人机(V-1 飞行炸弹)

出于战争需要,美国于 1939 年开始研制靶机。战后为发展新型防空导弹,先后有 30 多家公司投入了靶机和遥控飞行器的研制,其中最负盛名的有瑞安公司研制的靶机"火蜂(Firebee)"系列靶机,以及诺斯罗普公司的"石鸡(chukar)"系列靶机等。

此后法国研制成功 CT-20 与 CT-22 靶机,意大利研制成米拉奇系列靶机,澳大利亚研制成金迪威克靶机等。其他如加拿大、以色列、日本、德国、南非相继研制成多种靶机,苏联研制成 La-17 和米格-15 改装成的靶机等,甚至伊朗也研制成多种供火炮、飞机和导弹用的靶机。

由此可知,早期的固定翼无人机大多用作靶机,所以,早先的简氏世界飞机年鉴将它归为遥控飞行器与靶标族类,即 RPVsandTargets。无人机的这种用途一直持续到今天,并占无人机市场的大多数份额。

## 1.1.2　实战应用

除靶机外,在漫长的岁月中,无人机的发展相当缓慢。直到 20 世纪 60 年代,微电子技术、光电技术和计算机技术的爆炸式发展,以及局部战争的作战运用,为无人机的快速发展提供了技术和实践基础。在面向现代化和未来战场作战需求的牵引下,无人机进入了快速崛起与迅猛发展阶段,并逐步成为除有人驾驶飞机和导弹以外的另一类作战武器,其军事价值逐渐被各国军方深刻认识。

（1）越南战争期间

随着相应技术的进展，各国尝试在靶机上换装一些遥感和测量装置，使无人机具有战场侦察、监视、目标探测及电子战等功能，甚至设想将它作为无人作战飞机。美国"火蜂"、意大利"米拉奇"等都作了这方面的改进与利用。另外，还有通过将有人驾驶飞机改进用作上述目的的无人机。但是直到越战时期，无人机才被成功用于侦察。

1962年，美国瑞安公司紧急改装"火蜂"靶机为高空无人侦察机并于次年研制成功。因为机上安装了功率较大的发动机，可以飞行上千千米并能有效回收，没有驾驶员乘座舱，只安装照相机，成本很低，而且机身长不过3~4 m，所以雷达很难发现，战斗机向其开火也不容易被击中。从后来美国解密的资料中得知：1964—1975年，美国使用"瑞安"系列无人侦察机在东南亚地区共进行3 435次照相侦察。不需付出生命代价，损失率与获得的侦察成果相比极其合算，据统计，美军从越南战场得到的侦察照片，80%以上是由无人机拍摄的。

**延伸阅读 "火蜂"折戟中国**

1964年8月，美国悍然空袭越南北方，中国西南边境蒙上战争阴影。8月29日，部署在日本冲绳基地的美战略空军司令部第100战略侦察机联队，派遣DC-130"大力士"运输机，携带1架AQM-34"火蜂"高空无人侦察机，到南海上空投放，入侵我国领空，对我国沿海的空军阵地实施航空照相侦察。之后，"火蜂"无人机多次入侵我国领空。由于"火蜂"无人机的飞行高度为17 500 m（后来又有飞行高度为18 300 m和20 400 m的改进型），而我军当时最先进的战机米格-19飞机的理论升限为17 600 m，很难够着敌机，所以虽然我军多次出动飞机拦截，均未取得战果。

11月15日，雷州半岛天气晴朗，11时35分，在海口东南215 km海面上空出现无人驾驶高空侦察机1架，航向西北，直指涠洲岛，高度17 600 m。11时58分，驻遂溪机场的空1师作战分队中队长徐开通，奉命驾驶米格-19飞机起飞拦截。12时20分，我机升高至16 500 m，距离敌机约15 km，追近至约4.5 km，表速780 km/h，采取半自动跃升方法升至17 500 m改平，处于敌机尾后，并低于敌机100 m，第一次射击距离约400 m，发现弹道偏低，又在300 m开炮，弹道又偏左，此时距离已很近，飞行员想脱离，但发现已在敌机腹下，发动机喷口都看得很清楚，敌机被弹面很大，于是把机头拉起来，对准敌机腹部进行了第三次射击，一直打到敌机腹部冒出浓烟，并掉下许多碎片。无人机倾斜了一下，翻转过来，急剧坠落，坠入遂溪西南涠洲岛附近大海中，我机从敌机下方30 m处脱离。整个作战过程如图1-5所示。

这次战斗的胜利是在美军无人驾驶高空侦察机第13次入侵时取得的。战斗中，我空军首创了用战斗机在平流层击落敌机的纪录，并为而后一连串的战斗胜利提供了成功的经验。

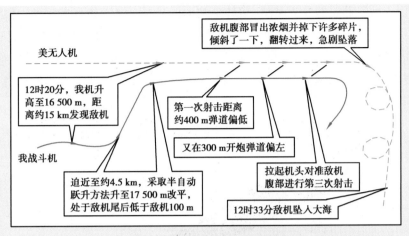

图 1-5　无人机被击落示意图

在 1964 年 8 月至 1969 年年底的 5 年零 4 个月期间,美国高空无人侦察机共入侵我领空 97 架次,被我空军航空兵击落 14 架,被我海军航空兵击落 3 架,被我地空导弹部队击落 3 架,累计击落美军无人机 20 架,击毁率为 20.61%。1965 年,我国召开新闻发布会,向全世界展示被击落的美军 AQM-34"火蜂"无人机残骸(图 1-6),大长了中国人民的志气。英勇的空军航空兵、海军航空兵在总结了初战失利的教训后,不断改进战术、技术,创造性地挖掘现有装备的最

图 1-6　被击落的"火蜂"无人机残骸

大潜力,发扬敢打敢拼的大无畏革命英雄主义精神,连续击落被美国吹嘘为世界上第一流的侦察机,打击了美国的狂妄和嚣张气焰,捍卫了祖国的领空。这些成功的战例,对我国今天研究高技术条件下作战,仍深有启迪。

(2)中东战争期间

随着越战的结束,人们对无人机的兴趣逐渐淡化。但以色列在中东战争中对无人机的灵活运用,重新将无人机拉回到各国军方的视线。

1973 年 10 月 6 日,阿拉伯国家对以色列发动了第四次中东战争。阿方使用苏联提供的"萨姆-2(SA-2)"和"萨姆-3(SA-3)"中高空导弹、"萨姆-6(SA-6)"中低空导弹、"萨姆-7(SA-7)"超低空导弹以及不同口径的高炮,组成了严密的防空火力网,以色列进攻的飞机受到十几到二十几枚导弹的打击,难以发挥作用。尤其是"萨姆-6"导弹,让以军无法实施干扰,以色列空军对其一筹莫展,飞机被击落 200 多架。

战后,饱受防空导弹之苦的以色列潜心研究无人机技术,先后研制成功"猛犬""侦察兵"等多型号、多用途无人机,并大量装备部队。在 1976 年对埃及的战争中,以色列大量使用美制"BQM-74C 石鸡"和"鹪鹩"等无人机模拟有人作战机群,掩护有人机超低空突防,成功摧毁

5

了埃及沿苏伊士运河部署的导弹基地,扭转了被动的战局。这一崭新的战法,让以色列尝到了使用无人机的甜头。在之后的研制过程中,他们在无人机上增加了电视摄像机和红外扫描装置,在地面控制系统中增添了图像显示器。无人机实现了依靠电视和红外图像的实时制导,操作人员可以像实际驾驶飞机一样执行各种任务,极大地提高了无人机的战术灵活性。如图 1-7 所示为搭载了专用搜索/监视光电负载的"侦察兵"无人机。

"侦察兵"系统包括若干的无人机(UAV),一个地基任务控制中心和发射/回收系统。主要任务是携带一套固定的视频摄像机用于实时传输,还有各种不同的红外系统。

| 翼展: 4.96 m | 机长: 3.68 m | 机高: 0.94 m | 最大平飞速度: 176 km/h |
| 续航力: 7 h | 控制距离: 100 km | 空机重: 76 kg | 最大任务载荷: 38 kg |

图 1-7　以色列研制的"侦察兵"无人机

1982 年夏季,以色列为消灭巴勒斯坦游击队据点而入侵黎巴嫩,引发了以色列与叙利亚对黎巴嫩的争夺战。叙利亚军队在黎巴嫩贝卡谷地部署了 6 个"萨姆-6"防空导弹群,计 19 个导弹阵地。以军深知,要取得行动自由权,必须夺得对黎巴嫩的制空权,要想夺得制空权,必须要首先摧毁叙利亚军队"萨姆-6"防空导弹组成的防空体系。

为了弄清叙利亚在贝卡谷地的导弹阵地部署,6 月 9 日,以军派遣大量由塑料制造的"猛犬"无人机,从 1 500 m 高度大摇大摆地进入贝卡谷地上空。该机群故意发出酷似 F-4 战机的"电子图像"和飞机轰鸣声,诱使叙利亚的雷达阵地迅速开机搜索目标,导弹阵地纷纷开火,只见一枚枚"萨姆-6"地空导弹如离弦之箭各自射向预定的空中目标,转瞬间以色列的许多飞机如"礼花"般在空中绽开。就在叙利亚人自以为又一次大获全胜并享受极为短暂的喜悦之时,以色列同时派出的"侦察兵"无人机,完成了搜集叙利亚导弹阵地具体位置、导弹系统使用的信号及雷达频率等任务,并把这些信息及时传给了"鹰眼"E-2C 预警机和地面作战指挥中心。"鹰眼"预警机将情报传送给电子干扰机和战斗机。随即以军使用机载大功率干扰机,针对叙军雷达频率,实施有源干扰,同时发射金属箔条弹实施无源干扰,在贝卡地区形成了强烈的电子干扰区,致使叙军防空雷达、通信设备不能正常工作。

几分钟后,以军 188 架携带反辐射导弹和常规炸弹的 F-15、F-16 战斗机飞临贝卡谷地上空开始狂轰滥炸,仅用短短 6 min 时间,叙军在贝卡谷地部署的 19 个"萨姆-6"导弹阵地便化为乌有,而以方军机无一架损失。

此役,以色列对电子战无人机的成功运用不仅奠定了它在无人机领域中的大国地位,更是引起了各国军方的高度重视,引发了竞相研究与采购无人机的热潮,从而大大加速了无人机的发展和军事应用。在1991年的海湾战争中,美国借鉴了以色列的成功经验,利用"先锋"无人机对伊拉克进行侦察,发现了两个蚕式反舰导弹发射场、320艘舰船及许多高炮阵地等重要目标,后来这些目标均被摧毁。

(3)科索沃战争期间

1999年3月24日,北约开始对南联盟实施空中打击,起初对南联盟军队动向实施监视、侦察任务的是大量的军事卫星和电子侦察机。然而,南联盟特殊的山林地形和气候条件,大大降低了在1 000 m以上高空执行侦察任务的卫星和侦察机的侦察效果。北约碰到了两大难题:一是不能识别和攻击云层下的移动目标;二是难以识别隐蔽或伪装的目标。

为了解决这两个问题,3月底,北约紧急调用美、英、法、德、意5个国家的7种类型近300架无人机参战,包括美国空军的"掠夺者"、陆军的"猎人"及海军的"先锋",德国的"CL-289",法国的"红隼",英国的"不死鸟"等。无人机体积小、当时不具备对地攻击能力,南联盟塞族军队误认为这些不伤人的"和平鸽"似乎没有什么可怕的地方,对此显得不屑一顾。就在他们对无人机冷嘲热讽的同时,北约的舰对地导弹像长了眼睛似的纷纷命中目标,在短短的十几天内,塞族武装70%的军火库和30%的指挥所遭到了毁灭性打击,致使南联盟被迫与北约签订了停火协议。如图1-8所示为这些无人机中的代表之一——"猎人"战术无人机。

翼展:8.8 m　　　机长:6.8 m　　　机高:1.7 m　　　最大起飞质量:727 kg
最大负载量:125 kg　　最大燃料质量:136 kg　　实用升限:15 000英尺
操作飞行速度:110节　　最大飞行航程:200 km　　最大续飞能力:12 h

图1-8　美国研制的"猎人"战术无人机

随着无人系统武装化的大力推进,美陆军已将"猎人"无人机改造成为该军种的第一种武装无人机,并已完成携带"蝰蛇打击"精确制导弹药武器系统的投放试验。未来"猎人"Ⅱ式无人机的飞行时间将达36 h,携带一个合成孔径雷达、一套地面移动目标显示系统和一套战士信息网络战术系统及"地狱火"导弹等,战场实战能力惊人。

科索沃战争中,美军无人机完成了监视与侦察、目标指示、战斗毁伤评估、交叉引导、气象资料搜集、散发传单等大量任务;美陆军还创造性地使用"猎人"无人机,对驻科索沃的南军进行定位和瞄准,引导空中打击,无人机一度成为北约的"千里眼"。更为引人瞩目的是,北约与南联盟开战不久,美军一架F-117夜鹰隐形战斗机就不幸被塞族军队"萨姆-3"地空导弹击落,为了营救跳伞逃生的飞行员,北约军队司令部派无人机和阿帕奇武装直升机组成营救小组前往南联盟执行任务。夜幕降临,两架"捕食者"无人机从战列舰甲板上起飞后悄悄地进入了南联盟上空,在伸手不见五指的夜空,两个"魅影"时而高空盘旋、时而贴地搜索,不到半个小时,飞行员所在位置的准确数据传到了指挥中心,等候多时的阿帕奇武装直升机迅速出航,成功地完成了营救任务。

(4)海湾战争期间

美国是一个极端追求战争效费比的国家,无人机因在贝卡谷地的出色表现,使以色列以"零伤亡"换取最大战争效益而受到世界各国青睐。与有人机相比,这种极大的效费比使美军垂涎欲滴。

海湾战争开始前,美军急忙从以色列购买了几十套"先锋"无人机投入战斗。1991 年 2 月 4 日凌晨,美国"密苏里"号战列舰冒着无灯航行和触发水雷的危险,偷偷驶到近岸阵位,一架"先锋"无人机悄悄地从甲板上起飞了,20 min 后,用红外侦察仪拍摄到的地面目标图像一览无余地传到了作战指挥中心,于是,战列舰发射的炮弹一枚枚准确地落在了伊拉克的军事目标上。在以后的 3 天里,"先锋"无人机共引导部队摧毁了伊拉克 6 个火箭炮连、120 多门火炮、7 个弹药库、1 个自动化炮兵旅、1 个机械化炮兵连、300 余艘舰船、两个"蚕式"导弹发射场和数艘巡逻艇。这些防御工事、炮兵阵地、雷达网、指挥枢纽、弹药库曾被伊拉克人喻为抵抗美军的"天然屏障",没想到在"手无寸铁"的无人机面前顷刻土崩瓦解。

海湾战争中,美军面临的一项最艰巨的任务,莫过于搜寻并摧毁伊拉克隐藏在沙漠中的"飞毛腿"导弹机动发射架。为了在茫茫沙海中找到伊拉克隐藏的"飞毛腿"导弹发射架,又避免人员伤亡,1 月 17 日,"沙漠风暴"行动开始前,"先锋"无人机就进行了大量的侦察活动。2 月 1 日至 25 日,美军效仿以色列使用了大量的"先锋"无人机作诱饵,以各种编队形式在目标上空飞行,模拟盟军各种轰炸机信号,诱骗伊拉克防空系统的雷达开机并发射导弹,致使伊军防空阵地暴露在联军火力打击之下。随后,"先锋"无人机又将拍摄的大量图片传送给指挥中心,打击部队获得了伊拉克的坦克、导弹发射架、指挥中心等有关目标的精确坐标,根据这些目标的具体位置,美军及时修订了攻击飞行路线,使伊拉克各类军事目标在短短的两天之内就全部瘫痪。据战后统计,美军在海湾战争中共投入了 200 多架无人机,仅"先锋"一种无人机就执行任务 533 次,飞行 1 638 h,其使用密度之大堪称几场局部战争中武器使用之最。

(5)伊拉克战争期间

在 2003 年的伊拉克战争爆发前夕,美军获悉伊拉克共有 25 000 个目标需要攻击。为了确保对这些目标的准确定位,并保证战场上的绝对优势,自 2002 年 10 月下旬开始,美军就将装备有"海尔法"导弹和激光制导导弹的"捕食者"无人机部署到伊拉克上空巡逻。整个战争过程中,美军的"全球鹰"、"捕食者"、"影子"200、"影子"600、"猎犬"、"指针",英国的"不死鸟"等十余种无人机投入了战斗,使伊拉克上空变成了无人机的天堂。如图 1-9 所示为正在调试中的"影子"200 战术无人机。

2003 年 3 月 28 日,正当伊拉克的精锐部队向被困在风沙漫卷的沙漠里的美军步步逼近时,一架"全球鹰"无人侦察机疾速从伊军上空呼啸而过,一瞬间,这架无人机穿过沙漠上空 19 km 高的云层将有关敌人位置的信息准确无误地传送给美军的空袭指挥部,使得本来对美军来讲是浴血反击战的一场战斗,最终演变成了伊拉克共和国卫队的全线崩溃。

"影子"200享有"陆军的眼睛"之美称,可以让陆军指挥官在作战中"第一发现,第一了解,第一行动"。在伊拉克战争中发挥了极其重要的作用。全套系统包括飞机、任务载荷模块、地面控制站、发射与回收设备和通信设备。

| 机长:3.40 m | 机高:0.91 m | 翼展:3.89 m | 螺旋桨直径:0.66 m |
|---|---|---|---|
| 空机质量:91.0 kg | 最大燃油质量:28.6 kg | | 最大任务载荷:27.3 kg |
| 最大发射质量:149 kg | 最大平飞速度:228 km/h | | 巡航速度:156 km/h |
| 升限:4 575 m | 起飞滑跑距离:250 m | | 最大数据链传输距离:125 km |
| 作战半径:80 km | 最大续航时间:5~6 h | | 最大过载:3.6 g |

图 1-9    正在调试中的"影子"200 无人机

还有一次,在联军对巴格达实施了"震慑"行动后,为了积极配合海、空军作战,陆军两个机械化步兵师约 6 万人准备进行突击登陆作战,数架号称"尖叫魔鬼"的"影子"200 和"捕食者"无人机对陆军登陆及攻击方向地域实施了多波次、不间断的侦察,伊军动向、交通路线等战场情报被实时地传给了美陆军作战指挥司令部,使得美军地面部队在不到 3 天时间内就由南向北推进约 700 km,推进速度创造了历史纪录,是 1991 年海湾战争时美国陆军推进速度的 4 倍。

据统计,伊拉克战争中空军所进行的 452 次情报、监视与侦察行动中,一半以上摧毁重要目标的信息是由高空飞行的无人机提供的。

以上所述的战争实践证明:无人机不仅适于深入敌方空域完成战场侦察、监视、目标识别、定位、炮火校射、雷达诱饵、电子侦察与干扰、探雷、通信中继、航路侦察、战斗毁伤评估、战斗、反辐射等任务,而且具有极高的效费比。在可以预见的将来,无人机将在信息战、精确打击作战和陆、海、空、天、电"五维"一体化战场中大显身手,成为航空航天作战力量的倍增器。随着高空长航时无人侦察机、无人轰炸机、无人战斗机等高技术无人机装备投入战争,必将会导致武器装备的第三次革命。


**延伸阅读    "捕食者 B"引导攻击阿提夫**

2001 年 9 月 11 日,美国纽约世贸中心大楼遭到恐怖分子驾驶劫持的两架美国民航客机的自杀性撞击,世贸中心南、北楼相继坍塌,3 000 余人丧生。这一事件称为"9·11"事件。为了应对恐怖主义的挑战,美国政府于 2001 年 10 月 7 日发动了对阿富汗塔利班政权和"基地"恐怖组织的军事打击。美国空军的几个"捕食者"无人机编队被编入派往中亚地区的先头部队,一个捕食者无人机编队有 4 架"捕食者"或"捕食者 B"无人机,设有一个地面控制站。站内控制人员对无人机进行控制,通过机载摄像机对飞行的空域和航线进行监视。侦察卫星负责无人机、控制人员、无人机侦察情报接收者之间的通信联络。在 2001 年

10 月美国对阿富汗的空袭中,"捕食者 B"首次在实战中发射导弹摧毁了一辆塔利班的坦克,在随后的作战中,"捕食者 B"又有出色的表现。

2001 年 11 月 15 日晚,"捕食者 B"MQ-9 无人机侦察到塔利班的一支部队撤出首都喀布尔,小心翼翼地前进。无人机机载红外摄像机的清晰图像,通过数据链和侦察卫星,像电视现场直播一样,实时传送到位于美国佛罗里达州坦帕的美军中央司令部的控制室,然后发送到五角大楼和中央情报局。美国高层官员经过分析认为,这支塔利班部队中有重要人物。美军的地面控制人员,控制无人机尾随跟踪。当这支塔利班部队在一小镇宿营,部分人员进入一家旅馆时,跟踪而至的"捕食者 B"在旅馆上空盘旋、监视。通过夜视镜头,美军发现,整座旅馆大楼防守严密,不时有人进进出出,房间内似乎正在召开一个重要会议,与会者可能职位不低。美军中央司令部果断地下达了攻击的命令,3 架 F-15 战机升空,随即将 3 枚"聪明炸弹"GBU-15 准确地投向旅馆大楼,将旅馆炸毁。同时,空中监视的"捕食者 B"无人机在地面控制人员的遥控下,向旅馆停车场上的汽车发射了两枚"海尔法"导弹,并命中目标。事后查明,此次由"捕食者 B"无人机引导的空袭,准确命中目标,炸死近百人,其中含多名基地组织的高层人物,包括本·拉登的副手——57 岁的穆罕默德·阿提夫。

此役,是无人机发展史上的一个里程碑,标志着无人机开始由单一侦察型向侦察、攻击综合型的转变。此战之前,"捕食者"就曾在阿富汗准确地捕捉到了本·拉登的行踪,但当时"捕食者"不具有攻击能力,错失良机。这使得美国痛下决心,将直升机发射的"地狱之火"导弹装备到"捕食者"侦察机上,使得改装后的"捕食者 B"在发现目标时就能立即实施攻击。美国倡导的这种"发现即消灭"的战争理念,开创了成功运用"斩首"战术的实战先河,极大地促进了世界无人机军事领域的发展。

# 任务 1.2　系统组成

## 1.2.1　定义与特点

固定翼无人机是指由动力装置产生前进的推力或拉力,由机身固定的机翼产生升力,在大气层内飞行的重于空气的无人机,属于航空器范畴。航空器是指在大气层内飞行的飞行器,在大气层外飞行的属于航天器。相对于旋翼无人机类,固定翼无人机的显著特点是载荷大、续航时间长、航程远、飞行速度快、飞行高度高,但起降受场地限制、无法悬停。

定义虽然简单,但作为发展与应用最为成熟和稳定的机型,固定翼无人机系统同样包括在天上飞行的无人飞行器以及与之配套的地面控制系统、构成天地回路的数据链系统、任务载荷系统等。在军事应用领域,不同的固定翼无人机系统担负的任务不同,其大小、质量、复杂程度等也各不相同,但就其基本组成来说,一般可分为"无人飞机"和"地面站"两个部分,供应订货的配套往往以"几架飞机和一个地面站"为一个单位,如"3 机 1 站""6 机 1 站"等。在民用领域,出于成本考虑,多采用单机单站配套,即一架飞机配套一个地面站。

### 1.2.2　典型个例

#### 1)全球鹰(Global Hawk)

RQ-4"全球鹰"大型高空长航时无人驾驶侦察机由美国诺斯罗普·格鲁门公司研制,是无人机作为高空持久性先进概念技术验证(ACTD)计划的一部分。其具有超强的留空飞行能力、全天候的侦察监视能力和高精度的实时传输能力等,被认为是美国乃至全世界技术最先进的无人机。

(1)飞行平台

"全球鹰"的飞行平台如图1-10所示,可分为RQ-4A和RQ-4B两种型号。RQ-4B是RQ-4A的升级型,配置稍作修改,性能更加先进。目前,"全球鹰"共有布洛克10、20、30、40型4个批次。其中,RQ-4A为布洛克10型1个批次,RQ-4B分布洛克20、30、40型3个批次。

图1-10　"全球鹰"的飞行平台

①布洛克10型。

机长13.53 m,翼展35.42 m,机高4.64 m,最大质量12 130 kg,净质量6 710 kg,飞行高度19 800 m,航程22 236 km,最大速度635 km/h,最大续航时间36 h,滞空时间24 h。机上装备基本型光电与红外传感器和基本型多模式合成孔径雷达,有效载荷907 kg,用于执行图像情报搜集任务。

②布洛克20型。

机体重新设计,机身加长和加固,机长14.50 m,翼展39.90 m,机翼下增加两处挂点,最大质量14 630 kg,空重12.16 t,飞行高度18 300 m,航程22 780 km,最大续航时间41 h,滞空时间24 h,有效载荷1 360 kg。该型机装备的增强型综合传感器设备(EISS),包括远程光电、红外传感器、合成孔径雷达系统、信号和电子情报系统、地面活动目标指示器等,能同时执行信号和图像情报任务,具备更强的作战性能。

③布洛克30型。

布洛克30型分为I型和M型,分别为执行图像情报和多情报任务的机型。机翼长45.7 m,

装置大功率发动机,可携载1 360 kg重的传感器和通用系统等有效载荷。机载系统包括增强型综合传感器设备(EISS)和新一代信号情报传感器"机载信号情报载荷(ASIP)"。EISS对原有光电/红外传感器进行了改进。ASIP可对雷达和其他不同类型的电子及通信信号进行探测、定位和识别,用于远距离侦察、定位、识别等,采用开放式系统和可缩放结构,易实现与未来传感器的整合。

④布洛克40型。

布洛克40型装备了全天候"多平台雷达技术嵌入项目(MP-RTIP)"雷达,并装置辅助动力系统,以提升空中重新启动能力。MP-RTIP是一种模块化高级"有源主动式电子扫描阵列雷达(AESA)"系统,专为地面活动目标指示器配备,装有高清晰成像装置,使"全球鹰"无人机能够更加实时提供侦察情况,为美空军提供更强的情报、监视和侦察能力,特别是广域监视侦察能力,使作战部队更加快捷地拥有前所未有的探测、跟踪、识别静止和移动目标及巡航导弹的能力。

(2)机载任务设备

①合成孔径雷达(SAR)。

机上装有1.2 m直径天线,能穿透云雨等障碍,连续监视运动中的目标。使用频段:X波段,带宽:600 MHz,最大输出功率:3.5 kW,分辨率:20~200 km/10 m。该雷达获取的条幅式侦察照片可精确到1 m,定点侦察照片可精确到0.30 m。采取广域搜索方式,可进行大范围雷达搜索,目标定位的圆误差概率最小可达20 m。对以20~200 km/h行驶的地面移动目标,可精确到7 km。如图1-11所示为"全球鹰"SAR雷达侦察示意图。

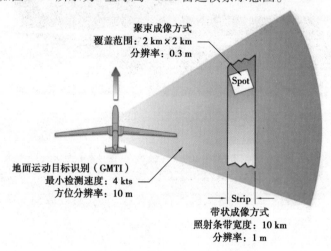

图1-11 "全球鹰"SAR侦察示意图

②多平台机载监视雷达。

布洛克40型"全球鹰"装载的MP-RTIP机载监视雷达,是一种可调的模块式、单元化、伸缩式、双向有源电子扫描阵列雷达。它们被装配成组件后插入天线中,尽管天线静止不动,其波束能以电子方式进行扫描,使波束运动比机械扫描系统快得多,提高了雷达的搜索、多目标跟踪和广域监视能力。

③基本型传感器系统。

基本型传感器系统包括 1 部光电传感器(光电照相设备,EO)和 1 部红外传感器(红外侦察设备,IR)。"全球鹰"一次任务中,可提供 7.4 万 $km^2$ 范围内的光电/红外图像。

④信号情报搜集设备。

从布洛克 30 型开始,"全球鹰"传感器系统增加了机载信号情报任务载荷(ASIP)。ASIP 项目始于 2003 年,是美国空军升级"全球鹰"无人机情报、监视与侦察能力计划的一部分,用于从至少 18 300 km 高空探测雷达和其他电子辐射源,提供对电子信号的自动搜索、探测、识别、报告和定位能力,其目标是开发和集成高波段电子情报和低波段通信情报系统。

(3)数据链路

"全球鹰"无人机的数据链系统主要包括 UHF 波段的视距无线电通信和 X 波段 CDL 视距数据链,UHF 波段和 Ku 波段的卫星通信链路(超视距)。INMARSAT 卫星作为备用的指挥控制链。"全球鹰"无人机系统的测控与信息传输系统体系构架如图 1-12 所示。

图 1-12　"全球鹰"无人机系统的测控与信息传输系统体系构架

①CDL。

CDL 是一种全双工、抗干扰、宽带、点对点通信数据链,工作于 X 波段或 Ku 波段。它是 1991 年美国国防部开始发展的通用数据链,广泛用作无人机、侦察机等与地面控制站之间传输图像及情报信息的标准链路,具有防窃听、防干扰以及防拦截等功能。

CDL 数据链系统包括地面端及机载端两个部分,其中,地面站通常配置成双波段工作,而机载端配置成单波段工作。CDL 基于通用的信号波形格式,支持高速率的数据传输,提供标准化的上行命令链路和下行链路服务。"全球鹰"的上行命令链路采用扩频技术,通常以 0.2~2 Mb/s 的速度上传地面站对无人机的指挥与控制指令,以 10~274 Mb/s 的速度接收"全球鹰"下传信息。

②Ku 波段商业卫星通信数据链。

卫星通信系统具有通信容量大、覆盖区域大、通信距离远、抗干扰能力强、实时性强以及与距离无关等显著优点,近年来在无人机系统上大量装备使用。通常用的卫星波段是 C 波段(4~8 GHz)、Ku 波段(10~18 GHz)和 Ka 波段(18~31 GHz)。"全球鹰"采用 Ku 波段商业卫星数据链进行指挥与控制操作,以及机载传感器信息的下行传输。但由于 Ku 波段商业卫星通信系统覆盖的范围有限,包括海洋、内陆一些地区不可用,因此,"全球鹰"用该卫星服务波段工作面临着一定的风险。

③UHF 通信数据链。

UHF 属于超短波通信高频波段,波段范围 300~3 000 MHz,其工作波段远远超过大气电离层所能反射的最大可用波段,不能用天波通信;而其沿地面衰减极快,地波的传输距离有限,主要依靠直线波进行视距通信。UHF 在军事应用上具有信号穿透性强、信道稳定不易受干扰、通信质量好、接收终端轻巧、通过中继可实现全球覆盖等优点。"全球鹰"以视距与卫星中继的方式使用 UHF 通信数据链。

④L 波段 INMARSAT 通信数据链。

INMARSAT 系统是由国际海事卫星组织管理的全球商用卫星移动通信系统,主要为海洋船只提供全球海事卫星通信服务和必要的海难安全呼救通道。最新一代 INMARSAT 系统的空间段由 4 颗卫星组成,分别覆盖太平洋、印度洋、大西洋东区和西区。其 L 波段的工作频率上行为 1.636~1.643 GHz,下行为 1.535~1.542 GHz。"全球鹰"主要用 INMARSAT 系统作为指挥控制备用通信数据链。

(4)地面控制站

"全球鹰"无人机的地面系统主要对无人机平台及机载任务设备进行指挥控制,包括平台的发射与回收、平台的飞行控制、机载任务设备的控制、任务规划、数据处理分发、通信管理等功能。完整的地面站系统可以空运(由 3 架 C-5、C-17 或 C-141 运输机),在 24 h 内实现重新部署。该地面站的基本型结构由 RD-2A 任务控制单元(MCE)和 RD-2B 发射与回收单元(LRE)组成。

①任务控制单元(MCE)。

MCE 是一个嵌入式计算机控制台,由 5 个工作站组成,分别是无人机操作员工作站(AVOS)、通信控制工作站(CCS)、任务指挥员工作站(MCS)、任务规划工作站(MPS)及传感器数据和处理工作站(SDPS),如图 1-13 所示。

无人机操作员工作站(AVOS)负责对无人机飞行阶段的指挥控制,包括无人机飞行阶段程序的改变,并且承担任务管理单元与空中交通管制当局进行联系的任务。

通信控制工作站(CCS)由通信专业人员操作,负责管理系统所有的通信链路,监视和维护这些链路正常的工作状态等。

任务指挥员工作站(MCS)是一个可选的工作站。

图 1-13 "全球鹰"任务控制单元及工作站内景

任务规划工作站(MPS)为无人机生成一个完整的任务规划,包括航路计划、传感器计划、通信计划和分发计划。无人机平台升空后,一般都是按照预先制订的任务计划飞行。在任务执行过程中,任务规划工作站可以进行动态的任务更新以确保机载任务与突发任务保持一致。任务更新的内容涵盖单张图片的传感器重规划,包括飞行计划、传感器计划以及分发计划的整个任务的重规划。

传感器数据和处理工作站(SDPS)负责分析无人机机载传感器输出的信息,监视传感器的工作状态,对接收到的目标图像进行处理、存储和分发。该工作站可以通过分析传感器的图像,检查传感器的工作性能,还可以选择目标图像进行快速评估。一般情况下,SAR 图像被直接传送到分发网中,而 EO/IR 图像要经过任务控制单元的处理器进行镶嵌后才能显示和分发。在接收与分发之间的总处理时间一般不大于 30 s。

②发射回收单元(LRE)。

如图 1-14 所示,LRE 的具体任务包括发布"全球鹰"的飞行任务计划;放飞、回收、操控往返目标区域的"全球鹰";与当地及途中交通管制设施协调,向任务控制单元交接无人机控制工作;维修"全球鹰"机载;配合地面支援设施。它使用常规硬件与软件,可分辨机上各子系统的工作状况,可接收任务控制单元发出的任务计划并加载至无人机。在飞行控制方面,LRE 能提供高精度差分 GPS 校正,为"全球鹰"的起降提供高精度导航。精密编码 GPS 可辅助惯性导航,通过机载红外摄像系统接收实时影像信息,实现态势感知。

图 1-14 "全球鹰"的发射与回收单元

## 2)捕食者(Predator)

"捕食者"无人机是美国通用原子能航空公司(GA-ASI)在其"纳蚊"750 无人机的基础上为美国空军研制的中空长航时无人驾驶飞机,主要用于小区域或山谷地区的侦察监视工作,可为特种部队提供详细的战场情报。该机最初的任务主要是侦察,美国空军编号为 RQ-1,分为 A、B 两个型号,如图 1-15 所示。

图 1-15　飞行中的"捕食者"RQ-1A/B

RQ-1A 采用圆弧形设计,V 形垂直尾翼以及可收起的起落架。它使用碳纤维环氧树脂机身,不但减轻了起飞质量,还使雷达回波大为减少;动力装置采用了 1 台 81 hp(1 hp=735.499 W)的罗特克斯(Rotax)912 四冲程发动机,具有出色的飞行性能,发动机噪声低,具有一定的隐身性能,不易被主动式传感器测定和跟踪。每套 RQ-1A"捕食者"系统包括 4 架"捕食者"无人侦察机(其机载装备包括 4 套光电/红外探测系统、3 部合成孔径雷达),1 个地面站,1 套卫星通信系统以及有关配套设备,机组人员 28 人,包括 6 名无人机操作员、12 名传感器操作/分析员、4 名"特洛伊精神"视频分发系统操作员和 6 名维修人员。其主要战技指标为:翼展 14.85 m,翼面积 11.45 m²,机长 8.13 m,机高 2.21 m,螺旋桨直径 1.73 m,空机重 350 kg,燃油质量 295 kg,最大机载设备 204 kg,最大起飞质量约 1 020 kg,最大平飞速度 204 km/h,待机速度 111 ~ 130 km/h,升限 7 925 m,作战半径 3 704 km,起飞/着陆滑跑距离约 610 m,最大续航时间 40 h。

RQ-1B 是 RQ-1A 的改进型,主要的改进包括装备了马力更大的罗特克斯 914 涡轮增压发动机,飞行速度和飞行高度都有所提高,具有快速到达战场、提供侦察和目标指示的能力;拆除了原机上的 1 台摄像机,增加了 1 台外挂式的雷锡恩 AN/AAS-52 多光谱光电和红外感应定位瞄准系统及激光指示器;加装了 J 频道卫星通信装置;在地面控制站上加装了美国空军任务支援系统(AirForce Mission Support System,AFMSS);地面控制站通过 J 波段可同时控制两架 RQ-1B"捕食者"独立执行任务;进一步增强了飞机的可靠性和稳定性。

图 1-16　携带两枚"海尔法"导弹的 MQ-1"捕食者"

2001 年 2 月,美国空军为 RQ-1 无人机加装了激光瞄准器和"海尔法"导弹发射架,使其具有了对地攻击能力,并由此在性能和任务使命上发生了质的变化。2002 年 2 月,美国空军正式将该机编号改为 MQ-1(M 代表多任务),如图 1-16 所示。美国空军现有 12 套 MQ-1"捕食者"系统,分为 3 个中队。每套系统由 4 架"捕食者"无人机、1 个地面站、1 部 RQ-1U 或 RQ-1W 卫星通信终端和 55 名工作人员组成,驻地设在内华达州的耐利斯空军基地。前线的 MQ-1 捕食者中队如图 1-17 所示。

图 1-17　前线的 MQ-1 全家福

图 1-18　MQ-9A"捕食者 B"无人机

2003 年 10 月,MQ-1"捕食者"的加大型——"捕食者 B"首飞成功,绰号"狩猎者",型号为 MQ-9A,如图 1-18 所示。该系统采用涡桨发动机,增大了飞机尺寸,垂尾由倒 V 形改为 V 形,改善了飞行高度、速度、任务载荷和航程等性能,可以在 13 000～15 850 m 的高度飞行。MQ-9A 的研制始于 1998 年,最初设想用于大气探测与科学研究。然而,"9·11"事件使其命运发生了根本性变化。目前,该系统可装备 14 枚"海尔法"空对地反坦克导弹或 227 kg 的GBU-12"宝石路"Ⅱ激光制导炸弹,其对地攻击能力已经不亚于一架有人驾驶攻击机。值得关注的是,"捕食者 B"的改进型——"牵牛星"高空长航时无人机正在研制当中,其目的是为美国 NASA 的环境研究和传感器技术计划(ERAST)提供服务。翼展增加到 26 m,设计飞行高度 15 200 m,续航时间可达 44 h。

"捕食者"的改进仍未停止。以基本型为例,简要说明其系统组成。

(1)机体结构

"捕食者"无人机机体采用细长近似半圆柱形机身,头部为半球形,中部有一对展弦比很大的梯形下单机翼,采用低雷诺数翼型使其具有优越的气动性能,机翼控制面包括后缘外侧副翼和后缘 2/3 翼展内侧襟翼,机翼下面有武器挂架。整个机翼组件还包括伺服机构、微处理控制器、照明设备、磁力计和空速管等。借助两个销钉,机翼很容易装卸。机身尾部有一对带下反角(倒 V 形)的矩形尾翼,没有上垂尾翼。机身下部有可收起的前三点式起落架。

机身头部内装制导和控制设备、任务载荷,天线在机头下面,如图 1-19 所示。机身尾部装有一台带螺旋桨的推进发动机。机身中部装有电子设备、电池和燃料箱等。为了能适于在冬季使用,机上有除冰装置,主要是将乙二醇防冻液布撒在翼前缘。为了便于装运和维修,机身、机翼、尾翼、螺旋桨、天线以及光电/红外任务载荷都是可拆卸的。

图 1-19　机身前段上部机壳打开后的"捕食者"

改进后的"捕食者B"无人机尺寸增大,外形基本相同,但尾翼是带上反角的,而且还有下垂尾翼,其外形改为截尖三角形翼。由于推进发动机改为涡轮发动机,它需要进气口吸入空气,因此,发动机不是装在机尾内,而是装在机尾的背上。

（2）推进系统

液体冷却双燃烧四缸水平放置的 Rotax 912 发动机被广泛应用于通用原子公司生产的航空飞行器上,而 Rotax 914 则是它的渗碳涡轮增压型。早期的 RQ-1A、后来的 RQ-1B 和 MQ-1分别采用 Rotax 912 和 Rotax 914 型发动机作为其推进系统,它们被安装在"捕食者"无人机机身的后部,通过一减速齿轮箱驱动一台推进式变距螺旋桨,外观如图 1-20 所示。出于提速的需要,"捕食者B"无人机采用 TPE331-10T 涡轮螺桨发动机推进。

"捕食者"无人机的两个油箱一共能携带 270 kg、辛烷值为 95~100 的往复式飞机发动机燃油,并使用 7.6 L 标准机油进行润滑;除了通风系统外,还采用了传统的车用防冻剂来冷却发动机;机身里装有两个 3.6 kg、14 A·h 的镍镉电池组,以备在发动机或交流电机出现故障的紧急情况下继续供电。

图 1-20　"捕食者"无人机推进系统

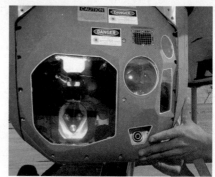

图 1-21　"捕食者"使用的光电转塔

（3）任务载荷

任务载荷随型号的不同而有所不同。RQ-1A 无人机受机上空间和容许载荷质量的限制,有的仅装有彩色电视摄像机、光电/红外传感器、激光指示器、测距仪、电子支援措施、运动目标指示器和通信转播装置等,它们均装在 14 型陀螺平台上,如图 1-21 所示。该平台能利用自动跟踪器跟踪目标,白天用日光电视,晚上用前视红外雷达。工作方式包括相关法、质心法、自动探测和边缘法等。在无人机头部平台上装的是"山猫（Lynx）"合成孔径雷达,该雷达为多模雷达,其工作模式有聚束模式、双条带图式和地面动目标指示器模式。另外,该合成孔径雷达还有相干变化检波模式,可指示不同时间拍摄的两幅图像（既可是聚束图像,也可是条带图像）的细微变化。MQ-1 是多用机,其任务载荷还包括有"海尔法"空对地导弹等,而"捕食者B"则有更大的任务载荷能力。

（4）飞行控制和数据链路

"捕食者"无人机采用 GA-ASI 公司的先进数字飞行控制系统,可提供飞行中飞行器的三轴气动控制指令,然后将该指令上传给飞行器（当然,自动驾驶仪也可提供飞行控制指令）。飞机的起飞与回收由无线电控制,其余飞行阶段由预编程序控制（全自主式）,飞行中可改变程序或由地面遥控驾驶。采用利顿公司的 LN-100G 型 GPS/INS 导航系统,直径为 762 mm的碟形天线装在机头上部鼓包内。此外,还装有超高频和甚高频无线电转播线路,作用距离 228 km 的 C-波段视线数据链路,为指令和状态遥测提供 C-波段上行/下行数字数据。为了提供视频图像、模拟宽带下行线路和超视距能力,机上还载有 Ku 波段卫星数据链路(在 C-波段视线数据链受限制时使用),以及万向节稳定的两台彩色摄像机和前视红外雷达。光电/红外和耐久合成孔径雷达使"捕食者"具有全天候能力和分辨率达 1 英尺穿过云层的监视能力。

(5)地面控制站

地面控制站由若干模块化工作站组成,通常安装在一辆可空运的拖车内(方舱结构)。用户可根据需要自行配置,且通用于 GA-ASI 公司制造的所有无人机。工作站配有控制台和供操作手用的显示器。基本操作机柜可使操作手监视/控制飞行器、光电/红外载荷和机载其他子系统等,如图 1-22 所示。

图 1-22 "捕食者"无人机地面控制站内景

在这种模块化结构中,有 Ku 波段卫星通信链路和 C-波段视线数据链路,可将数据、图像和声音信息综合在一个数字数据链中。有驾驶仪/任务载荷等操纵台,驾驶仪操作人员可从操纵台上显示的无人机飞行状态对无人机进行监控。任务载荷操作员可根据显示器上光电/红外设备获得的视频信号提取相关信息和进行操作。

地面控制站供电系统的最大总功率为 20 kW,其中,GCS/GDT 电子设备需 8 kW,地面控制站的空调需 12 kW。地面控制站所需的 220 ~ 240 V、50 ~ 60 Hz 的电能可由当地的交流配电网输送或由柴油发电机提供。地面控制站需要无间断的电源来提供稳定的连续电能。

(6)地面支援设备

GA-ASI 公司的无人机系统都可以使用相同的地面支援设备,具体包括地面电源车;加油/放油车;维护工具箱;电器测试仪表和工具箱;电池充电器;外置的发电站;便携式吊车;无人机储运箱。

## 3)哈比(Harpy)

"哈比"反辐射无人机是根据以色列军方的需求,由以色列飞机工业公司下属的马拉特分部在 20 世纪 80 年代初开始秘密研制的。这种无人机在攻击目标时类似从天而降的鹰隼,勇猛、凶残而又不顾性命,为此借用希腊神话中长着鹰身的女妖的名字哈比(Harpy)为其命名。与目前广泛用于侦察、通信的无人机不同,"哈比"反辐射无人机集无人机、导弹和机器人技术于一体,是一种利用敌方雷达辐射的电磁信号搜索、跟踪并摧毁地面雷达的自主式武器系统。它是一种特殊的无人机攻击机,也可以看成一种具有智能的反辐射导弹。

(1)系统结构

"哈比"反辐射无人攻击系统由两大部分组成:一是用于攻击目标的反辐射无人机;二是用于控制和运输的地面发射平台。

整个系统的要求和价格都较低,基本火力单元由 54 架无人机、1 辆地面控制车、3 辆发射车和辅助设备组成。每辆发射车装有 9 个发射箱,按照 3 层 3 排固定安装,每个箱内分两层各装 1 架无人机,1 辆发射车共装载 18 架无人机,如图 1-23 所示。系统具有良好的机动性和隐蔽性,能根据作战需要迅速转移并展开发射,无需较多的操作人员,特别有利于作战使用和后勤保障,可以在苛刻的战场条件下使用,是一种十分有效的武器系统。

图1-23　"哈比"发射车

图1-24　"哈比"机体布局

作为系统的重要组成部分,"哈比"无人机采用小展弦比三角翼的无平尾式布局,如图1-24所示。机长2.06 m,翼展2.1 m,机高0.36 m。它的机身呈圆柱状,与机翼合为一体,飞行操纵翼面主要是机翼后缘的全翼展升降副翼和翼尖垂尾的方向舵。为了提高攻击精度,该无人机在机翼上下表面分别嵌有4个折叠式直接侧力板,用于无人机飞行中实现无倾斜水平转弯,以便及时地调整导航精度,可在最终向目标俯冲时起到稳定作用。

"哈比"无人机由铝材制成,具有强度高和成本低的优点。其表面覆有能够吸收雷达波的复合材料,机体雷达反射截面积很小,而且红外和光学特征也很小。该机在2 000 m 高度巡航时,几乎不可能被光电探测设备捕捉到,具有很强的生存能力。

"哈比"无人机头部装有以色列自行研制的被动雷达导引头,可对截获的不同雷达信号进行分选、判断,从中识别出预先存储的目标信号,然后进行跟踪攻击。"哈比"可以主动攻击随机出现或瞬间变化的目标,而不是进行简单的反应性攻击,抗关机能力较强。球形的雷达导引头采用宽频带技术,扩大了动态工作范围,使感知雷达辐射源的带宽达到2~18 MHz,并通过四臂双模螺旋天线来探测地面雷达的辐射信号。感受俯仰角的两部天线位于垂直平面内,上视35°,下视110°;感受方位角的两部天线位于水平面内,视角为左右各35°。无人机的攻击精度可达到5 m。

中部装有导航系统和战斗部。"哈比"采用惯导与GPS组合导航,借助自动驾驶仪、三轴光纤陀螺和磁罗盘,可以按照预编程序执行飞行任务。在发射升空后,可自主飞往目标区域,通过盘旋飞行来搜索辐射源,捕获目标后实施俯冲攻击。战斗部由近炸引信和高能炸药组成,质量约15 kg,能够利用爆炸破片将地面雷达系统摧毁,或使其不能正常工作。

"哈比"无人机后部装有一台19.4 kW的二冲程双缸活塞发动机,通过两叶螺旋桨推进。它的升限为3 050 m,能在1 668 m 高度飞行1 000 km,作战半径400~500 km,续航时间在4 h以上,巡航速度250 km/h,俯冲速度超过480 km/h。该无人机具有远程攻击能力,适合纵深突破到敌后去摧毁地面雷达系统,并能够长时间搜索和持续压制目标区,为其他作战飞机扫除潜在的威胁。此外,"哈比"可用于训练和侦察,并能回收和再次使用。

(2)作战使用

从作战使用来看,"哈比"无人机在实施火力圈外打击方面独树一帜,能够在战争初期对战役重心和关键环节进行充分、有效的毁灭性打击。可以在任何气象条件下,全天候、远距离地探测、跟踪、压制和摧毁敌防空系统中的陆基雷达系统,如预警与监视雷达、搜索与截获雷达以及跟踪与指挥雷达。与其他军用无人机不同的是,"哈比"每次发射升空都不回收,是一种一次性攻击敌雷达目标的专用无人驾驶攻击机。通常情况下,"哈比"采取集群作战方式,最多时整个发射单元上的 54 架无人机可以在 40 min 内迅速发射出去,全面覆盖目标区域,提高总体作战效能。

在攻击地面雷达目标时,操作人员在地面控制车内完成规划和准备工作。首先着手制订作战计划,包括选择发射地点、确定飞往目标区域的路线以及所攻击目标的优先级等,然后编制飞行任务程序,依据所掌握的目标特性和最新的电子侦察情报,对作战任务进行确定。

在发射阶段,全部发射箱可依照作战任务的实际需要调整到一定发射角度,然后按顺序发射,也可以成组发射或同时齐发。无人机靠助推器飞离发射箱,整个过程高度自动化,并可实现间隔不超过 1 min 的快速连续发射。发射后,"哈比"按照预编程序,利用导航系统自主飞行到目标区,通过雷达导引头不断搜索捕捉敌方雷达。

在巡逻阶段,"哈比"的雷达导引头一旦截获可疑的雷达频率,会自动将其与敌方雷达数据库进行比较,将威胁列入优先地位。如果验证了目标,即进入攻击模式。如果敌方雷达突然关机,使目标信号消失,"哈比"并不会鲁莽行事,可以及时地终止攻击,继续巡逻搜索目标。

这个过程中,"哈比"具有一定的智能,可判断是否低于决策高度。如果不低于这个最低高度,它就能够自动拉起,改变俯冲状态,重新进入待机状态。这一过程可以多次重复直到机内燃油所剩无几的时候,"哈比"就会按照必须攻击的程序指令,并依据最后一次获取的目标位置进行俯冲攻击。

在攻击阶段,"哈比"在雷达信号的引导下,为提高命中率,及时地转换进入垂直攻击目标的攻击状态,以近 90°的俯冲角和极高的俯冲速度向目标攻击。为了对雷达天线和周围设施造成最大程度的破坏,该机通常设定在目标上方引爆战斗部。

综上所述,"哈比"无人机的作战过程可描述为:在固体火箭助推器作用下发射起飞,呼啸而出;飞离发射箱后自动抛弃助推器,改由机上的主发动机推动进行持续飞行;锁定雷达天线后,以近 90°的俯冲角和极高的俯冲速度向目标攻击,最后与雷达同归于尽。整个作战过程如图 1-25 所示。

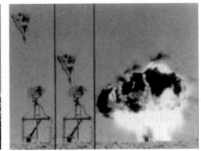

图 1-25　"哈比"无人机作战过程图示

(3)改进发展

"哈比"反辐射无人机在性能上独树一帜,美国国防部非常看好这种压制防空雷达的武器。1999 年科索沃战争期间,美国空军和海军的战斗机出动了 3 000 多架次,主要使用"哈比"反辐射导弹来压制敌防空系统(SEAD)。为了在未来战争中减少战斗机承担 SEAD 任务时的出动次数，美国国防部在1999年6月指定雷锡恩公司与以色列飞机工业公司合作，在"哈比"的基础上发展一种无人目标定位和攻击作战系统（CUTLASS），其缩写恰好是单词"短剑"。

与当前使用的技术有所不同，"短剑"无人机将增加地面人员实时控制功能，以更好地完成攻击任务。它通过加装UHF视频数据链路和目标识别系统来提高攻击效果。数据链与美国国防部要求的无人机战术控制系统兼容，能与Link16数据链之间交换数据。"短剑"无人机通过基于Windows操作系统的任务规划软件，在全球卫星定位系统的引导下，多架无人机飞至目标区自动搜索与识别目标，所获目标信息通过数据链路传回到控制站，由操作人员进一步确认目标后，再指挥无人机进行攻击。

图1-26 "哈比"的改进型——"短剑"无人机

根据需要，两家公司主要对"哈比"无人机的总体结构作了一些修改，使该机增加了战斗部质量，携带16 kg高能破片式战斗部，以进一步扩大杀伤面积和增强杀伤力。翼展减小到1.83 m，从而减小发射平台的尺寸和体积，进一步增强整个系统的机动性。该机机体载油空间减小，燃油载荷相对减小，航程减小到300 km，但最大飞行高度增加到4 500 m，以提高自身的生存能力。其他的改进包括安装响尾蛇空空导弹的红外导引头，可用于攻击飞机，同时更新机上软件，从而将能对目标分类并决定攻击的次序。改进后的无人机外形如图1-26所示。

此外，"短剑"无人机还可用于攻击车辆或建筑物，以及其他潜在的任务（包括侦察、目标截获和作战损伤评估）。雷锡恩公司正在确定其他能够用于"短剑"的传感器，这样该机就可以在不执行SEAD任务时，帮助其他平台发现辐射目标，并希望将这种无人机发展成为一种系列武器。美国陆军曾经准备采购和部署"哈比"，但经过慎重考虑之后最终放弃。美国海军希望通过改进发射装置，将哈比装备在军舰上。然而，美国海军目前正在研制兼具侦察和攻击能力的无人战斗机，迄今为止，尚未决定是否采购反辐射无人机，"短剑"计划进展缓慢。

### 1.2.3　系统组成

从上述定义和典型个例可知，固定翼无人机系统一般包括机体、动力装置、发射与回收（起降）装置、机载传感器（航空电子）和任务载荷、数据链路、地面控制站、信息处理站、供电以及维修保障设备等组成部分。固定翼无人机系统不仅是一个高精尖的电子系统，还是一个复杂的机械系统，系统组成及作战运用的复杂性，让人们难以对每种设备都能做到透彻地掌握，依据各部分的功能及其专业属性进行专业归类，按不同的专业明确并选择学习和训练的重点，是一项很有意义的工作。通常情况下，将无人机系统按专业归类分为飞行器、控制与导航、综合无线电、供电、保障支援设备、任务设备等分系统。

1）飞行器系统

飞行器是无人机系统的空中部分，为无人机提供飞行动力，并把各分系统及部件有机地连为一体,被称为无人机系统中的飞行平台。其组成包括机体、动力装置、发射与回收设备等。当然,任务载荷尽管是机载的,但却被认为是独立的子系统,能够在不同的飞行器之间通用,并且经过特别设计,可以完成各种不同的任务;机载的航空电子测量设备(传感器)、执行机构(舵机)和供电线路等被划归为控制与导航系统;飞行数据终端被安装在飞机上,它是通信数据链路的机载部分,属于综合无线电系统。

### 2)控制与导航系统

控制与导航系统用于保障无人机稳定地沿要求航线飞行,以便到达预定的作战区域。设备包括机载和地面两个部分。机载设备主要包括由飞行参数传感器和工作状态传感器等测量装置、计算机和伺服机构组成的“自动驾驶仪”、以 GPS 接收机为主的定位设备和程序控制计算机组成的“自主导航仪”等;地面设备主要由飞行控制机柜和领航及任务规划编程机柜等组成,这些机柜通常包括飞行操纵台、综合飞行参数显示器(柜)、电视及红外成像显示器(柜)、彩色地图及航迹显示器(柜)、飞行及任务作业全过程记录设备以及飞行控制及导航计算机等。

(1)机载飞行控制

机载飞行控制系统用以对无人机进行姿态稳定和控制、任务设备管理和应急控制等,对其飞行性能起决定性的作用。主要由飞行控制计算机、伺服系统(舵机)、传感器系统、供电系统、整机电缆、检测系统等组成,如图 1-27 所示。

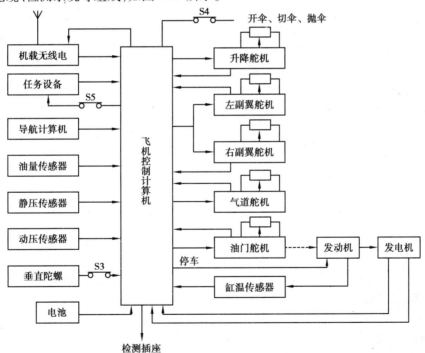

图 1-27　某型固定翼无人机机载飞行控制系统原理框图

飞行控制计算机,简称飞控机或自动驾驶仪,相当于无人机系统的“大脑”,是飞机上控制系统的指挥中心。它接收地面站发来的各种控制指令,控制指挥飞机进行各种飞行姿态的飞行;与传感器系统、伺服系统、飞机系统构成飞机姿态角和高度稳定回路,并控制发动机正常工作与安全停车,飞机安全回收;飞控机管理着机载的各种任务设备,并与其进行数据通信。地面站所需要的各种飞行状态参数及设备的各种参数由飞控机采集并经通信链路传送至地面站。

伺服系统主要指用于操纵舵面、舱门、设备等动作的执行机构。在常规布局的固定翼无人机上一般有5个结构和工作原理完全相同的执行机构,它们分别是升降舵机,左、右副翼舵机,方向舵机,发动机油门舵机和发动机冷却气道调节舵机。舵机有液压和电动两种,中小型无人机常用电动舵机。电动舵机主要由伺服放大器、直流永磁伺服电机、减速器和反馈电位器4个部分组成,其框图如图1-28所示。

当控制信号与反馈电位器信号之差不为零时,放大器放大此误差信号,并使电机朝误差信号减小的方向转动,经减速器带动输出轴转动,同时反馈电位器的电刷与输出轴作同步运动,当输出轴转动到使控制信号与反馈电位器信号之差为零时,放大器输入端信号消失,电机转动停止,即舵机输出轴的转动量、方向与控制信号的大小、相位成比例关系。

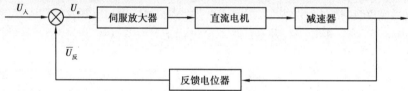

$$U_\text{入} \quad \bigotimes \quad U_g \quad \boxed{伺服放大器} \quad \boxed{直流电机} \quad \boxed{减速器}$$

$$\overline{U}_\text{反} \qquad \boxed{反馈电位器}$$

图1-28　电动舵机工作原理框图

传感器系统用于测量无人机的各种参数,一方面提供给飞控机以实现无人机的自动驾驶和设备管理;另一方面传输到地面站显示以实现无人机监控和人员操纵。无人机传感器主要包括:

①陀螺:测量无人机姿态角和角加速度。

②磁航向传感器:测量无人机的航向角。

③气压高度传感器:测量无人机的飞行海拔高度。

④动压传感器:测量无人机的飞行空速。

⑤定位传感器:测量无人机的空间坐标,用于航线飞行或编组飞行,目前主要有GPS和北斗两种定位系统。

⑥电流电压传感器:测量无人机上各用电设备的电压和电流,指示其工作状态。

⑦发动机传感器:测量发动机油量、转速、缸温等。

（2）地面飞行控制

地面飞行控制也称地面控制站或直接简称地面站,用以检测和控制无人机的飞行过程、全部载荷、通信链路等状态,并能检测故障即时报警,再采取相应的诊断处理措施。大型无人机的地面站一般采用车载方舱布局,方舱内设置飞行控制柜、任务控制柜（或武器系统控制柜）、导航控制柜、通信监控柜等,如图1-22所示的捕食者无人机地面站。为方便无人机起降时操控敏捷,还设置有车外操控器。对有些小型无人机,往往将控制站小型化和简单化,做成便携式地面站,如图1-29所示,有些甚至就是由一台笔记本电脑或手机操控。

图1-29　便携式地面站

### 3）综合无线电系统

综合无线电系统主要完成对无人机的遥控、遥测、跟踪定位和图像传输,构成天地回路,并能实现上级与友邻部队的通信。该系统有时也称为数据链路,能根据各种任务要求持续不断地提供双向通信,有几千赫兹数据率的上行链路提供对无人机飞行路线的控制及对其任务载荷下达指令;下行链路则提供低数据率频道,以接受指令及传输飞机的飞行状态信息,还为视频或雷达的传感数据提供一个高数据率频道(1～10 MHz)。数据链路可以通过测定无人机相对于地面站天线的方向和距离来测量无人机的位置,这样的情报信息有助于导航及精确测定目标位置。

无线电系统同样分机载和地面两个部分。机载的数据终端包括接收机,用于接收地面指令,还包括视频发射机及天线,用于传递图像及飞行数据;地面数据终端通常是一个微波电子系统及天线,在地面控制站与飞机之间提供视距通信,有时也通过卫星提供。机载设备和地面设备通常成对使用,一边为发射机,另一边则为接收机。影响无线电通信距离的指标主要有 4 个:

①发射机的射频输出功率。

②接收机的接收灵敏度。

③系统的抗干扰能力。

④发射与接收天线的类型及增益。

### 4）供电系统

供电系统为机载及地面设备供电,有时也称为电气设备。它包括电力产生、储存、变换、分配和控制的所有部件,还包括机载和车载的布线、电缆和接头等。其中的机载供电设备包括发电机(通常与发动机相连接)、机载备用电池组(发动机停车时使用)、机载直流稳压电源、逆变器等,作用是在飞行时为机载电子设备提供不同要求的交、直流电能。地面供电设备包括电源车、便携式发电机、变频电源、直流稳压电源、地面电池组等,主要是在野战条件下,为无人机系统的作战使用提供不同类型的交、直流电能。

### 5）保障支援设备

保障支援设备包括对无人机系统进行运输、装卸、测试和维护等具体工作的所有设备。其主要功用是保证无人机迅速、安全、可靠地发射、回收和完成各种战术功能;快速准确地处理侦察(或其他)成果;保证无人机系统的机动性、独立性,并能对飞行器、发动机、电子电气设备、任务设备等进行检测与维修。

### 6）任务设备系统

携带任务载荷遂行作战任务是使用无人机系统的主要目标,任务设备系统有可能是无人机系统中最昂贵的子系统之一。不同用途的无人机安装不同的任务设备。例如,靶标设备、侦察监视设备、定位校射设备、电子对抗设备、通信中继设备、航空武器等。技术进步和战争需求的不断增加,使得任务设备的类型和功能不断完善。未来战争中,侦察监视设备和远程打击武器将占很大比例。

以侦察监视型无人机为例,其任务设备通常包括航空相机、可见光电视或红外摄像机、能穿透云雾观测到地面或海面的成像雷达等。电视或红外摄像机一般安装在由陀螺稳定的光轴稳定平台上,以隔离飞机的姿态角摇摆,从而使侦察图像得以稳定。不同类型的侦察设备将根据天时(白昼还是黑夜)和天气(阴、晴、雨、雾)选择使用。雷达的原始数据流将通过较复杂的机载和地面控制站数据处理计算机成像。

飞行侦察作业所得到的图像情报将被判读和编辑,从这个角度来说,地面信息处理设备也应该是任务设备系统的一个重要组成部分,它们主要用来处理机上任务设备或地面记录的信息,并提供处理结果。例如,照相洗印判读设备、电视编辑设备等。

在上述各分系统中,只有任务设备系统可以称为无人机专用系统,它是区别无人机作战用途的主要标志。其他系统都是为确保无人机把任务设备运送到指定区域,并为任务设备工作创造条件,有人将这些系统称为无人机通用系统。如图1-30所示为典型侦察监视型无人机系统的组成框图。

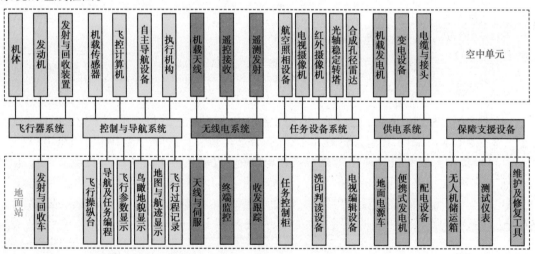

图1-30 典型侦察监视型无人机组成框图

## 1.2.4 简要工作过程

无论飞机遂行何种任务,都要飞到空中去,有人机如此,无人机也不例外。有人机与无人机的最大区别在于:有人机是在飞行员的直接操纵下,完成起飞、爬升、遂行既定任务后下降和着陆,而无人机则是在地面或空中甚至水下潜艇内的操纵人员的控制下,实现上述全过程。无人机的工作过程可描述为以下4个阶段:

（1）起飞爬升阶段

无人机在准备起飞的场所完成各项准备工作后，依照指定的发射方式（如火箭助推、手掷等）发射，按要求进行爬升并到达空中一定高度。该阶段除全自动飞行的无人机外，通常由操作手在视距范围内进行。

（2）导航控制阶段

无人机起飞后，经过继续爬高，达到既定高度，然后转入平飞。要使无人机准确抵达作战空域，必须对无人机的飞行进行导航控制。该过程一般由导航控制系统形成指令信息，并控制无人机的操纵面，使无人机按规定航线飞行。导航控制通常按照飞行器的运动规律在俯仰、偏航以及滚转三维方向上进行。

（3）执行任务阶段

当无人机被成功引导进入预定要求空域后，便由机载任务设备与地面控制站配合工作，直到完成指定的飞行任务。在该阶段，飞行器、导航控制和数据链路等系统一般也参与工作。

（4）降落回收阶段

除了按一次性设计的无人机或无法返回的遇险无人机外，无人机在完成任务后，按选择的回收路线返回，由回收设备对无人机进行安全的降落和回收，并对相关设备检查后撤收。

# 任务 1.3　飞行器系统结构认知

无人机飞行器系统的结构形式虽然在不断变化，但目前为止，业界仍普遍认为大多数无人机的飞行器系统由机体、动力装置、发射及回收装置等部分作为其基本组成，如图 1-31 所示。本任务参照有人驾驶飞机的结构特点，介绍常规布局的固定翼无人机飞行器系统的结构组成。

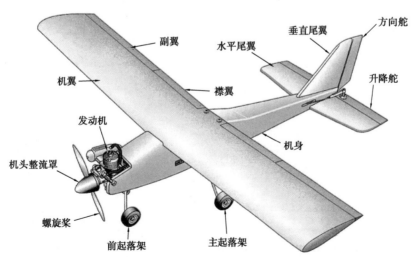

图 1-31　常规布局固定翼无人机飞行器系统典型结构

### 1.3.1 机体

固定翼无人机机体一般由机翼、机身和尾翼等组成,如图1-31所示。机身将机翼、尾翼、动力和起落装置等连为一体,并作为容器装载各种设备和油料等。从空气动力角度看,机身并不是必要的。如果机翼很大,能装载各种设备时,则机身是可以取消的,没有机身的飞行器称为飞翼。

为了使无人机能够获得良好的技术性能,其机体应满足以下要求:

①空气动力要求:具有良好的空气动力外形,保证无人机的阻力小、升力大。

②质量、强度和刚度要求:无人机构造应保证在具有足够强度和刚度的条件下,质量最小。

③使用维护要求:无人机应在使用上安全、便利,在地面上便于检修。

④工艺和经济要求:应在保证质量的基础上,力求工艺性好且成本低廉。

上述4个要求既相互联系又存在矛盾,应根据不同要求给予适当解决,以达到总体上最佳。

#### 1)机翼

机翼是产生升力的主要部件,用以支持无人机在空中飞行,还起到一定的稳定和操纵作用。其上装有副翼和襟翼:机翼外侧靠近翼尖的为副翼,用以保证飞机的横向操纵,即操纵副翼可控制飞机横向滚转运动,当右侧副翼向上同时左侧副翼向下时,飞机向右滚转,反之向左;机翼内侧靠近机身的为襟翼,襟翼用以改善飞行器起飞和着陆时的性能。机翼上可安装油箱、武器、起落架等附加设备。

从已有飞机的受力形式来看,机翼的典型结构形式有梁式、单块式、多腹板式和混合式等薄壁结构。固定翼无人机机翼一般采用梁式结构,其主要受力构件包括纵向骨架(翼梁、桁条)、横向骨架(翼肋)和蒙皮等,如图1-32所示。

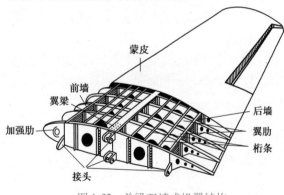

图1-32 单梁双墙式机翼结构

(1)纵向骨架

纵向骨架是指沿着翼展方向布置的构件,主要包括翼梁、纵墙和桁条。翼梁作为机翼的主要构件,功能是承受力的作用,包括弯矩和剪力。纵墙与翼梁构造相似,但缘条要细得多,它多布置在靠近机翼前后缘处,与蒙皮形成封闭的合段承受扭矩,与机身连接方式为铰接。桁条是用铝合金挤压或板材弯制而成,与翼肋相连并且铆接在蒙皮内表面,支持蒙皮以提高其承载能力,更好地承受机翼的扭矩和弯矩,并与蒙皮共同将气动力分布载荷传给翼肋。

（2）横向骨架

横向骨架是指垂直于翼展方向的构件，主要是指翼肋，一般包括普通翼肋和加强翼肋。普通翼肋的作用是将纵向骨架和蒙皮连成一体，把由蒙皮和桁条传来的空气动力载荷传递给翼梁，并保持翼剖面的形状。加强翼肋除了拥有普通翼肋的功能外，还要承受和传递较大的集中载荷。

（3）蒙皮

机翼表面的构件，主要用于承受局部空气动力和形成机翼外形。中小型低速无人机的蒙皮常用高强度韧性塑料皮蒙制，大型无人机一般采用玻璃钢蒙皮，现代高速无人机多是用硬铝板材制成的金属蒙皮。蒙皮通过与机翼骨架连成一个整体，保持气动外形，承受气动载荷。

## 2）机身

机身的主要功能是装载燃料和设备，同时作为固定翼无人机的连接基础，将机翼、尾翼、动力装置和起降装置等连成一个整体。中大型无人机机身一般采用典型的梁框式结构，由外部的蒙皮、纵向骨架和横向骨架组成，如图 1-33 所示。这种结构形式骨架主要承受正应力，蒙皮主要承受剪切载荷，框板承受机翼、机载设备等产生的集中载荷。这种结构形式便于开口，可使机身获得良好的开敞性。

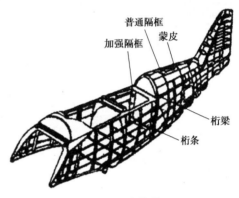

图 1-33　机身结构

（1）蒙皮

与机翼蒙皮作用相同，不同方式组合蒙皮和横纵骨架可以形成不同构造形式的机身，如横梁式机身、桁条式机身、硬壳式机身、整体式机身和夹层式机身等。

（2）纵向骨架

纵向骨架是机身的纵向受力构件，包括桁条和桁梁，与机翼的桁条和桁梁作用相似。

（3）横向骨架

隔框是机身的横向受力构件，它与机翼中的翼肋大致相当，主要用作传力及维持机身形状。隔框可分为普通隔框和加强隔框，如图 1-34 所示。普通隔框主要维持机身外形，支持蒙皮及桁条，承受局部气动力；加强隔框既承担普通隔框作用，更主要的是承受和传递集中载荷，如机翼、发动机等通过接头传递过来的集中力。

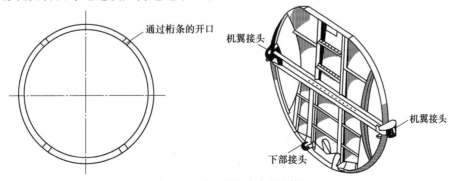

图 1-34　普通隔框与加强隔框

### 3）尾翼

尾翼的主要功能是稳定和操纵固定翼无人机俯仰及偏转，尾翼一般包括水平尾翼、垂直尾翼和 V 形尾翼 3 种，如图 1-35 所示。水平尾翼和垂直尾翼通常又称为常规尾翼，它们与副翼一起被称为常规布局固定翼的主操纵面。

水平尾翼安装在机身尾部，由固定的水平安定面及可转动的升降舵组成。升降舵通过改变飞机尾部升力来控制飞机俯仰，升降舵向上，飞机抬头；反之，飞机低头。

垂直尾翼通常被纵向安装在机身中心的后方，也有在水平尾翼的两侧安装较小面积的垂尾。垂直尾翼由固定的垂直安定面及可转动的方向舵组成，方向舵通过改变尾翼左右横向受力来控制飞机的航向，从机身后方看，方向舵向右飞机会向右偏航，大部分飞机还会轻微向右倾斜；反之则向左。

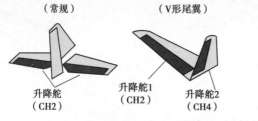 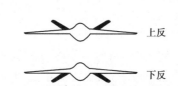

图 1-35　常规尾翼和 V 形尾翼　　　　图 1-36　上反角 V 形尾翼和下反角 V 形尾翼

V 形尾翼由左右两个翼面组成，呈 V 形，V 形尾翼同时兼有垂尾和平尾的功能，能同时起纵向和航向稳定作用。当两边舵面向相同方向偏转时，起升降舵的作用；相反，向不同方向偏转时，则起方向舵的作用。V 形尾翼大仰角可控性很好，隐身性能得到提升。V 形尾翼代替普通尾翼时，能以较少的部件总数来减小尾翼之间及尾翼与机身之间的干扰阻力，可以提高螺旋桨驱动的飞机飞行的速度，同时具有尾翼加工量小的优点。V 形尾翼根据尾翼的朝向又分为上反角 V 形尾翼和下反角 V 形尾翼，如图 1-36 所示。下反角 V 形尾翼躲开了翼身组合体的遮挡，气动效率比上反角 V 形尾翼高，能提供更好的纵向及横航向稳定性。

图 1-37　双尾撑无人机

有些后置发动机的无人机采用双尾撑形式将尾翼布置在发动机的后面，如图 1-37 所示。尾撑是一个混杂复合材料的薄壁管状结构，其质量轻、强度高，通过钢质接头与机翼中翼连接。

### 4）机体上的其他装置

#### （1）舵角与连杆

如图 1-38 所示，舵角是一种安装在舵面或副翼、襟翼上的部件，可将来自舵机的动作通过与其相连的连杆传给舵面，从而令舵面动作，改变飞机受力，进而控制飞机姿态变化。舵角的不同安装孔会影响舵面控制力臂，可增大（减小）舵量并且增大（减小）舵机负荷，用于连接舵机摇臂与舵角,通常为硬连接,在运动时不能因受力而弯曲。

(2)铰链

铰链是一种用于连接安定面与舵面的合页,如图1-39所示。小型无人机通常选用纸质合页并裁切成适宜的大小来使用;大型无人机使用的则是中心有金属轴的尼龙铰链或金属合页等。

  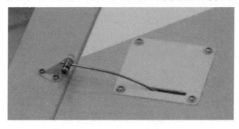

(a)大型机的玻纤舵角　　(b)小型机的尼龙舵角　　(c)舵角与连杆的连接图示

图1-38　舵角与连杆

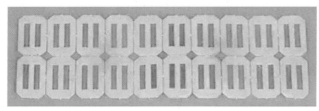

图1-39　纸合页(纸铰链)

(3)发动机(电机)座

发动机(电机)座是指将发动机(电机)安装在机身上的部件。发动机运转时会产生震动,为了令发动机稳定运行,一般需要将发动机座牢牢固定在机身上。为了减小发动机震动对机身及设备的影响,需要在发动机与机座连接之间安装减震垫。

(4)整流罩

整流罩通常安装在机头处和机轮处,如图1-40所示,以减小形状阻力和干扰阻力,并改善外观。

(a)螺旋桨整流罩　　　　(b)机轮整流罩

图1-40　整流罩

## 1.3.2　动力系统

动力系统的主要功能是产生前进的拉力或推力,使固定翼无人机克服空气阻力,产生相对空气的运动。目前,大型、小型、轻型固定翼无人机广泛采用的动力装置为活塞发动机系统。出于成本和使用方便的考虑,部分轻型和微型固定翼无人机普遍使用电动系统。

### 1)电动系统

电动系统主要由电池、电调、电机和螺旋桨组成。

**(1)电池**

电池用于向电动系统提供电能,目前广泛使用聚合物锂电池(LiPo),它是在液态锂离子电池基础上发展起来的,它的正负极材料和液态锂离子电池相同,但它采用了凝胶电解液和铝塑膜作外包装,具有轻薄、高能量密度和安全的特性。

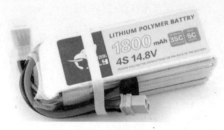

图 1-41　LiPo 电池参数图示

对于聚合物锂电池来说,一般会有很多参数来标志其性能,而最为关键的参数就是电压值、储能容量以及放电能力,也就是人们通常所说的 V 值、S 数、P 数和 C 数等,它们在电池出厂时已标注,如图 1-41 所示。

单节 LiPo 电池的额定电压为 3.7 V,充满电压为 4.2 V,表示为 1S。一般将 $n$ 节性能相同的 LiPo 电池串联使用,则额定电压为 $n×3.7$ V,表示为 $n$S。有些电池会采用并联支路的方式来提高输出电流,有 $m$ 个并联支路则表示为 $m$P。图 1-41 所示的为 4S 电池,其电池容量为 1 800 mAh。

同时,LiPo 电池上还常标有充电 C 数和放电 C 数,分别表示充电最大电流倍数和放电最大电流倍数,对应可以算出允许的最大充电电流和放电电流。例如,放电倍数标为 $f$C,则对应放电电流为容量 $mAh÷1h×f$。一般放电 C 数越大则电池接线越粗;电池容量越大,以相同 C 数充放电则所需时间越长。一般充电倍率在 1C 左右,不要偏大,否则对电池伤害较大;放电倍率不应超过标定放电 C 数,否则电池及接线过热造成短路或燃烧。

**(2)电调**

电调是电子调速器(Electronic Speed Control, ESC)的简称,它是电机旋转速度的控制器,用来调节和管理无人机的速度及姿态。针对电机不同可分为有刷电调和无刷电调,即有刷电机搭配有刷电调,无刷电机搭配无刷电调。有刷电调并非电调内有电刷,而是其驱动的是有刷电机。

轻型或微型固定翼无人机通常采用无刷电调,因为与之相连的多为交流无刷外转子电机。无刷电调有 3 个功能:一是充当变压器作用,将聚合物锂电池提供的直流电变为无刷外转子使用的交流电;二是根据飞行控制器发出的 PWM 信号控制电机转速;三是部分电调可提供免电源电路(Battery Elimination Circuit,BEC)供电,保证飞控和机载接收机正常工作。

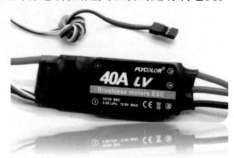

图 1-42　电调连接线与电流规格

无刷电调有红黑两根电源输入线、3 根电机输出线和 1 根信号输入线(杜邦线),如图 1-42 所示。其中,两根电源输入线用于与动力电池的连接,红正黑负;3 根电机输出线用于与交流无刷外转子电机连接,任意调换其中两根电机输出线可以改变电机转向;1 根信号输入线用于与飞控或接收机连接,便于控制电机转速。

电流规格是电调的主要技术参数,即电调上标注的电流,如 20 A、40 A 等。这个数字标明该电调可稳定调整输出的电流量。如图 1-42 所示,40 A 的电调最大可稳定输出 40 A 的电流,如果超标准使用,会导致电调烧毁。

大多数电调都会有 BEC 线或 UBEC 线。BEC 即免电源电路,是在电调里内置了一个电路模块,将电池输出的电压转换到 5 ~ 6 V 给接收机和舵机等电子设备使用。BEC 大多采用线性稳压方式,优点是线路简单、体积小,只要一个稳压管即可;缺点是转换效率低(输出电流最大 1 A 左右),稳压的时候能量损耗大(线性稳压效率一般只有 65% ~ 70%),在工作过程中稳压管会很烫。针对线性稳压的固有缺点,人们发明了外置的 BEC 模块,称为 UBEC(Ultra Battery Elimination Circuit),即单独做个体积更大、输出电流更强的稳压模块,以满足大功率舵机的需求。UBEC 改用开关电源的方式来稳压,优点是转换效率高(98% 左右),在稳压过程中损耗小,不会很烫。缺点是元件多、体积大;会产生较强的电磁干扰,一般将 UBEC 放置得离接收机越远越好;电源输出并不十分纯净,有电源波纹存在,对 PPM 的遥控方式影响很大,建议用 PCM 遥控方式比较好。

(3)电机

电机(俗称马达)将电能转换成机械能为无人机在空中的飞行提供动力。对于固定翼来说,无人机滑行起飞阶段该动力主要克服地面摩擦力使飞机加速;在无人机空中平飞阶段,该动力主要克服飞行中的空气阻力;在无人机空中爬升阶段,该动力除克服空气阻力外还要克服部分重力。从结构特点上可将微型无人机上使用的电机分成有刷电机和无刷电机两大类。

如图 1-43 所示为一种典型直流有刷电机的工作原理,据此原理研制生产的成品有刷电机内部结构如图 1-44 所示。由图可知,有刷电机由定子和转子两大部分组成,定子上有磁极(绕组式或永磁式)和电(碳)刷,转子上有线圈绕组和换向器,换向器由固定在转轴上的多个铜片组成,每个铜片与线圈的一端连接,各个铜片之间相互绝缘。通电后,电刷上的电流方向不变,并将电流引到与之暂时接触的某个换向器铜片上,与之相连的线圈上由于电流通过形成磁场,这样定子和转子的磁极之间就有一个夹角,相互吸引,使转子旋转。当线圈和铜片转过一定角度后脱开与电刷的接触,由下一组铜片和线圈与电刷接触,继续产生与定子磁极相吸的磁场,来保持转子持续转动。可见,线圈电流方向的交替变化是由随电机转动的换向器和电刷来完成的。改变电刷上的电流方向,就可以改变定子和转子磁极夹角的方向,从而改变电机的旋转方向。

从工作原理来看,由于电刷和电流换向片的存在,机械换向时两者之间极易产生电火花,从而造成电磁干扰多、噪声大、寿命短等使用上的缺点,使得有刷电机在航空模型和无人机领域几乎绝迹,取而代之的是目前广泛采用的交流无刷外转子电机。

顾名思义,无刷电机去除了电刷,在减少了电刷的摩擦之后,速度可以做到很高,噪声更是降低不少,寿命相对会很长。无刷电机主要由前盖、后盖、外壳、磁铁、硅钢片、转轴、轴承这些主要部件构成,如图 1-45 所示。

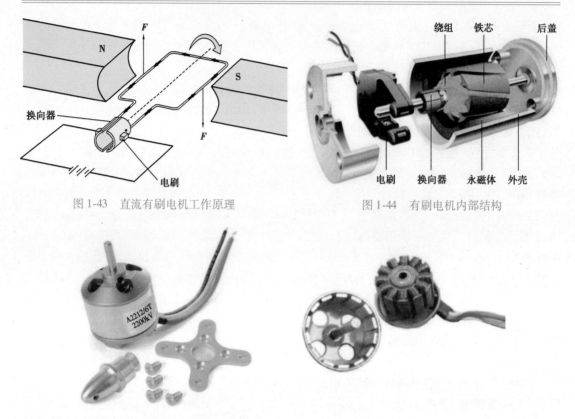

图 1-43　直流有刷电机工作原理　　　　图 1-44　有刷电机内部结构

图 1-45　外转子无刷电机结构图示

前盖、外壳、后盖主要是整体结构件,起到构建电机整体结构的作用。外壳同时是磁铁的磁路通路,必须是导磁性的物质构成。磁铁是无刷电机的重要组成部分,无刷电机的绝大部分性能参数都与磁铁相关,包括功率、转速、扭矩等。硅钢片是有槽无刷电机的重要组成部分,它在整个系统中的作用主要是降低磁阻、参与磁路运转。转轴是电机转子的直接受力部分,转轴的硬度必须能满足转子高速旋转的要求。轴承是电机运转顺畅的保证,目前轴承分为滑动轴承和滚动轴承。

无刷外转子电机外壳上一般标有电机尺寸和 kV 值,这是决定电机工作性能的两个主要参数,如图 1-45 所示。尺寸为 4 位数字,前两位表示定子直径,数字越大,电机径向尺寸越大、越粗,后两位表示定子高度,数字越大,电机轴向尺寸越大、越高。kV 值的含义是指电压每升高 1 V 时,无刷电机在空载情况下每分钟所增加的转速。例如,电机标志 320 kV,当使用 12.6 V 的电池时,理论上转速可以达到 320×12.6＝4 032,也就是每分钟 4 032 转。

（4）螺旋桨

螺旋桨是安装在电机或油机上,为无人机提供拉力的装置。电机或油机仅仅是将电能或化学能转换成轴旋转的机械能,而螺旋桨才是真正产生拉力的部件。螺旋桨产生拉力的原理与机翼产生升力的原理相同。

螺旋桨一般由桨毂和桨叶组成,一些特殊螺旋桨还包含桨尖部分,其桨尖结构形式特殊,作用与桨叶差别较大。桨毂是桨叶安装与螺旋桨动力传输的重要部件,要求桨毂强度高。桨叶是将从桨毂传输过来的旋转动力转换为拉力的部件,任意横截面形式与机翼翼型相似,其弦线与桨旋转平面的夹角为桨叶角 $\varphi$,沿半径向外桨叶角逐渐变小。一般将 75% 半径处的桨叶角定为该螺旋桨的几何桨距。低速固定翼无人机常采用定距螺旋桨,而中高速无人机常采用变距螺旋桨,即几何桨距随着飞机的速度和桨的转速而变化,这样可以得到较高的螺旋桨效率。

螺旋桨根据桨叶数量多少分为两叶螺旋桨和多叶螺旋桨(三叶及以上);根据使用不同分为固定翼无人机螺旋桨和旋翼无人机螺旋桨;根据安装方式不同分为电机螺旋桨和油机螺旋桨;根据材料不同分为金属螺旋桨、木质螺旋桨、复合材料和塑料螺旋桨。

### 2)油动系统

油动系统种类繁多,当前应用于固定翼无人机上的主要有活塞发动机和喷气发动机等类型。按气缸内部结构,活塞发动机有往复式活塞发动机和转子式活塞发动机之分,而按工作过程则有四冲程和二冲程之分。这里重点介绍目前在中小型固定翼无人机系统中广泛使用的往复式二冲程活塞发动机。

二冲程发动机主要由发动机本体、供油系统、点火系统、启动系统等组成。相对于四冲程,二冲程发动机功质比大、转速高、转动平稳、对飞轮转动惯量要求低,且结构简单、廉价。但存在油耗高、燃烧粗暴、润滑效果差、寿命短的弊端。

(1)发动机本体

如图 1-46 所示为机匣进气式二冲程发动机本体,其上部为汽缸,缸内容纳活塞上下运动;下部为机匣,匣内容纳曲轴旋转,活塞和曲轴通过连杆连接,可将活塞的往复运动转变成曲轴的旋转运动。汽缸的顶盖上安装有点火器,在汽缸的下部缸体上开有排气口、扫气口和进气口,排气口的上沿略高于扫气口的上沿。二冲程发动机本体完成的功能如下:

①实现汽缸进气、压缩、燃烧做功、排气的工作循环。

②配合发动机工作循环,完成机匣进气、汽缸进气与排气的换气循环。

③将汽缸内燃气对活塞的作用力通过连杆传递到曲轴上,以轴功率的形式输出,即完成化学能向机械能的转换与输出。

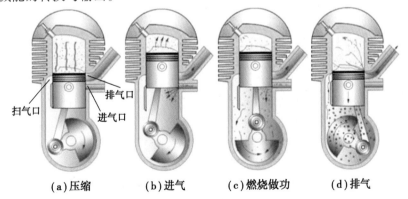

(a)压缩　　　(b)进气　　　(c)燃烧做功　　　(d)排气

图 1-46　机匣进气式二冲程发动机本体及工作原理图

根据图 1-46,二冲程发动机工作过程可描述如下:

①压缩过程:活塞向汽缸上止点运动,当活塞超过排气口上沿时,汽缸成封闭状态,活塞向上运动压缩混合气。

②进气过程:活塞继续向上运动,机匣内部容积增大、气压降低,当活塞下沿放开进气口时,新鲜混合气从进气口被吸入机匣内。

③燃烧做功过程:在压缩冲程的末端,汽缸内混合气的温度和压强非常高,此时缸头的火花塞点火点燃混合气,混合气以爆炸的速度燃烧,当活塞经过上止点10°~15°时,混合气燃烧完全,燃气温度和压强都达到最大,推动活塞加速向下止点运动。随着汽缸容积变大,燃气温度和压强都将变小,同时活塞通过连杆推动曲轴加速转动,即热能转换成机械能。

④排气过程:活塞加速向下止点运动过程中,当活塞下沿低于进气口下沿时,机匣内部成密封状态,容积减小,压强增大;当活塞上沿低于排气口上沿时,排气口打开,燃气高速冲出开始排气过程;当活塞上沿低于扫气口上沿时,扫气口打开,机匣内增压了的新鲜混合气经扫气口斜向上充入汽缸内,同时吹动汽缸内残余废气排出;当活塞转过下止点开始向上止点运动时,先关闭扫气口扫气结束,再关闭排气口排气结束。

(2)辅助系统

一般来说,无人机可以靠螺旋桨吹风和飞行时的空气流动对发动机汽缸进行冷却,所以没有单独的冷却系统。由于二冲程发动机采用了掺混润滑的方式,即将润滑油掺混在燃油中,使润滑油以油雾的形式随燃油进入发动机本体内部,并附着形成油膜保证各运动机构表面润滑,所以没有单独的润滑系统。掺混润滑要使用二冲程发动机专用润滑油。其他必备的辅助系统如下:

①供油系统。供油系统的功用是根据发动机工况向发动机输入适量燃油,并跟进入的空气混合、汽化,形成浓度适宜的新鲜混合气。常见的供油系统有化油器式和电喷式两种,电喷式又有进气歧管喷油与缸内直喷等多种形式。化油器式供油系统主要由油箱、油管、油滤、油泵、化油器等组成,多用于小、微型无人机,具有结构简单、轻巧、价格低廉的优点,但存在油化汽效果差、油气混合比不准的缺点,造成发动机冷机启动困难和动力调控差,油耗高。电喷式供油系统多用于中大型无人机,计算机根据空气量传感器测得的进气量和发动机转速等多个参数控制喷油器精准喷油,使得发动机具有油耗低、马力大等优点,但系统复杂、质量大、价格高。

②点火系统。点火系统负责在压缩冲程末端的某个时刻产生电火花,点燃汽缸内的新鲜混合气。常见的点火系统有磁电机式和电池式。磁电机式主要由磁电机、控制盒、高压包、火花塞等组成。磁电机产生低压电;控制盒控制该低压电送到高压包的时机,该时机对应为压缩末端的点火时刻;高压包将低压电变为10 000 V以上的高压电送给火花塞(图1-47),高压电将火花塞头端间隙的混合气击穿产生电弧,点燃混合气燃烧。

③启动系统。启动系统的作用是借助外力带动发动机转动,使发动机由静态转入自主燃烧并实现工作循环的动态。小型航空发动机常借助人力实现启动,中大型发动机多采用电机启动。为减轻无人机的质量,一般采用地面电机启动,即启动系统在地面将发动机启动后不随无人机升空飞行。中大型无人机飞行距离远,为防止发动机空中意外停车,有的会采用

图1-47 火花塞

机载电机启动。

动力系统被称为无人机的"心脏",其重要程度远不是上述内容所能陈述清楚的,后续将开发专门的课程和配套教材予以学习和领会,此处不再赘述。

### 1.3.3　发射与回收装置

固定翼无人机的发射和回收方式远比旋翼类无人机复杂,完成固定翼无人机发射和回收两个过程所使用到的设备统称为发射与回收装置。在固定翼无人机的作业运用中,发射和回收阶段往往被认为是最关键的阶段,也是事故的高发阶段。据有关资料统计,无人机起飞和着陆时的飞行事故,约占总飞行事故的60%。随着无人机性能指标的不断提升和应用领域的不断扩大,其机载和地面设备日趋复杂,迫切需要无人机系统拥有高可靠性、高自动化的发射与回收装置以减少无人机事故,确保无人机的生存率。

#### 1)常见发射与回收方式

（1）常见发射方式

①手抛发射。手抛发射是小、微型固定翼无人机的常见起飞方式,其操作较为简单,由投掷手在重心附近握住飞行器,助跑10~15 m后,将无人机投掷到空中,如图1-48所示。助跑是为了使无人机获得所需的起飞速度。

图1-48　无人机手抛发射

对手抛发射的简单要求如下:

a.投掷方向应选择在逆风方向上。

b.飞行器尺寸小于3 m,质量在十几千克以下。

c.一人或两人控制,一人控制时身兼投掷手和飞控手双重职责,即投掷后立即转入用遥控器在视距内控制飞机。

d.投掷时飞机应保持左右水平,机头略上抬,投掷用力方向与机体轴同向。

注意事项如下:

a.跑道应选择在地势相对平坦、土质较硬、长度不少于20 m的开阔地带,必要时可对跑道进行适当修整。

b.避开高大的树木、建筑物和高压电线。

c.投掷前发动机已处于大马力状态,飞行器应举过头顶,避免螺旋桨距身体过近而出现安全事故。

d.飞控手应确保马力推至最大位置,左右副翼及升降舵操纵杆放在中间位置,飞行姿态不正确时,严禁出手。

②滑跑起飞。滑跑起飞是指像有人机一样,无人机利用自身动力,借助起落架或其他专

门起飞装置的动力,在跑道上滑跑升空,如图 1-49 所示。利用起落架滑跑起飞时,有些无人机采用可弃式起落架,在无人机滑跑起飞后,起落架便被扔下,回收无人机时采用别的方式;大多数无人机,尤其是中、小型无人机,采用非收缩型起落架;航程较远和飞行时间较长的大型无人机采用收缩型起落架。

图 1-49　无人机滑跑起飞

　　无人机借助地面滑跑起飞车起飞(图 1-50)与无人机利用自身起落架滑跑起飞的原理基本相同。不同之处集中在两个方面:第一,利用滑跑车起飞的无人机,在起飞前被放置在三轮或四轮滑跑车上,滑跑车充当无人机的起飞架;第二,无人机与滑跑车组合利用无人机的动力在跑道上滑跑,当无人机与滑跑车分离时,无人机独自升空,而滑跑车留在地面,在跑道上依赖惯性滑行一段距离后,靠摩擦力停下来。滑跑路线一般有直线和圆周线两种,在后一种情况中,滑跑车和跑道中心的标塔用缆线相连,由缆绳线长短决定滑跑车圆周滑跑线的半径。当无人机与滑跑车组合滑跑几圈,加速到无人机起飞速度时,无人机飞离滑跑车。

　　③火箭助推。无人机安装在专门的发射架上,在一台或多台火箭助推器推力作用下,将无人机发射升空,并在升空数秒后扔掉助飞火箭,由机上主发动机完成飞行任务,如图 1-51 所示。

图 1-50　无人机借助地面滑跑车起飞

图 1-51　无人机火箭助推发射

　　这种发射方式通常称为零长或短轨发射,优点是对周围自然环境的要求较低,可很好地满足快速、机动等军事需求;缺点是火箭会产生大量的烟尘和火花,并伴随有噪声,这会对无人机的操纵人员造成视觉和听觉上的干扰,同时容易暴露阵地目标。

　　④弹射起飞。常用的无人机弹射起飞方式有弹力弹射、气液压弹射和燃气弹射,而电磁弹射则是一种新概念发射技术。

　　弹力弹射利用伸缩性很强的弹性元件如橡皮筋、弹簧等,提供无人机起飞所需的加速度,适用于轻(小)型无人机。

　　气液压弹射技术在目前的应用较为成熟,是 20 世纪 90 年代国际上发展起来的一种先进的导轨动能弹射起飞方式,主要采用气液压能源作为无人机弹射起飞的动力。与常用的火箭助推方式相比,具有安全隐蔽性、经济性好、适应性强等优点,不会产生光、声、热、烟雾等信号,不存在火控器材的存储、运输和管理等问题,且每次发射时消耗性器材及支援保障的费用较低,还可通过调节蓄能器的充气或充油压力来满足不同无人机对起飞质量和速度的使用要求。而与滑跑起飞相比,则无须机场跑道,机动灵活,车载、舰载都适用。

　　具体操作时,是将无人机安装在发射装置的轨道上,在自身发动机和气液压弹射助力设备共同作用下使无人机起飞,当无人机飞离轨道后,在主发动机作用下完成飞行任务,如图 1-52 所示。

　　⑤空中发射。无人机由运输机、轰炸机、攻击机等大型经过改装且与无人机相匹配的母机携带至空中,在指定的空域,启动无人机的发动机,然后将无人机从空中发射出去,如图 1-53 所示。

图 1-52　无人机弹射起飞

图 1-53　无人机空中投放

　　无人机从母机发射分为滑轨式发射和投放式发射两种方式。滑轨式发射时,轨道安装在母机上,无人机靠自身动力滑出轨道;投放式发射时,无人机一般采用半隐蔽方式悬挂在固定翼母机的机翼或机腹下部,若采用直升机作为母机,则在两侧携带。根据无人机自身动力启动时间,分为投放前启动和投放后启动。理论上讲,母机可将无人机带到任何需要的空域去发射,其方式简单易行,成功率高,且有效增大了无人机的航程。

　　(2)常见回收方式

　　和发射一样,无人机的回收有多种多样可行的选择。按无人机的回收姿态分为垂直下降回收和非垂直下降回收;按回收地点分为陆上回收、空中回收及水上回收。

　　①伞降回收

　　伞降回收是指无人机利用机载的降落伞,按照预定程序或在操作手遥控指挥下到达回收区域上空,在发动机停车后自动根据遥控指令适时开伞,降落在预定场地,如图 1-54 所示。这是目前最普遍的固定翼无人机回收方式之一。

图 1-54　无人机伞降回收

由于降落伞必须是机载的,所以无人机要有足够的载重和容积为伞包提供舱位。从便于机载的角度,降落伞应预先规范折叠并装入伞包。为了提高回收效率和安全性,减少伞和地面、水面冲撞所造成的损害,人们设计使用了许多形状不同的降落伞,包括方形伞、平面圆顶伞、底边延伸伞、十字形伞等。方形伞的阻力系数较大,稳定性比圆形伞好,但伞衣受力不均匀,伞衣四角底边向内收缩,容易造成伞衣被伞绳打伤的现象。平面圆顶伞工作可靠,开伞快,伞衣受力均匀,包装方便,但稳定性差,制造工艺较复杂。底边延伸伞开伞动载小,稳定性好,缺点是阻力系数稍小,工艺性稍差。十字形伞稳定性好,制造工艺简单,开伞动载较小,但阻力系数较小,质量和体积略大。

②空中回收

空中回收是指负责回收任务的母机,在被回收的无人机打开降落伞在空中飘落时,将无人机降落伞上方的小伞勾住,然后携带无人机回场着陆的方式。采取这一回收方式的无人机为美国的"火蜂"无人侦察机、D-21无人机等。

空中回收一般分为飞机回收和直升机回收。飞机回收时作业高度高、范围大,但它不能回收比其舱门大的无人机。直升机回收无人机时,只要勾住了无人机,可以拖至适当的着陆地区,用着陆网无损伤放下回收或直接缓慢放下回收,可回收较大的无人机。但这类回收的可靠性不高、操作较难,出动飞机需要不同兵种相互配合。

③滑跑着陆

起落架滑跑着陆与有人飞机类似,不同之处有以下几点:

a. 对跑道要求不如有人飞机那么苛刻。

b. 有些无人机的起落架局部被设计得较脆弱,允许着陆时撞地损坏,吸收能量。

c. 为缩短着陆滑跑距离,有些无人机在机尾装有尾钩,在着陆滑跑时,尾钩勾住地面拦截绳,大大缩短了着陆滑跑的距离。

④撞网回收

撞网回收是指像用网捕捉鸟一样的方法回收无人机,其研究最早始于20世纪70年代末期。无人机在操纵手的遥控下,降低高度,减小速度,同时拦阻网系统的引导装置引导无人机对准拦阻网。当无人机接触拦阻网后,飞行能量由拦阻网能量吸收器吸收,速度很快减为零,如图1-55所示。

图1-55 无人机撞网回收

无人机撞网回收是一种理想的精确定点回收方式,特别适合小型固定翼无人机在狭窄回收场地或舰船上使用,理论上可认为是一种零距离回收方式。但撞网回收无人机技术比较复杂,而且网收无人机的体积、质量不能大,否则会因动能过大,导致回收失败。为此,回收拦阻网应由弹性材料编织而成,拦阻网的结构方案有单网单杆、单网双杆、单网三杆和双网双杆4种方式可供选择。其中单网单杆和单网双杆结构方案适用于尺寸较小、质量较轻的无人机,而单网三杆和双网双杆结构方案则在舰载无人机回收方面应用较多。

2）典型发射装置

发射装置保证固定翼无人机正常发射起飞，其组成随发射方法的不同区别较大。大型无人机一般使用起落装置，在起飞和着陆时使用；中小型无人机一般采用发射架（车），其功用是支持无人机在地面、空中或舰上的起飞和停放；微型无人机可采用更简单的手抛发射。此处以使用较多的两种发射装置——起落装置型和发射架型为例进行较为详细的介绍。

（1）起落装置型

起落装置既可完成起飞又可完成着陆任务，一般包括起落架和改善起落性能的装置，其作用是使无人机从地（舰）面上起落、滑行和停放。改善起落性能的装置有阻力伞、拦阻索等。起落装置通常装在无人机上，或者说与无人机连为一体，其主要形式有起落架、滑橇和浮筒3种。

①起落架

起落架也称轮式起降，即像有人机那样使无人机从地面或舰载的跑道上起落。其主体结构包括支柱、减震器、机轮（或滑轮）及收放机构，用以支撑无人机在地面上的活动，包括起飞和着陆滑跑、滑行、停放等。如图1-56所示为一种较为简易的起落架装置。

 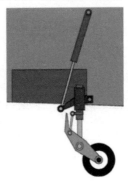

(a)起落架收起状态　　　　　　(b)起落架放下状态

图1-56  起落架装置

a. 支柱：主要起支撑作用并作为机轮的安装基础。为了减轻质量，常将减震器与机轮合为一体成为减震支柱。

b. 减震器：主要作用是吸收着陆和滑跑冲击能量。无人机在着陆接地瞬间或在不平的跑道上高速滑跑时，与地面发生剧烈的撞击，除充气轮胎可起小部分缓冲作用外，大部分撞击能量要靠减震器吸收。

c. 机轮：与地面接触支持无人机的质量，减少地面运动的阻力，可以吸收一部分撞击动能，有一定的减震作用。机轮上装有刹车装置，使无人机在地面上具有良好的机动性。

d. 收放机构：用于收放起落架以及固定支柱，飞行时可减少阻力。

起落架按在飞机上安装位置的不同，可分前三点式和后三点式两种类型，其作用有所差别，如图1-57所示。前三点式起落架中，主起落架安装于飞机重心后方附近，如果在重心之前，飞机放置于地面时，机身后部会触地，如果安装位置过于向后远离重心，则会导致飞机起飞时拉起困难;后三点式起落架中,主起落架则位于飞机重心前侧一段距离,过于靠近重心容易导致加速滑跑时栽头。

(a)前三点式起落架　　　　　　　　　　　　　(b)后三点式起落架

图 1-57　起落架在飞机上的安装位置

②滑撬

使用滑撬起落装置后无人机可以在地面、水面、冰、雪等地滑跑起飞和着陆。滑撬相当于起落架中的机轮,可以在软土质或草地上起落,利用减震器等来吸收撞击能量,用杆件或支柱承受力。在结构上,滑撬比起落架简单。

图 1-58　水面浮筒起降的无人机

③浮筒

浮筒是无人机在水面上起飞和着陆的装置,目前应用较少。如图 1-58 所示为某型无人机在水面起降的情形。该型无人机具有船体结构和可收放起落架,能在海上、湖泊、草地、公路等各种复杂条件及场地起降。

(2)发射架型

发射架的功用是发射前支承和锁紧无人机于架上,并作必要的检测;发射时保证无人机的正常起飞。大、中型无人机的发射架采用车载方式,即与经过改装的运输车一起构成发射车系统,以满足机动灵活的作业需求;而小、微型无人机的发射架则较为简单,一般可通过紧固件直接在地面架设。利用发射架发射的无人机并不需要专门的机场。根据获得起飞初速度方式的不同,用发射架发射无人机有两种直观的手段,即火箭助推和弹射。

①火箭助推

当无人机采用火箭助推方式发射时,发射架可地面架设也可车载,如图 1-59 和图 1-60 所示。车载的发射架相对复杂,主要由起落部分、回转部分、方向和高低机构以及行驶部分等组成。

起落部分的作用是发射前支承并锁紧无人机,使无人机与发射架连为一体;发射时使无人机沿架上导轨滑动,保证离轨时具有一定的速度、高低角及方位角。回转部分可以用手动或电动方法使发射架回转 360°,以便向某个方位发射,支持起落部分和安装设备,其上的高低机构用来实现发射高低角设定。行驶部分把发射架的各部分连为一体,便于运输和转移。发射架上还有发射控制及检测设备,不同的无人机这部分不完全一样。

图 1-59　火箭助推的地面发射架

图 1-60　火箭助推的车载发射架

火箭助推器的作用是将无人机由静止状态瞬间加速到安全飞行的速度和高度,发射架的导轨可以很短,甚至为零。助推火箭可以固定在无人机上助推,也可以先固定在无人机上助推,助推完后再与无人机分离。前者增加无人机飞行时的质量和飞行阻力、降低了无人机的性能,后者需增加火箭和无人机的分离机构,结构上比前者稍微复杂。根据《无人机发射系统通用要求》(GJB 2018A—2006)的规定,不管是前者还是后者,助推火箭的布置都应使无人机和火箭的组合体在推力、气动力和重力等组成的空间力系下保持俯仰、航向和横滚 3 个方向的力矩基本平衡。

②弹射

弹射起飞是近年来国际上新出现的一种先进的无人机发射方式,根据弹射装置提供动力的不同可以分为液压弹射式、气动弹射式、弹簧弹射式、橡皮绳弹射式和机械重锤等。

如图 1-61 所示为一种典型的气液压弹射装置,包括气液压能源系统、滑行小车系统、缓冲吸能系统、弹射架系统、滑轮增速系统、卸荷控制机构、释放机构、无人机锁闭机构、电气控制系统等多个分系统。

工作原理可描述为:由气液压能源系统为无人机弹射提供动力,以滑行小车作为无人机在弹射架长轨上的运动载体,当滑行小车与无人机一起加速运动到起飞速度时,卸荷控制机构切断动力源,滑行小车被缓冲吸能系统阻挡而急剧减速,而无人机则在惯性和发动机推力的作用下以起飞速度从滑行小车上分离起飞。

图 1-61　气液压弹射装置结构示意图

当无人机上动力装置的推力不够大时,要靠它达到一定起飞速度,其导轨必定要长,也就是长轨发射。但导轨太长,发射架将很笨重,机动性差。军用无人机一般都将这样的弹射装置集成到发射车中,且将长导轨设计成可折叠形式,以满足机动性要求。

另一种供小型无人机使用的简易弹射装置如图 1-62 所示,其基本结构包括主体架、调节支架、滑车底座、滑车拦阻装置等。主体架上一般设有橡皮绳或弹簧固定安装机构,滑车底座的底部设有橡皮绳或弹簧锁闭释放机构;调节支架用来调节无人机发射角;滑车底座通过滚轮安装在主体架上端,上端为无人机安装机构;滑车拦阻装置用于离架时无人机与滑车的分离。

如果把装导轨的发射架换成装导轨的发射筒、发射箱或容器,就变成筒式发射和箱式发射等方法。它们是一种把储存、运输和发射合为一体的发射装置,有利于无人机的使用维护及快速发射等优点。如图 1-63 所示为某型无人机箱式发射情景。

图 1-62　小型无人机使用的简易弹射装置

图 1-63　无人机的箱式发射

### 3)典型回收装置

多次使用的无人机都要进行回收,有的无人机虽是一次使用,但要回收有价值的部分,如照相舱及任务设备成果等。回收是利用大气的阻力制动或专门的减速装置,以降低无人机的高度和速度,最后以一定的速度(6～15 m/s)安全着陆或回收。对回收装置的要求是使用次数要多、对无人机的损伤要小、修复工作简便、成本低廉。

回收装置的组成随回收方法不同有所区别,除了起落装置外,还有伞回收系统、网回收系统、气垫回收装置、气袋(囊)回收装置、空中回收装置等类型。重点介绍伞回收系统和拦阻网回收系统。

### (1)伞回收系统

伞降回收是目前广泛使用的一种无人机回收方式,特别适用于中、小型固定翼无人机。降落伞是依靠相对于空气的运动,从折叠状态充气展开成伞状,使与之相连的无人机以安全的速度降落。

图 1-64　回收伞结构图示

①结构组成

如图 1-64 所示,一套相对完整的伞回收系统包括以下组成部分:

a. 引导伞:伞回收系统工作的先行组件,为主伞开伞创造条件。

b. 减速伞:在大速度条件下对无人机减速,保证主伞能顺利打开,同时在一些大型无人机和航天飞机上,还用于着陆时缩短滑跑距离(小型无人机一般不用)。

c. 主伞:伞回收系统的主要部件,保证无人机以一定的速度及稳定的姿态着陆。

d. 伞包:包装降落伞的容器,保证在伞拉直和张满过程中均匀受力,便于按程序开伞。

e. 连接带和吊带:伞回收系统与无人机之间的连接部件。

f. 抛离机构:无人机触地瞬间实现机伞分离。

44

g. 控制系统：主要完成正常回收和应急回收工作的流程控制，可以与无人机飞控系统集成，由飞控给出伞系统的启动与分离信号。

②工作过程

使用前，降落伞被折叠包装在专用的伞包内，经连固装置安放在无人机伞舱内。当无人机需降落时，先打开无人机的伞舱口盖，利用开伞机构抛出引导伞；由引导伞拉出伞包，打开主伞；主伞充气胀满，经历无人机由抬头到放平的过程后（切伞机构），悬吊着无人机安全下降；无人机着陆瞬间，触地开关接通，由抛伞机构实现主伞与无人机分离。

③优、缺点

优点：适用范围广、性价比高；成本低，可重复使用；相对于其他减速装置，其体积小、质量轻；无须复杂昂贵的自动导航着陆系统；无须宽阔平坦的专用着陆场地。

缺点：自带降落伞，需要占用无人机机身内有限的空间和载荷；遇风会产生飘移，影响着陆的准确性；着陆点的地貌对无人机的损伤程度有直接影响；若伞降水面，则无人机需具备防水能力且打捞麻烦。

（2）拦阻网回收系统

网回收方法是 20 世纪 70 年代发展起来的一种回收技术，常用于小型固定翼无人机的回收。它是利用能量吸收装置吸收无人机回收过程中的能量，并引导无人机撞网回收。撞网回收技术的关键在于引导上如何实现无人机高精度撞网，缓能上如何实现平稳柔和地吸收能量，结果上如何实现保证无人机不受损及再利用。

①结构组成

为保证无人机的安全回收，拦阻网回收系统一般由回收网、能量吸收装置和自动导引设备等组成。

a. 拦阻网主体

拦阻网主体由拦阻网（弹性材料编织而成）、网支架、吊带、连接带、刹车带（将飞机能量传递给缓冲吸能装置）、地锚系统、导向轮（保证刹车带顺利抽出）等组成，如图 1-65 所示。不同型号无人机其结构可能略有出入。

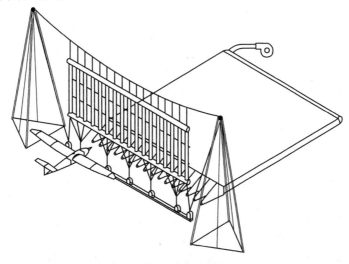

图 1-65　拦阻网主体结构

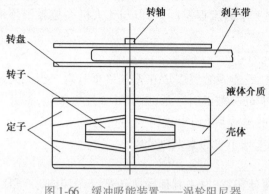

图 1-66　缓冲吸能装置——涡轮阻尼器

**b. 能量吸收装置**

如图 1-66 所示，能量吸收装置的主体结构为涡轮阻尼器，其功能是吸收撞网时产生的能量，使无人机缓冲、减速并最终拦停下来。其中，转动部分包括转轴、转盘和转子，它们之间为固定连接，转子上镶有若干个梯形叶片；固定部分为定子，由壳体和镶在壳体内的若干个梯形叶片组成；液体介质密封在转子和定子之间；刹车带由内向外缠绕在转盘上，其作用是把物体的动能传递给阻尼器。

涡轮的阻尼作用正是定子和介质阻止转子转动而产生的，转子的半径和介质的密度成为决定阻尼力的两个主导因素。转子半径的选择，或者说阻尼涡轮设计参数的选择，需经过大量实验验证，因为阻尼力太小不足以回收飞机，而阻尼力太大则易对飞机造成损坏。介质密度在很大程度上影响阻尼力的大小。最廉价的选择当然是水，但需要解决防锈、防冻等一系列问题。经过大量的试验，最终选择航空液压红油作为涡轮阻尼器的工作介质，红油和钢件不会发生作用，不会生锈，红油的结冰点为-60 ℃，不存在结冰的问题。

**c. 自动引导设备**

自动引导设备包括雷达引导、激光引导、GPS 组合引导和电视跟踪引导等类型。研究较多的是电视跟踪的精确引导技术或在其基础上集成其他手段的组合引导技术，其所需的所有测量设备均安置于地面或舰船上。如图 1-67 所示为基于电视跟踪的光电精确引导装置原理框图，其典型组成包括主控及信息处理系统、激光测距系统、CCD 成像系统和跟踪系统等。当目标捕获后，激光测距系统、CCD 成像系统和跟踪系统分别将目标的斜距、视频图像、方位角和俯仰角等信息实时送到信息处理系统，换算成无人机位置的横向和纵向偏差量并经上行数据链路送给机载飞控，由飞控控制无人机舵面调整飞行姿态，按预定回收轨迹下滑并撞网回收。

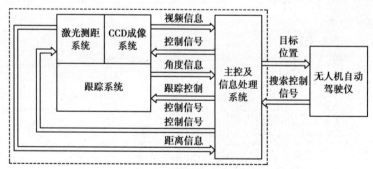

图 1-67　光电精确引导装置原理图

**②工作过程**

当无人机返航时，地面控制站控制无人机以小角度下滑，最大飞行速度不大于 150 km/h；操纵人员通过自动引导设备中的电视监视着无人机飞行，并根据地面控制站接收无人机的信号，确定航路偏差，控制无人机使其对准回收网飞行；无人机触网瞬间，刹车带开始工作，并将飞机能量传递给缓冲吸能装置;涡轮阻尼器通过阻尼作用吸收拦阻网传递来的无人机动能,使无人机速度迅速降为零。

③优、缺点

无人机撞网回收是一种理想的精确定点回收方式,特别适合小型固定翼无人机在狭窄回收场地或舰船上使用,可以认为是一种零距离回收方式。与其他回收方式相比,撞网回收的精度和回收率都较高,其优势表现为:

a.无须在飞机上加装任何设备,不会影响飞机的总体性能。

b.理论上几乎可以在任何场地进行回收,特别适用于高原山地和舰船。

c.回收网对无人机的作用很柔和,过载小,不会损坏机体和机内设备。

当然,撞网回收有其自身的局限性,包括:

a.发动机和螺旋桨需安排在机身后部,适用机型有限。

b.安装时间较长,操作效率有待提高。

c.大风等不利天气条件会给无人机的撞网带来极大困难。

d.用拦阻网在舰船上回收无人机时,军舰一般都装备天线、雷达及导弹等诸多设备,回收空间有限,操作不当会导致无人机不能精确撞网,严重时会撞毁舰船上搭载的先进武器装备。

随着无人机技术的不断发展,一种结合了旋翼无人机垂直起降、固定翼巡航飞行的垂直起降无人机问世。该类无人机主要采用固定翼方式巡航飞行,仍属于固定翼无人机,但其起降则依靠旋翼产生的向上的拉力克服重力来实现,由此兼具起降不受场地限制和巡航时间长等显著特点。根据旋翼作用特点分为倾转旋翼和固定旋翼,如图 1-68 和图 1-69 所示。

图 1-68　倾转旋翼无人机

图 1-69　固定旋翼无人机

倾转旋翼既可以产生向上的空气动力又可以产生前进的拉力。在无人机起降时,旋翼朝向上产生向上的拉力以克服无人机受到的重力,并产生向上的加速度;在无人机前进飞行时旋翼转向前,产生向前的拉力,使无人机加速向前飞行,此时无人机依靠固定机翼产生的升力克服重力。

固定旋翼始终朝向上,只能产生向上的拉力以克服无人机重力实现起降,当无人机要前进飞行时,前向螺旋桨产生前进拉力;当飞行速度小于安全值时,旋翼产生辅助升力;当飞行速度达到安全值时,旋翼则停止转动。这是目前技术较成熟、应用较广泛的垂直起降固定翼无人机的主要机型。

### 1.3.4 固定翼无人机类型

#### 1) 按机身数量不同分类

根据无人机机身数量多少,固定翼无人机可分为单机身、双机身、多机身等,如图1-70所示。目前常规的固定翼无人机一般为单机身,单机身无人机质量轻、空气阻力小。对高空长航时和较重装载的无人机,一般机翼会很长,在机翼比较长而强度又不够时,地面上需要双机身或多机身实现机翼的多点支撑,但无人机机身过多则要求更宽的跑道,滑跑起飞的难度更大,空中飞行的阻力也大,飞行速度变慢。

(a)单机身        (b)双机身        (c)多机身

图1-70 不同机身数量的无人机

#### 2) 按机翼所处机身上下位置不同分类

按机翼所处机身上下位置不同,固定翼无人机可分为上单翼、中单翼、下单翼3种,如图1-71所示。上单翼无人机是指主翼安装位置在机身上方,具有较好的横侧稳定性,机翼下挂载空间大。中单翼无人机是指主翼安装位置在机身中部轴线,兼具灵活性和稳定性,常用于无人机攻击作战。下单翼无人机是指主翼安装位置在机身下方,具有较高的灵活性,但稳定性较差。

(a)上单翼        (b)中单翼        (c)下单翼

图1-71 不同机身数量的无人机

#### 3) 按气动布局分类

气动布局是指飞行器系统各主要气动部件的气动外形及其相对位置的设计与安排。飞机的主要气动布局形式有5种。

（1）常规气动布局

常规气动布局是将飞机的水平尾翼和垂直尾翼都放在机翼的后面（飞机的尾部）的气动布局形式，又称为正常式气动布局。

常规气动布局最大的优点是技术成熟，理论研究非常完善，生产技术也成熟，与其他气动布局相比各项性能比较均衡，是目前应用较广泛的气动布局形式。但是常规气动布局中，从机翼表面流向后的气流会在水平尾翼形成阻力，为了平衡机翼的升力，将全机的焦点向后移，水平尾翼一般产生向下的负升力，造成全机的升力损失，进而影响飞机的载重和升限。

（2）无尾气动布局

如图 1-72 所示，无尾气动布局主要是指没有水平尾翼。主机翼后移布置到水平尾翼的位置，同时起到水平尾翼的作用。有些无尾气动布局无人机没有垂直尾翼，但是其机翼翼尖面积设计得特别大，起到了垂直尾翼的作用。

无尾气动布局的最大优点是没有水平尾翼，空气阻力小，高速飞行时性能优异；无尾气动布局无人机机翼展弦比小、根稍比大，机翼承载质量好，与机身连接结构稳固，可大大简化机身结构，加上去掉了水平尾翼和相关的操控系统，机身质量可以大大降低。无尾气动布局的缺点是低速性能不好，且只能依靠主翼控制飞行，稳定性不理想。

(a) 有垂尾的无尾气动布局　　(b) 大翼尖无尾气动布局

图 1-72　无尾气动布局无人机

（3）鸭式气动布局

无尾气动布局低速性能和稳定性不好的缺陷，促进了鸭式气动布局的流行。鸭式气动布局是在主翼的前面加个小机翼，称为鸭翼，如图 1-73 所示。鸭式气动布局无人机高速飞行时更加稳定，起降距离明显缩短，其机动性能比常规气动布局更加出色。

（4）三翼气动布局

三翼气动布局就是常规气动布局加个鸭翼，或者说是鸭式气动布局加个水平尾翼，如图 1-74 所示。

图 1-73　鸭式气动布局无人机

示。三翼气动布局多了一个可以控制飞机部位并可以更好地平衡机翼在纵向的载重，机动性能更好，对飞机的操控更精准灵活，可以缩短起降距离。但其翼面增多，增加了空气阻力；三翼面前后距离较近，前翼面对后翼面气流影响大，降低了空气动力效率；操纵面增多增加操控系统复杂程度和生产成本。

（5）飞翼气动布局

飞翼气动布局看上去只有机翼，没有机身，实际上是机身和机翼融为一体，如图 1-75 所示。这种布局是空气动力效率最高的,机身也产生升力,最大程度降低了阻力,雷达波反射面积小,隐身性能最好。飞翼气动布局操控面积小且舵面气动力矩小,其操控性能极差,完全依靠电子传感器控制机翼和发动机的矢量推力,飞翼气动布局只应用于大型固定翼无人机。

图 1-74　三翼气动布局无人机

图 1-75　飞翼气动布局无人机

## 4)按主要材料不同分类

无人机飞行器究竟选择何种材料制造主要由强度决定,而飞行速度越高,机身和机翼承受载荷越大,则材料强度就要求越高。无人机材料与有人机材料大致相同,包括木、布、合金、复合材料等,但无人机相对有人机来说不需要承载人的质量,飞机更轻,强度可以弱一些,现在对低速小微型无人机广泛采用泡沫塑料。

### (1)泡沫塑料

泡沫塑料是由大量气体微孔分散于固体塑料中而形成的一类高分子材料,具有质轻、隔热、吸音、减震等特性,目前广泛应用于无人机。

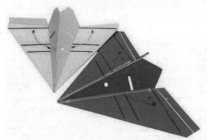
图 1-76　KT 板制作的三角翼无人机

①KT 板。KT 板是一种由聚苯乙烯(PS)颗粒经过发泡生成板芯,经过表面(PVC 材料)覆膜压合而成的一种新型材料。其板体挺括、轻盈、不易变质、易于加工,PS在外力的冲击下极易碎裂和产生碎屑。KT 板只用于微型无人机,如图 1-76 所示。

②EPO 发泡塑料。EPO 发泡塑料由 30% 的聚乙烯(PE)和 70% 的聚苯乙烯组成。PE 组分主要分布在材料的外层,促进颗粒之间的塑化和结合,PS 组分主要分布在材料的内部,对泡粒结构具有良好的支撑作用。EPO 最大程度地综合了 PE 和 PS 的优点,受冲击后不会产生碎裂,具有良好的抗冲击性。EPO 发泡塑料广泛用于廉价、外形精确的微、小型无人机,如测绘无人机等,如图 1-77 所示。

图 1-77　EPO 材料的无人机

③EPP 发泡塑料。EPP 是发泡聚丙烯的缩写（Expanded polypropylene），是一种利用交联剂在一定温度下分解产生自由基，引发聚合物大分子之间发生化学反应生产的新型泡沫塑料。EPP 质量轻、弹性好、抗震抗压，受外力后易变形，外力消失后变形恢复率高，也称柔性泡沫，常用来制作玩具无人机。如图 1-78 所示为 EPP 泡沫无人机在受力后机翼弯曲变形很大，但松手后机翼又恢复原形。

④PP 发泡塑料。PP 板材称为魔术板，是聚丙烯材料物理发泡的闭孔结构板材，其耐热、防水、耐冲击性极强。PP 板和 EPP 板是同一种原材料，都特别耐摔，但 PP 板是物理发泡，所形成的泡沫非常细腻平整，容易涂装。

（2）轻木材料

轻木材料无人机一般用轻木，结合少量高强度木材、金属、塑料等材料做成机型骨架，再在表面贴塑料蒙皮，如图 1-79 所示。轻木机在结构上与载人飞机相似，它从设计到制作到试飞改进，都与载人飞机的设计有着类似的流程，其强度和外形精准度都较泡沫机高。轻木无人机可用于中低速无人机，如靶机等。

图 1-78　EPP 材料的无人机　　　　图 1-79　轻木无人机

（3）复合材料

复合材料是由两种或两种以上不同性质的材料，通过物理或化学的方法组成具有新性能的材料。各种材料在性能上互相取长补短，产生协同效应，使复合材料的综合性能优于原组成材料而满足各种不同的要求，如图 1-80 所示。

复合材料的两种材料分别为基体材料和增强材料，基体材料主要起到粘接和维持复合材料形状的作用，增强材料主要起到增强复合材料强度的作用。无人机复合材料多用环氧树脂基玻璃纤维复合材料和环氧树脂基碳纤维复合材料。这两种复合材料强度高、质量轻，性能甚至超过金属材料，逐渐成为现代无人机的主流材料，但其制作、维修工艺复杂。

图 1-80　复合材料无人机

# 项目小结

(1)固定翼无人机在军事应用领域处于主角地位,现代多场局部战争中都有其作为战力倍增器的高光时刻,在民用领域的应用也是火力全开。军用的也好,民用的也罢,以"全系统"的理念去理解固定翼无人机系统的结构组成,知道哪些设备属于空中单元,哪些设备应该在地面操作,是本项目对学习者提出的基本要求。

(2)副翼、升降舵和方向舵称为常规布局固定翼无人机的主操纵面,副翼决定横滚运动,升降舵决定俯仰运动,方向舵决定偏航运动,理解这些是后续学习固定翼无人机飞行与操纵原理的基础。

(3)对于像"全球鹰"这样的超大型无人机来说,机体、动力装置、发射与回收装置三者中的任何一个,其结构的复杂程度和广泛涉及的技术领域都足以构成一个单独的子系统。但在本项目中,将这三者归属于飞行器系统,主要考虑本书的重点是后续的装调及飞行实训环节,基于"必须、够用"的角度,只对相关概念进行认知学习和归纳总结,不进行过深的理论探讨,后续会不断推出专门的课程和配套的教材予以学习和领会。

(4)固定翼无人机在现阶段类型繁多,基于新技术、新材料、新工艺的发展,其成本逐步下调,建议初学者从自身经济承受能力出发,入手合适机型,既能对结构进行全系统认知,又能为后续开展组装、调试和实际飞行完善学习和训练条件。

# 习题

## 一、选择题(概念记忆)

1.(  )航空器平台结构通常包括机翼、机身、尾翼和起落架等。

A.单旋翼　　　　　B.多旋翼　　　　　C.固定翼　　　　　D.直升机

2.无人驾驶航空器系统必要的组成部分是(  )。

A.飞行器平台、控制站

B.飞行器平台、控制站、通信链路

C.飞行器平台、通信链路

D.飞行器平台、控制站、任务载荷

3.不属于无人机起飞方式的是(  )。

A.弹射　　　　　B.滑跑　　　　　C.滑翔　　　　　D.手掷

4.不属于无人机回收方式的是(  )。

A.伞降　　　　　B.横滚　　　　　C.气囊回收　　　　　D.撞网回收

5.关于垂直起飞和着陆回收,以下错误的是(  )。

A.垂直起降是旋翼无人机的主流发射回收方式

B.部分特种固定翼无人机可采用垂直方式发射和回收

C.垂直起降的固定翼无人机均安装有专用的辅助动力系统

D.垂直起降的固定翼无人机具有起降方便和航时长等特点

6.常规布局固定翼无人机飞行主操纵面有( )。

A.副翼、升降舵、方向舵、调整片　　　　B.副翼、升降舵(或全动平尾)、方向舵

C.副翼　　　　　　　　　　　　　　　　D.缝翼、襟翼、调整片

7.属于增升装置的辅助操纵面是( )。

A.扰流板　　　　　B.副翼　　　　　C.前缘襟翼　　　　D.平尾

8.无人机系统的英文缩写是( )。

A.UVS　　　　　　B.UAS　　　　　　C.UAV　　　　　D.UCAV

9.视距内运行航空器处于驾驶员或观测员目视视距内半径为( )。

A.1 000 m　　　　B.500 m　　　　　C.600 m　　　　D.700 m

10.不属于无人机系统的是( )。

A.飞行器平台　　　B.飞行员　　　　C.导航飞控系统　　D.任务载荷

11.固定翼无人机电动动力系统典型构成是( )。

A.飞控、电机、电调、螺旋桨　　　　　　B.电池、电调、电机、螺旋桨

C.接收机、电池、电机、螺旋桨　　　　　D.电池、电调、飞控机、螺旋桨

12.固定翼飞行器上电信号的传播顺序是( )。

A.飞控—机载遥控接收机—电机—电调　　B.机载遥控接收机—飞控—电调—电机

C.飞控—电调—机载遥控接收机—电机　　D.电机—电调—机载遥控接收机—飞控

13.某电动固定翼的电机上印有2208字样,意思是( )。

A.该电机最大承受22 V电压,最小承受8 V电压

B.该电机转子高度为22 mm

C.该电机转子直径为22 mm

D.该电机外包装尺寸为22 mm×8 mm

14.关于电动固定翼使用的动力电机kV值描述正确的是( )。

A.外加1 V电压对应的每分钟负载转速　　B.外加1 V电压对应的每分钟空载转速

C.额定电压值时电机每分钟空载转速　　　D.额定电压值时电机每秒钟空载转速

15.大型无人机是指( )。

A.空机质量大于5 700 kg的无人机　　　　B.质量大于5 700 kg的无人机

C.空机质量大于等于5 700 kg的无人机　　D.载重量超过5 700 kg的无人机

## 二、简答题(知识点理解)

1.固定翼无人机的定义是什么? 它具有哪些特点?

2.固定翼无人机系统由哪些部分组成? 各组成部分的作用是什么?

3.常规固定翼无人机机体由哪些部分组成? 各组成部分的作用是什么?

4.无人机动力系统主要有哪几种? 电动系统由哪几部分组成? 各组成部分的作用是什么?

5. 螺旋桨有哪几种分类方法？

6. 活塞发动机一般由哪几部分组成？二冲程发动机的工作原理是什么？

7. 二冲程发动机相对于四冲程发动机有何特点？

8. 飞行控制计算机是如何进行系统管理和控制的？

9. 简单描述电动舵机的工作原理。

10. 综合无线电系统具体完成哪些功能？

11. 固定翼无人机如何分类？按气动布局分为哪几种？

## 三、操作题（实训跟踪）

以画图方式描述电调的连接线类型及其与无人机其他组成部件之间的连接关系。

# 项目 2  飞行与操纵原理解读

 导学

固定翼无人机续航时间长、飞行速度快、活动范围广,在军用和民用领域发挥着无可替代的作用。在业界,会玩固定翼似乎比只会玩多旋翼自我感觉更好!即便是模型,固定翼航模飞行动作的刺激性、可玩性比多旋翼更强。而与此相对应的是,操纵固定翼远比操纵多旋翼更难、更复杂,即使训练得非常扎实,第一次上天必炸是一个固定翼新手的常态。基于理论指导实践的考虑,必须先学习一些与固定翼相关的空气动力学的基本知识,为后续更好地开展固定翼组装、调试和飞行实训奠定理论基础。

## 知识目标

(1)准确描述机翼的翼型与几何参数的相关定义。
(2)解释低速气流的特性及相关定理。
(3)理解固定翼无人机升力产生的原因与阻力类型,会阐述固定翼无人机的飞行原理。
(4)概括固定翼无人机平衡、稳定、操纵的基本概念及三者之间的关系。

## 能力目标

(1)说明机翼翼型及几何参数对飞行性能的影响。
(2)利用连续性定理和伯努利定理分析固定翼无人机升力产生的原理,掌握固定翼无人机阻力种类及形成原因。
(3)理解翼型对飞行性能的影响,学会分析飞机失速产生的原因,知道如何操纵飞机避免失速。
(4)了解影响飞机稳定性的各种因素,避免固定翼无人机组装时不稳定因素的出现。
(5)牢记飞机舵面偏转对飞机操纵的作用。

## 素质目标

(1)善于用连续性定理和伯努利定理解释自然界中的一些常见现象,养成理论联系实际的良好习惯。
(2)在理论学习中形成发现问题、分析问题、解决问题的基本方法。

# 任务 2.1　机翼的翼型与几何参数

机翼是机体的主要组成件之一,当无人机在空中飞行时,作用在飞行器上的空气动力主要由机翼产生,而机翼上空气动力的大小和方向,在很大程度上取决于机翼的翼型形状、平面形状和前视形状。机翼的这些形状对飞机的飞行性能,特别是飞机的升力和阻力特性具有决定性的影响。从飞机设计的角度,应该有一些重要的参数来专门描述这些形状,而不同类型的机翼型号正是根据这些参数来确定和划分的。

## 2.1.1　机翼的翼型

### 1) 翼型的定义

翼型是机翼剖面的形状,即沿平行于机身纵向平面横切机翼得到的截面形状,也称翼剖面。翼型最前端的一点称为前缘,最后端的一点称为后缘,两点之间的连线称为翼弦或弦线,其长度称为弦长,如图 2-1 所示。

翼型具有各种不同的形状,如图 2-2 所示。

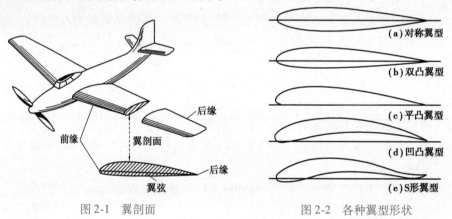

图 2-1　翼剖面　　　　　　　　　　图 2-2　各种翼型形状

（1）对称翼型
对称翼型的上下弧线均凸且对称,中弧线即为翼弦线。零度迎角时升力近似为零。该翼型经常应用在平尾中。
（2）双凸翼型
双凸翼型也称半对称翼型,上下弧线均外凸,但上弧线比下弧线外凸程度大,中弧线略朝上弯并位于弦线上方。零升迎角为较小的负迎角,在低速无人机的机翼中较为常用。
（3）平凸翼型
平凸翼型的上弧线外凸,下弧线平直,相对弯度比双凸翼型大。平凸翼型在低速飞行时升力较大,它的最大特点是工艺性好,全球大量生产,在低速无人机与航空模型中得到了广泛应用,如无人机中应用较多的克拉克Y翼型就是典型的平凸翼型。

(4)凹凸翼型

凹凸翼型的上弧线外凸,下弧线内凹且在翼弦线上,中弧线高,相对弯度比平凸翼型大。该翼型升力系数大,常见于早期无人机及牵引滑翔机。

(5)S形翼型

S形翼型的前部与凹凸翼型相似,但在后端上翘,中弧线为一个平躺的S形。该翼型迎角改变时,压力中心变动较小,升力较大,常用于飞翼布局无人机。

2)翼型的特性参数

无人机一般为低速翼型,它前端圆滑,后端成尖角形,如图2-3所示。

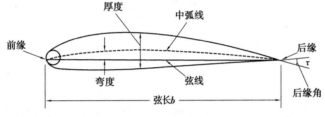

图2-3 翼型的特性参数

(1)中弧线

在翼型内部作一系列与上下翼面相切的内切圆,诸圆心的连线称为翼型的中弧线,也称为翼型中线。

(2)前缘半径

前缘的曲率半径(与前缘内切的内切圆半径)称为前缘半径,前缘半径越大,前缘外形就越圆滑,越不容易失速,但飞行阻力也越大,适宜低速飞行。飞行速度越高则前缘半径越小,超声速翼型的前缘可能是尖的。后缘尖锐的翼型效率较高,但后缘太薄容易损伤。

(3)厚度

与上下翼面相切的内切圆的直径称为翼型厚度,用$c$表示。其中最大内切圆的直径称为翼型最大厚度,用$c_{max}$表示。$c_{max}$与弦长$b$之比,称为翼型的相对厚度$\bar{c}$,常用百分数表示,即

$$\bar{c} = \frac{c_{max}}{b} \times 100\%$$

翼型最大厚度离前缘距离$x_c$,称为最大厚度位置,通常用弦长的百分数表示,即

$$\bar{x_c} = \frac{x_c}{b} \times 100\%$$

翼型的相对厚度直接影响阻力、升力、失速特性,甚至结构质量。现代飞机的翼型相对厚度为3% ~ 14%,最大厚度位置为30% ~ 50%。

(4)弯度

中弧线与翼弦之间的垂直距离称为翼型的弯度,用$f$表示,最大弯度与弦长的比值称为相对弯度$\bar{f}$,通常用百分数表示,即

$$\overline{f} = \frac{f_{\max}}{b} \times 100\%$$

翼型的相对弯度,说明翼型上下表面外凸程度的差别。相对弯度越大,翼型上下表面弯曲程度相差也越大。大弯度翼型通常称为高升力翼型。如果相对弯度为零,则中线和翼弦重合,翼型将是对称的。现代飞机翼型的相对弯度为 $0 \sim 2\%$。

(5)后缘角

翼型上下弧线在后缘处切线间的夹角称为后缘角。为了减小阻力,低速翼型一般为圆头尖尾,后缘角为锐角。

(6)安装角

翼型弦线与飞机轴线之间的夹角称为安装角,用 $\varphi$ 表示,一般为 $0° \sim 4°$。

### 2.1.2 机翼的几何参数

#### 1)平面形状

所谓机翼的平面形状,是指从飞机顶上看下来机翼在平面上的投影形状。按照平面形状的不同,机翼可分为矩形机翼、椭圆形机翼、梯形机翼、后(前)掠机翼和三角形机翼等,如图2-4(a)所示。前3种形状主要用于低速飞机,后两种形状主要用于高速飞机。

#### 2)几何参数

机翼主要的几何参数包括机翼面积、翼展、展弦比、梯形比和后掠角,如图2-4(b)所示。

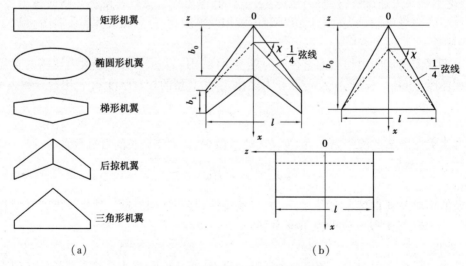

图2-4 机翼平面形状及其几何参数

①机翼面积。机翼平面形状所围的面积称为机翼面积,用 $S$ 表示。

②翼展。机翼两翼尖之间的距离称为翼展,通常用 $l$ 表示。

③展弦比。机翼翼展与机翼平均几何弦长 $b_{平均}$ 之比称为机翼的展弦比 $\lambda$,即

$$\lambda = \frac{l}{b_{平均}}$$

机翼的平均几何弦长等于机翼面积 $S$ 与翼展 $l$ 之比,即 $b_{平均} = S/l$,将此关系代入上式,可得

$$\lambda = \frac{l}{b_{平均}} = \frac{l^2}{S}$$

若机翼短而厚实,也就是展弦比小的机翼,相对来说,飞行时诱导阻力大。但有小展弦比的机翼比大展弦比的机翼失速迎角大,可以在更宽的迎角范围内安全飞行,更容易配平,飞行的危险性小。超音速飞行时,采用小展弦比机翼较好。而"全球鹰"等中、高空长航时无人机通常采用大展弦比机翼,目的是减小诱导阻力。

④根梢比。机翼的翼根弦长($b_0$)与翼尖弦长($b_1$)之比称为机翼的根梢比(也称梯形比),用符号 $\eta$ 表示,即

$$\eta = \frac{b_0}{b_1}$$

机翼的根梢比影响其沿展向的升力分布,当升力是椭圆形分布时,诱导阻力最小。

⑤后掠角。机翼各翼型离开前缘1/4弦长点的连线与垂直于飞机对称平面的直线之间的夹角称为机翼的后掠角,用符号 $\chi$ 表示。现代高速飞机的后掠角 $\chi = 35° \sim 60°$。

机翼的后掠角主要用于减缓跨声速和超声速流的不利影响,可以改善飞行器的稳定性。根据空气动力学理论和风洞实验证实:低速情况下,大展弦比平直翼,其升力系数大,诱导阻力小;高亚音速情况下,后掠翼可以延缓激波的生成和减弱激波强度,减小波阻;超音速飞行时,存在激波,采用小展弦比机翼较好。后掠翼一般用于超声速无人机中,美军的 X-45A 无人机就采用了后掠翼机翼。

## 2.1.3　机翼的前视形状

机翼的前视形状可用机翼的上反角来说明。垂直于飞机对称平面的直线与机翼下表面(有的定义为与机翼翼弦平面)之间的夹角称为机翼的上反角 $\psi$。通常规定上反为正,下反为负。如图2-5所示表示了 $\psi > 0$ 和 $\psi < 0$ 的两种机翼的前视形状。

当机翼有扭转时,上反角定义为扭转轴与水平面的夹角,低速飞机通常采用一定的上反角来改善横向稳定性。

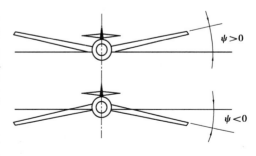

图 2-5　机翼的上反角和下反角

# 任务 2.2　低速气流的特性

按流速大小,可将气流分为低速气流和高速气流。当气流速度在 0.3Ma(马赫)以下时,空气密度变化可以忽略。而当流速较高时,空气流动所引起的密度变化则必须考虑。高速气流又分高亚音速气流、跨音速气流和超音速气流,不同速度范围内的空气有不同的流动规律,研究和计算方法也有区别。本任务只介绍低速气流的基本特性。

## 概念拓展

### 马赫数

马赫数是无人机空气动力学中的最重要的无量纲量之一,它体现了空气的压缩特性。马赫是奥地利杰出的物理学家、心理学家和数学家,同时是一位伟大的哲学家。他促成了实证主义向逻辑经验主义的过渡,形成了哲学史上著名的马赫主义哲学。

1855 年马赫进入维也纳大学学习物理和数学,于 1860 年获得博士学位。之后他进行了一系列物理学方面的实验研究,如有关冲击波的研究等。在心理学上他取得了一些重大进展,如"马赫带"的发现等。

他研究物体在气体中高速运动时,发现了激波。确定了以物速与声速的比值(即马赫数)为标准来描述物体的超声速运动。马赫效应、马赫波、马赫角等这些以马赫命名的术语,在空气动力学中广泛使用,体现了马赫在力学上的历史性贡献。20 世纪物理学的两大杰出理论体系——相对论和量子力学的建立,都是受马赫的启发和影响而完成的。

马赫数定义为气流速度 $V$ 和当地音速 $c$ 的比值,记为 Ma。它表示运动空气压缩性的大小。马赫数小于 0.3 时,运动空气的密度相对变化小于 5%,飞行速度为低速范围,气流不可压缩,不需要考虑空气的压缩效应。Ma 为 0.3~0.8 时,飞行速度为亚音速范围,气流为可压流,需要考虑空气的压缩性。Ma 为 0.8~1.2 时为跨音速范围,需要考虑激波阻力的影响。之后为超音速和高超音速范围。

目前,军用的固定翼无人机和市场上工业级的固定翼无人机飞行速度都在低速、亚音速和高亚音速范围。无人机直升机桨尖速度最高,它与桨的直径和旋转速度有关,但也在亚音速范围内。多旋翼无人机桨的直径较小,桨尖速度多为不可压缩。无人机所涉及的多数为不可压空气动力学和亚音速空气动力学。

## 2.2.1　流体运动学基础

### 1)流体

气体和液体统称为流体。其共同点是不能保持一定的形状,具有流动性;不同点表现在液体具有一定的体积且不可压缩,而气体可以压缩。

当所研究的问题并不涉及压缩性时,所建立的流体力学规律,既适合于液体也适合于气体。当考虑压缩性时,气体和液体就必须分别处理。气体虽然是可压缩的,但在许多工程中,气体的压力和温度变化不大、气流速度远小于音速时,可以忽略气体的压缩性,这时即把气体看作不可压缩的流体。这样近似能使问题简化并不会引起太大的误差。

### 2)流场

流体所占据的空间称为流场。用以表征流体特性的物理量如速度、温度、压强、密度等称为流体的运动参数。流场是分布上述运动参数的场。

### 3)定常流动与非定常流动

根据运动参数随时间的变化,可以将流动分为定常流动与非定常流动。

如果流场中流体的运动参数不仅随位置不同而不同,而且随时间变化而变化,这样的流动称为非定常流动。如果流场中流体的运动参数只随位置改变而与时间无关,这样的流动称为定常流动。

除在有些特殊问题里要应用复杂的非定常空气动力理论外,在本书的讨论中多属定常流范围,不另作说明。

### 4)流线

流线是流场中某一瞬时的一条空间曲线,在该线上各点的流体质点所具有的速度方向与曲线在该点的切线方向重合,如图2-6(a)所示。

流线具有以下特征:

①非定常流动时,流场中速度随时间改变,经过同一点的流线的空间方位和形状也随时间改变。

②定常流动时,流场中各点流速不随时间改变,同一点的流线始终保持不变,且流线与迹线(流场中流体质点在一段时间内运动的轨迹线)重合。

③流线不能相交也不能折转。因为空间每一点只能有一个速度方向,所以不能有两条流线同时通过同一点。但有3种情况例外:在速度为零的点上,如图2-6(b)中的 A 点,通常称 A 点为驻点;在速度为无限大的点上,如图2-6(c)中的 O 点,通常称它为奇点;流线相切,如图2-6(b)中 B 点,上下两股速度不等的流体在 B 点相切。

④流场中的每一点都有流线通过。由这些流线构成的总体称为流线谱,简称流谱,如图2-6(b)所示。

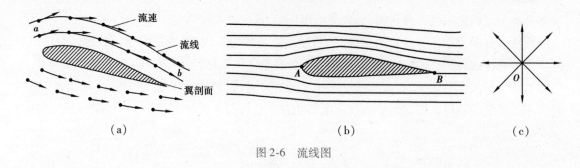

（a）　　　　　　　　　　　　　　（b）　　　　　　　　（c）

图 2-6　流线图

### 5）流管和流束

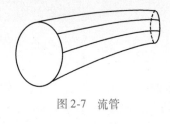

图 2-7　流管

在流场中任画一封闭曲线，在该曲线上每一点作流线，由这许多流线所围成的管状曲面称为流管，如图 2-7 所示。

由于流管表面是由流线所围成，而流线不能相交，因此流体不能穿出或穿入流管表面。这样，流管就好像刚体管壁一样把流体运动局限在流管之内或流管之外。在稳定流时流管就像真实的管子一样。

充满流管的流体称为流束。

## 2.2.2　流体的基本规律

流体绕物体流动时，它的各个物理量，如速度、压力和温度等都会发生变化，并且这些变化遵循基本的规律，如质量守恒定律、热力学第一定律（能量守恒与转换定律）和牛顿运动三定律等。用流体流动过程中的各个物理量描述的基本物理定律，组成了空气动力学的基本方程组，它是理论分析和计算的出发点，也是解释用试验方法获得飞行器空气动力特征与规律的基础。本任务介绍最基本的流动规律，以解释产生空气动力的物理原理。

### 1）连续性定理

质量守恒定律是自然界基本的定律之一，它说明物质既不会消失，也不会凭空增加。如果把这个定律应用在流体的流动上，就可以得出流体运动的连续性定理：当流体低速、稳定、连续不断地流动时，流管里的任一部分，流体都不能中断或积聚，在同一时间内，流进任何一个截面的流体质量和从另一个截面流出的流体质量应当相等。

如图 2-8 所示，截面 I 和截面 II 是在同一时间内选取的流过流管的两个不同截面，由连续性定理可知：当低速定常流动时，气流速度的大小与流管的截面积

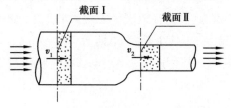

图 2-8　流体连续性定理——质量守恒

成反比,也就是说,截面积小的地方流速快,而截面积大的地方流速慢。

流体流动速度和流管截面积之间的这种关系在日常生活中到处都有体现,只不过人们平时未加注意罢了。例如,在河道宽而深的地方,河水流得比较慢,而在河道窄而浅的地方,却流得比较快;夏天乘凉时,人们总喜欢坐在两座房屋之间的过道中,因为那里常有"穿堂风";在山区可以看到山谷中的风经常比平原开阔的地方大。所有这些现象都是流体"连续性定理"在自然界中的具体表现。

流体流动速度的快慢,可用流管中流线的疏密程度来表示,如图2-9所示。流线密的地方,表示流管细,流体流速快;反之就慢。

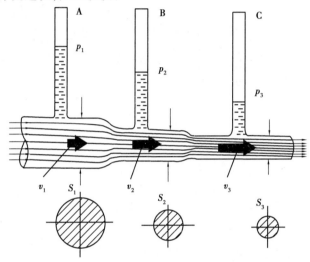

图2-9 容器和管道中流体的流动

需要指出的是,连续性定理只适用于低速(流速 $v<0.3$ Ma)的范围,即认为密度不变,不适合亚音速,更不适合超音速。

### 2)伯努利定理

能量守恒定律是自然界另一个基本定律。它告诉我们,能量不会自行消灭,也不会凭空产生,而只能从一种形式转化为另一种形式。伯努利定理便是能量守恒定律在空气动力学中的具体应用,它的具体表达式为

$$p + \frac{1}{2}\rho v^2 = p_0 = 常数$$

式中,$p$ 为静压,即气体流动时作用于流场中的某个物体或流管管壁的压强;$\frac{1}{2}\rho v^2$ 为动压,即气体流动时由流速产生的附加压强,或者说是单位体积流体所携带的动能,它并不作用于管壁上;$p_0$ 为总压,即速度等于零时的静压。

伯努利定理表明在没有能量损失的情况下,静压与动压之和保持不变,即动能和压力势能之和是常数。在低速定常流动时(伯努利定理的适用条件),空气密度是常数,只有静压和速度是变量,如果一个增加,另一个必然减少。换句话说,液体低速定常流动时,流速小的地

方压强大,流速大的地方压强小,这是伯努利定理另外一种更容易被人们接受的表述方式。

在日常生活中,人们会观察到一些在流体的速度发生变化时,压力跟着变化的情况。例如,在两张纸片中间吹气,两张纸不是分开,而是相互靠近,如图 2-10 所示。这是因为吹气时,两张纸之间的气体流速加快,导致静压变小,而两张纸外侧的压强不变,纸两侧的压强差推动两张纸向一起靠拢。同样地,两条船在水中并行,也会互相靠拢;当台风吹过房屋时,往往会把屋顶掀掉等,都可以利用伯努利定理给予合理的解释。

伯努利定理的著名应用就是文氏管,它通常用在航空领域来测量空速,在日常生活中用于通过水龙头或橡胶软管而产生高速水流,如图 2-11 所示。

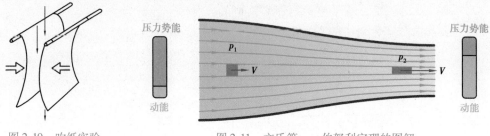

图 2-10　吹纸实验　　　　图 2-11　文氏管——伯努利定理的图解

通过一个收缩管道的液体,内部空间全部被充满。在每个单位时间内,流进一定质量的液体,出口就流出同样质量的液体。在流管的收缩区,横截面变小,通过它的液体的速度必然增加,这样才能保证在相同的时间内流出相同质量的液体。根据伯努利定理,这个速度的增加必然造成收缩区压力的降低,从而使得图 2-11 中的空气柱在收缩区域内变得长而窄。

与连续性定理一样,伯努利定理的应用是有条件的,它只适应于低速,即认为密度不变,不适应于高速,并且要求流场中的气体不与外界发生能量交换。

连续性定理和伯努利定理是气体动力学中两个基本的定理,它们说明了流管截面积、气流速度和压强三者之间的关系。综合这两个定理,可以得出以下结论:低速定常流动的气体,流过的截面积大的地方,流速小,压强大;而截面积小的地方,流速大,压强小。这一结论是解释机翼上空气动力产生的根据,可初步说明机翼产生升力的原因。

# 任务 2.3　升力与阻力

物体在空气中运动或空气从物体表面流过时,空气对物体的作用力称为空气动力。空气动力作用在物体上时不只是哪一点或哪一部分,而是作用在物体的整个表面。当飞机以一定的速度在大气中飞行时,飞机各部分(如机翼、舵面及机身等)都会受到空气动力的作用,这些空气动力构成了飞机的升力和阻力。

## 2.3.1　运动的转换原理

当无人机在静止大气中(无风情况下)作水平等速(低速,≤0.3Ma)直线飞行时,将在飞机的外表面上产生空气动力。实际应用中,人们总是假定飞机不动,而远方空气以飞行器的速度进行绕流,如图 2-12 所示。也就是说,无人机以速度 $v$ 在静止的空气中飞行,与空气以速度 $v$ 流过静止的无人机在机翼上产生的力的效果是相同的。这就是运动的转换原理,也称为"可逆性原理"。

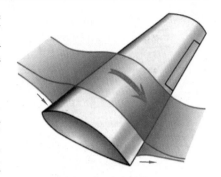

根据运动的转换原理,在分析无人机的空气动力时,可以将飞机看成不动,只需分析飞行器表面流场的流动参数变化,这会给试验研究和理论研究带来很大的方便。运动的转换原理表明,空气作用在物体上的力,并不取决于空气或物体的绝对速度,而取决于两者之间的相对运动。

图 2-12　运动转换

## 2.3.2　机翼升力的产生

飞机在大气中之所以能飞行,最基本的事实是,有一股力量使它克服自身的质量把自己托举在空中,而这种力量主要是靠飞机的机翼产生的。人们把这种力量称为升力。机翼获得升力的能力几乎完全取决于机翼的翼型与机翼相对气流的迎角。

### 1)迎角的概念

相对气流方向与翼弦之间的夹角称为迎角或攻角,如图 2-13 所示,用 $\alpha$ 表示。

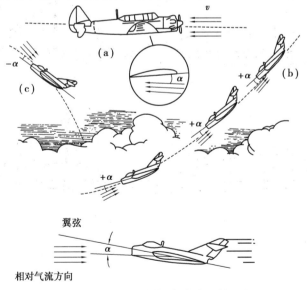

图 2-13　飞机在不同飞行状态下的迎角

根据气流指向不同,迎角可分为正迎角、负迎角和零迎角。当气流指向下翼面时,迎角为正;当气流指向上翼面时,迎角为负;当气流方向与翼弦重合时,迎角为零。

## 2）升力产生的原理

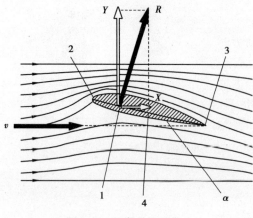

图 2-14　机翼升力的产生

1—压力中心；2—前缘；3—后缘；4—翼弦

如图 2-14 所示，当飞机以一定的迎角 $\alpha$ 在空气中飞行时，气流以层流状态流过机翼上下表面。根据连续性定理和伯努利定理，在机翼上表面，流束变窄，流管截面积减小，速度增大，压强减小；而在机翼下表面，流管变化不大，压强基本不变。这样，机翼的上下表面就产生压强差，形成总空气动力 $R$，其方向向后向上，总空气动力 $R$ 与翼弦的交点称为压力中心。按平行四边形法则，根据它们实际所起的作用，可把 $R$ 分成两个分力：一个与气流速度 $v$ 垂直，起支托飞机质量的作用，就是升力 $Y$；另一个与流速 $v$ 平行，起阻碍飞机前进的作用，就是阻力 $X$。

机翼上的升力实际上是分布升力，如图 2-15 所示，气流在机翼前缘附近与机翼相遇，相对于机翼的速度减小到零，此点为驻点。气流以驻点为分界，分别沿机翼上表面和下表面流向后缘，在机翼表面各处产生分布升力，各处分布升力与机翼表面垂直，大小与气流在该处的流速和状态有关。为计算方便，一般按集中力计算，其作用点为压力中心，即各处分布力对该点的力矩和为零。随迎角增大，驻点会稍稍向前缘的下表面移动，而压力中心会向前移动。

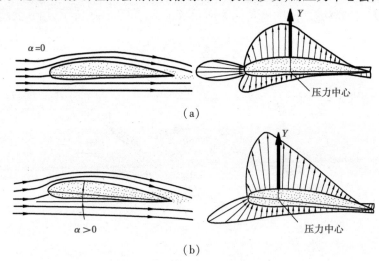

图 2-15　不同迎角下机翼上的分布升力与压力中心

## 3）升力公式

机翼是产生升力的主要部件，研究机翼产生升力的大小可以帮助人们把机翼设计得更合适。根据风洞实验和理论证明，机翼产生升力的大小可以用升力公式计算为

$$Y = C_y \left( \frac{1}{2} \rho v^2 \right) S$$

式中,$C_y$ 为升力系数,它与机翼的翼型和飞机的迎角有关,翼型弯度越大则升力系数越大,在一定范围内,升力系数会随迎角的增大而增大。

$S$ 为机翼在平面上的投影面积,机翼面积 $S$ 大,则升力就大,飞机必须有足够大的升力面积。

空气密度 $\rho$ 也影响升力大小。飞机要向前方飞行必须挤开前方的空气,$\rho$ 越大空气越稠密,飞机越难挤开空气而前进。根据作用与反作用原理,$\rho$ 越大空气作用在机翼上的力就越大,升力与空气密度成正比。

式中的 $v$ 表示空速,指无人机与气流的相对速度。从经验可知,速度越大,感受到的风力就越大。升力大小与速度的平方成正比。

飞机上机翼会产生升力,平尾和机身也可以产生升力,其他暴露在气流中的某些部分也可以产生少许的升力。除了机翼外,其他部分产生的升力都很小,通常用机翼的升力来代替整个飞机的升力。

### 4)失速

在升力公式中,升力与迎角 $\alpha$ 的关系比较特殊。在一定范围内,迎角增加,升力增加。当迎角增加到一定程度时,升力不但不增加反而急剧下降,这种现象称为失速。对应的迎角称为临界迎角或失速迎角。由于迎角与飞行姿态有关,所以对飞机飞行姿态的保持极为重要。不管是低速飞行、高速飞行,还是转弯飞行,都有可能出现失速。失速的根本原因是迎角超过临界迎角。

空气流过机翼时,由于机翼表面不是绝对光滑的,加之空气实际上具有黏性,所以,紧贴机翼表面的一层空气受到阻滞,流速减小为零。这层流速为零的空气通过黏性作用影响上一层空气的流动,使上层空气流速减小。如此一层影响一层,在紧贴机翼表面的地方,就出现了流速沿物面法线方向逐渐增大的薄层空气,通常将这一薄层空气称为附面层。

导致失速的真正原因是迎角增加并超过失速迎角后造成附面层与机翼表面分离、操纵失效,导致飞机失去稳定。如图 2-16 所示,当机翼小迎角(0°)飞行时,机翼上表面气流全部为层流状态(层流附面层),上下表面流过来的气流在后缘汇合撞击形成紊流,紊流内气流不再平行向后流动,出现随机乱流,乱流越多,气流向后流动的平均速度就越低;随着迎角增加(5°~16°),层流在机翼上表面的流速增加,造成机翼前部分上表面的分布升力变大,但向后缘流动时转向的角度也变大,根据惯性原理,高速大角度转向造成层流与机翼上表

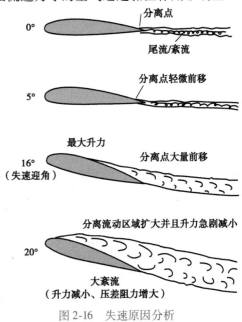

图 2-16 失速原因分析

面分离会加重,由于机翼后缘处压强较高,会推动紊流移向分离区,逐渐覆盖机翼后部分的上表面,形成紊流附面层,造成机翼后部分的分布升力减小。这样造成升力随迎角增加的同时,压力中心会向前缘移动。当迎角达到临界迎角时,紊流占据机翼上表面较大部分,机翼后部分的分布升力减小量与前部分增加量相等,升力达到最大。当迎角超过临界迎角时(20°),紊流区更大,损失的分布升力更多,相反层流区虽然流速还在增加,但分布面积过小,增加的分布升力有限甚至减小,造成总的升力急剧减小。

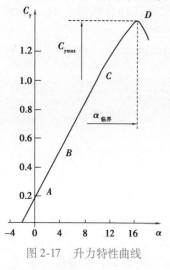

图 2-17　升力特性曲线

#### 5)升力特性曲线

翼剖面形状和迎角的影响,可通过升力系数 $C_y$ 来表示,$C_y$ 是一个不带单位的单纯数值。升力特性曲线可以反映升力系数 $C_y$ 随迎角 $\alpha$ 的变化情况,如图 2-17 所示。

①$\alpha$ 较小时,$C_y$ 是一条直线。

②对有弯度的翼型,$C_y$ 是不过原点的;当 $C_y = 0$ 时,迎角 $\alpha_0 < 0$,称为零升迎角;当 $\alpha = 0$ 时,$C_y > 0$。

③当 $\alpha$ 大一些后,$C_y$ 曲线开始弯曲;当 $\alpha$ 再大一些时,$C_y$ 就达到最大值 $C_{ymax}$,对应迎角 $\alpha_s$ 为临界迎角;当 $\alpha$ 再大时,$C_y$ 急剧下降,称为翼型的失速。

#### 6)增升装置

增升装置使用的目的主要是在飞机起飞和降落时增加机翼的升力,从而降低飞机的离地和接地速度,缩短起飞和降落滑跑的距离。增升装置经常在飞机爬升时使用,增加飞机的爬升率。

常见的增升装置包括后缘襟翼、前缘襟翼和克鲁格襟翼等,如图 2-18 所示。其增升原理表现如下:

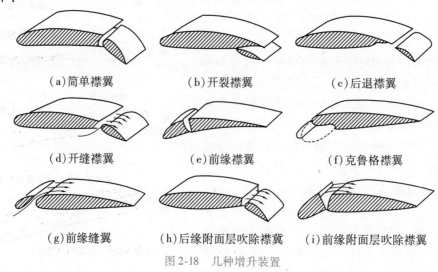

(a)简单襟翼　　　　　(b)开裂襟翼　　　　　(c)后退襟翼

(d)开缝襟翼　　　　　(e)前缘襟翼　　　　　(f)克鲁格襟翼

(g)前缘缝翼　　　(h)后缘附面层吹除襟翼　　(i)前缘附面层吹除襟翼

图 2-18　几种增升装置

①增大翼型弯度,以增加升力线斜率,但会增加阻力,如简单后缘襟翼。

②增大机翼面积,以增加升力,但会增加阻力,如后退式襟翼。

③延缓机翼上的层流附面层的气流分离,增大失速迎角,但会减小升力线斜率,如开缝襟翼。

## 2.3.3　飞机的阻力

飞机的阻力是指起着阻碍飞机前进的空气动力。前面说到,飞机的机身、尾翼等部位产生的升力很小,飞机的升力可以用机翼的升力来代替。但飞机的阻力除机翼产生外,机身、尾翼、起落架等部位都会产生较大的阻力,不能用机翼的阻力来代替。

按产生阻力的原因来分,低速飞机上的阻力主要由摩擦阻力、压差阻力、干扰阻力和诱导阻力组成。高速飞行的飞机还会产生激波阻力等。由于无人机一般低速飞行,因此只讲述前面 4 种阻力。

### 1)摩擦阻力

当气流流过飞机表面时,由于空气存在黏性,空气微团与飞机表面发生摩擦,阻滞了气流的流动,由此产生的阻力称为摩擦阻力。摩擦阻力是在附面层(又称边界层)中产生的,其大小取决于空气的黏性、飞机的表面状况(光滑程度)、与气流接触的飞机表面积大小(浸润面积)、附面层中气流的流动情况等。

空气的黏性越大,则摩擦阻力越大。空气的黏性受空气密度、温度影响很大,其中温度越高,空气分子无规则运动的平均动能就越大,相互接触或碰撞的概率就越大,空气黏性就越大。

飞机的表面越光滑,摩擦阻力越小。现代飞机一般要作表面处理,通过打磨、喷漆、覆层等方式减小摩擦阻力。

飞机表面积越小,接触的空气分子就越少,摩擦阻力就会越小。

层流空气分子相互之间为平行流动,分子相互接触的机会较小,黏滞阻力也较小;相反,附面层紊流程度越重,空气分子相互碰撞接触的机会越多,不仅黏滞阻力越大,而且沿流向的平均速度也越小,产生的升力也越小。尽量让飞机表面的附面层为层流状态,可增大升力,减小阻力。

**概念拓展**

雷诺数

雷诺数是无人机空气动力学中另一个重要的无量纲量,它体现了空气的黏性特性,为纪念英国力学家和物理学家雷诺而命名,记作 $Re$。

1883 年雷诺观察了液体在圆管内的流动,首先指出,液体的流动除了与流速有关外,还与管径、液体的黏度和液体的密度有关,即

$$Re = \frac{\rho VL}{\mu}$$

上式为雷诺数的定义式,式中 $\rho$、$\mu$ 为液体的密度和动力黏性系数,$V$、$L$ 为流场的特征速度和特征长度。雷诺数在物理上表示惯性力和黏性力的比。对外流问题,$V$、$L$ 一般取远前方来流速度和物体主要尺寸(如机翼弦长或圆球直径);内流问题则取通道内平均流速和通道直径。两个几何相似流场的雷诺数相等,则对应微团的惯性力与黏性力之比相等。

对于飞行高度不高的微型和轻型无人机而言,空气密度与黏性系数是定值,雷诺数的公式可简化为

$$Re = 68\ 500VL$$

式中,$V$ 的单位是 m/s;$L$ 的单位是 m。

以机翼平均气动弦长为特征长度,对于微型和轻型固定翼无人机而言,雷诺数一般为 $10^4 \sim 10^6$ 量级。雷诺数越大,流经翼型表面的边界层越早从层流层过渡为紊流边界层,而紊流边界层不容易分离,也不容易失速;雷诺数小的机翼边界层尚未从层流边界层过渡为紊流边界层就先分离了,比较容易失速。

### 2)压差阻力

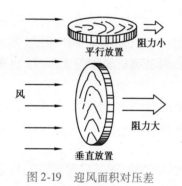

图 2-19　迎风面积对压差阻力的影响

压差阻力是由运动着的物体前后所形成的压强差所形成的,产生这个压强差的根本原因是空气的黏性。压差阻力与物体的迎风面积、形状有很大的关系。

物体的迎风面积越大,则压差阻力越大,如图 2-19 所示。物体形状对压差阻力有很大的作用。把物体做成前端圆纯、后面尖细,像水滴形的物体,称为流线形物体,简称流线体。在迎风面积相同的条件下,流线体有利于气流沿表面平滑流过,减小气流分离,降低前后端的压差,压差阻力最小,可以降到只有原来平板的 1/25 ~ 1/20,如图 2-20 所示。

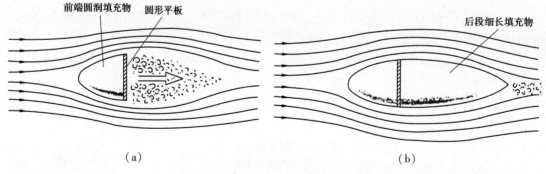

图 2-20　流线体减小压差阻力的原因

物体上的摩擦阻力和压差阻力合起来称为"迎面阻力"。一个物体,究竟哪一种阻力占主要部分,这取决于物体的形状和位置。如果是流线体,那么它的主要部分是摩擦阻力;如果形

状远离流线体,那么摩擦阻力基本不变,但压差阻力变得很大,成为主要部分,总的迎面阻力变大。

### 3)干扰阻力

对于整架飞机来说,飞机各个部件表面的流场是不一样的,在相互衔接处气流会相互干扰,造成层流变差或气流压强、密度、平均速度等参数改变,产生附加阻力。这种飞机各部件之间气流相互干扰而产生的额外阻力称为干扰阻力。

如图 2-21 所示,气流流过机翼和机身的连接处,在这里形成一个气流的通道。在 A 处气流通道的截面积比较大,到 C 点翼面最圆拱的地方,气流通道收缩到最小,随后到 B 处逐渐扩大。根据流体的连续性定理和伯努利定理,C 处的速度大而压强小,B 处的速度小而压强大,在 CB 一段通道中,气流有从高压区 B 回流到低压区 C 的趋势。这就形成了一股逆流。但飞机前进不断有气流沿通道向后流,遇到后面的这股逆流就形成了气流的阻塞现象,使得气流开始分离,产生很

图 2-21　干扰阻力示意图

多旋涡。这些旋涡表明气流的动能有了消耗,产生了一种额外的阻力,这一阻力是气流互相干扰而产生的,称为"干扰阻力"。在机翼和机身之间可能产生干扰阻力,在机身和尾翼连接处、机翼和发动机短舱连接处,都可能产生。另外,螺旋桨形成的螺旋气流会干扰后面部件表面的气流,机翼形成的下洗气流会干扰尾翼表面的气流等,这些都属于干扰阻力。

可见干扰阻力和飞机不同部件之间的相对位置有关。要减少干扰阻力,就必须妥善考虑和安排各个部件的相对位置,在这些部件之间必要时不定期加装整流片,使连接处平滑过渡。实践证明,飞机的各个部件,如机翼、机身、尾翼等,单独放在气流中所产生的阻力的总和并不等于、通常往往小于它们组成一个整体时所产生的阻力,这就是整流的作用。

### 4)诱导阻力

在机翼的两端,机翼下表面流速小而压力大,压力大的气流就会绕过翼尖,向机翼上表面的低压区流动,于是在翼端形成一股涡流,它改变了翼端附近流经机翼的气流方向,出现气流下洗现象,如图 2-22 所示。

当出现气流下洗时,机翼后端气流速度 $u$ 向下偏转的角度 $\varepsilon$ 为下洗角。$u$ 的出现,使升力 $Y$ 应当向后偏转一个角度 $\varepsilon$,与 $u$ 垂直成为 $Y_i$,如图 2-23 所示。而这时飞机仍沿原来 $v$ 的方向前进,$Y_i$ 既然不与原来的速度 $v$ 垂直,必然在其上有一投影分力 $X_i$,它的方向与飞机飞行方向相反,所起的作用是阻碍飞机的前进,实际上是一种阻力。这种阻力是由升力的诱导而产生的,称为诱导阻力,又称升致阻力。它是气流下洗使原升力偏转而引起的附加阻力。升力越大,诱导阻力也越大。当机翼升力为零时,这种阻力减少到零。

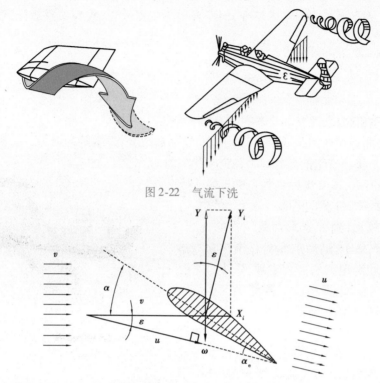

图 2-22 气流下洗

图 2-23 下洗速度与诱导阻力

一般来说,飞行速度越快,机翼的升力系数就越小,诱导阻力就越小;机翼的展弦比越大,翼尖形成的下洗气流对整体机翼气流的影响就越小,诱导阻力就越小。机翼的平面形状对诱导阻力有很大影响,如图 2-24 所示,椭圆形机翼诱导阻力最小,矩形机翼诱导阻力最大。另外,可以在翼尖采用倾斜小翼来隔离翼端上下的空气流动以减少诱导阻力,这相当于增大了展弦比。

(a)矩形翼　　　　　(b)椭圆形翼　　　　　(c)梯形翼

图 2-24 改变机翼形状改善诱导阻力

在飞行中当飞机接近地面时会出现翼尖涡流并不能完全发展,诱导阻力减小、升力增加的现象,称为"地面效应",如图 2-25 所示。固定翼飞行器当离地距离小于半翼展时,升力将大增,地效明显。

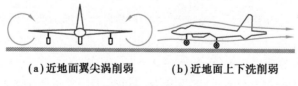

(a)近地面翼尖涡削弱　　　　　(b)近地面上下洗削弱

图 2-25 地面效应

5）总阻力

摩擦阻力、压差阻力、干扰阻力和诱导阻力组成低速飞机在每个速度下的总阻力,其中前三者合称为寄生阻力或废阻力(Parasite Drag),诱导阻力也称为涡阻力(Induced Drag)。

飞机总阻力可表示为

$$D = C_D \left( \frac{1}{2} \rho v^2 \right) S$$

式中,$C_D$ 为阻力系数,受飞机的外形、迎角、气流等影响。阻力系数随迎角的变化关系称为阻力特性,如图 2-26 所示。其他参数同机翼升力公式。

在涡阻力等于废阻力的地方,阻力达到最小值,如图 2-27 所示。在给定飞行器质量的水平飞行中,升力是个常数,在曲线上最小阻力点处就是飞行器的最大升阻比出现的位置。

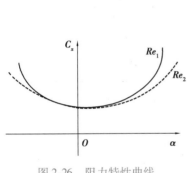

图 2-26　阻力特性曲线

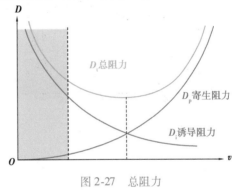

图 2-27　总阻力

## 2.3.4　升阻比

升阻比 $K$ 是飞行器在同一迎角时的升力和阻力之比,也被认为是升力系数和阻力系数的比值。升阻比与翼型、飞机迎角、飞行速度等参数有关,这个值越大表示飞行器的空气动力性能越好。升力越大,能提起离开地面的质量越大。为了保持速度不变,阻力必须由发动机提供的推力来平衡。阻力越小,发动机所需要的功率就越小。

$$K = \frac{L}{D} = \frac{C_L \dfrac{1}{2} \rho v^2 S}{C_D \dfrac{1}{2} \rho v^2 S} = \frac{C_L}{C_D}$$

式中,$L$ 为飞机升力;$D$ 为飞机阻力;$C_L$ 为飞机升力系数;$C_D$ 为飞机阻力系数。

升阻比最大时,飞机的气动效率将是最高的。此时的飞行迎角称为有利迎角。从零升迎角到有利迎角,升力增加较快,阻力增加缓慢,升阻比增大;从有利迎角到临界迎角,升力增加缓慢,阻力增加较快,升阻比较小。超过临界迎角,压差阻力急剧增大,升阻比急剧减小,飞机出现失速,如图 2-28 所示。

对一般的飞机,低速和亚音速飞机的升阻比可达 17 ~ 18,跨音速飞机可达 10 ~ 12,马赫数为 2 的超声速飞机为 4 ~ 8。

当飞机以一定的构型和速度(或马赫数)在一定的高度上飞行时,把不同迎角 $\alpha$ 所对应的升力系数 $C_L$、阻力系数 $C_D$ 绘制在同一坐标系上,所得到的曲线称为飞机的极曲线,如图 2-29 所示。通过极曲线可以得到 4 个特殊点:①零升迎角点(-3°);②最小阻力系数点(1.5°),作平行于纵轴且与极曲线相切的点;③最大升阻比点(5°),过原点作与极曲线相切的点,就得飞机(或机翼)的最大升阻比,显然这是飞机最有利的飞行状态;④最大升力系数点(12.7°),作平行于横轴与极曲线相切的点。

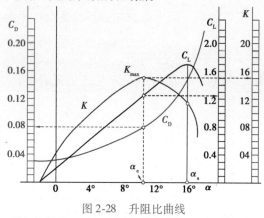

图 2-28　升阻比曲线

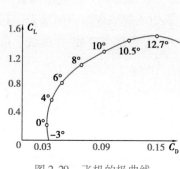

图 2-29　飞机的极曲线

# 任务 2.4　固定翼无人机飞行稳定与操纵

稳定性和操纵性是固定翼无人机的重要运动特性,它们之间不但相互影响,而且对飞机的飞行性能和机动性均有影响。研究飞机的稳定性是研究飞机操纵性的基础。在飞行中,飞机经常受到各种各样的扰动,如气流的扰动、发动机工作不均衡等。这些扰动会使飞机偏离原来的平衡状态,而在偏离以后,飞机能否自动恢复原来的姿态,这就是有关飞机的稳定(旧称"安定")或不稳定问题。飞机的稳定与飞机的平衡密切相关,飞机平衡是分析飞机稳定的前提和基础。

## 2.4.1　飞机空间运动描述

飞机在空中的运动,无论多么复杂,总可以分解为各部分随飞机重心一起的移动和飞机各部分绕飞机重心的转动,前者称为轨迹运动,后者称为姿态运动。而飞机各部件、燃料、机载设备等质量的合力作用点,称为飞机重心,重力作用点所在的位置,称为重心位置。

### 1)轨迹运动

轨迹运动用大地坐标系 $O_g X_g Y_g Z_g$ 来描述,如图 2-30 所示,此时飞机相对大地坐标系的关

系可用 $L$、$H$、$Z$ 3 个参数来表示,也可以转换成极坐标 $\rho$(斜距离)、$\alpha$(方向角)、$H$(高度)来表示。轨迹变化会导致飞机在导航地图上的航迹或航线发生变化,这一点在后面学习地面站超视距飞行时很容易观察到。

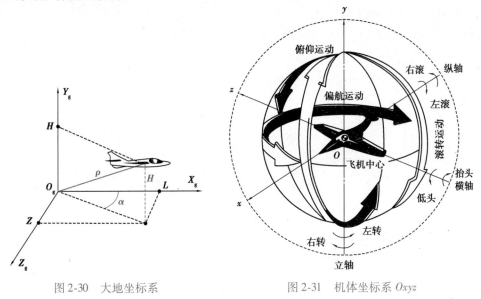

图 2-30  大地坐标系          图 2-31  机体坐标系 $Oxyz$

### 2)姿态运动

姿态运动是指飞机各部件绕飞机重心的转动。姿态运动用机体坐标系 $Oxyz$ 来描述,如图 2-31 所示。$O$ 点在飞机重心位置;$Oz$ 轴垂直于飞机纵面指向右翼,绕横轴 $Oz$ 的运动称为俯仰(纵向)运动,运动的程度用俯仰角 $\theta$ 来描述;$Ox$ 轴在纵面内指向机头,绕纵轴 $Ox$ 的运动称为滚转(横侧)运动,运动的程度用滚转角(也称倾斜角)$\Phi$ 来描述;$Oy$ 轴垂直于 $Oxz$ 平面指向上方,绕立轴 $Oy$ 的运动称为方向(航向)运动,运动的程度用偏航角(也称方向角)$\psi$ 来描述。

俯仰角 $\theta$:机体轴 $Ox$ 与地平面之间的夹角,以抬头为正。

偏航角 $\psi$:机体轴 $Ox$ 在地面上的投影与地轴之间的夹角,以机头右偏航为正。

倾斜角 $\Phi$:又称为滚转角,指机体轴 $Oy$ 与包含机体轴 $Ox$ 的铅垂面之间的夹角,飞机向右倾斜时为正。

## 2.4.2  飞机的平衡

对于飞机来说,如果飞机上各个力互相抵消,各个力矩也互相抵消,即外力和外力矩均为零,那么这架飞机就处于平衡状态。飞机处于平衡状态时,飞行速度的大小和方向都保持不变,也不绕重心转动;飞机处于不平衡状态时,飞行速度的大小和方向将发生变化,并绕重心转动,飞机的运动状态就要发生改变。

飞机在空中飞行平衡是必要的,并且大部分飞行时间是处于平衡状态的。飞机在空中匀速飞行时的垂直方向的受力如图 2-32 所示:机翼产生的升力 $Y$ 垂直向上,位于机翼压力中心 $O$ 点,$O$ 点在重心 $G$ 的后方,对重心产生低头力矩 $B$;尾翼产生的升力 $T$ 垂直向下,位于尾翼气动中心 $O'$,对重心产生抬头力矩 $A$。

在飞机的纵向平面内还存在发动机的拉力 $P$ 和飞行阻力 $Q$,将机翼向上的升力和尾翼向下的升力平移到重心位置得到全机的升力 $L$,如图 2-33 所示。此时无人机在纵平面内的力和力矩平衡可表述为:升力 $L$ 与重力 $G$ 平衡,发动机拉力 $P$ 与飞行阻力 $Q$ 平衡,抬头力矩 $A$ 与低头力矩 $B$ 平衡。

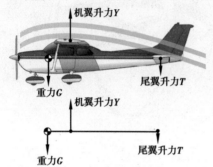

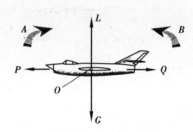

图 2-32　飞机匀速平飞时的垂直方向受力平衡　　　图 2-33　飞机匀速飞行时纵平面力和力矩平衡

### 2.4.3　飞机的稳定

飞机在空中飞行总是会受到扰动使平衡状态被破坏,或者操控飞机姿态变化时要改变它的平衡状态。飞机在空中作水平直线等速飞行时,飞机是平衡的,倘若飞机受到一个小的外力瞬时干扰(如突然吹来一阵风),破坏了它的平衡,在外力消失后,驾驶员不加操纵,飞机靠自身某个构件产生的力矩,就能恢复到原来的平衡状态,说明这架飞机具有稳定性(也称安定性),那么这架飞机就是稳定的;否则就是不稳定的。如果始终保持一定的偏离,或者转入另一种平衡状态,那么这架飞机就是中立稳定。

一个系统是否具有稳定性有两个基本条件:稳定力矩和阻尼力矩。如图 2-34 所示,当摆锤不在平衡位置时,可将摆锤重力 $W$ 分解为与摆杆平行的分力 $W_1$ 和与摆杆垂直的分力 $W_2$。

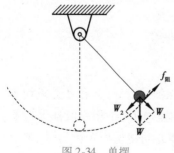

图 2-34　单摆

$W_2$ 对摆轴构成一个力矩,使摆锤具有自动恢复原来平衡位置的趋势,这个力矩称为稳定力矩。摆锤在来回的摆动中,作用于摆锤的空气阻力对摆轴也构成了一个力矩,阻止摆锤摆动,这个力矩称为阻尼力矩。阻尼力矩的方向与摆锤摆动的方向始终相反,摆锤摆动的幅度越来越小,最后完全消失,摆锤回到原来的平衡位置上。飞机在 3 个轴向的稳定性分析跟单摆很相似,只是产生力矩的部件不同。

### 1）俯仰稳定

俯仰稳定也称纵向稳定，是指固定翼无人机绕其横轴的稳定情况，飞机的水平尾翼和飞机的重心位置对飞机纵向稳定有着重要影响。

如图 2-35 所示，俯仰稳定中的俯仰力矩主要来自飞机的水平尾翼。飞机水平飞行中，倘若一阵风从下吹向机头，使飞机的迎角增大，飞机抬头。由于惯性的作用，飞机仍要沿原来的方向向前冲一段距离，这时水平尾翼的迎角跟着增大，在相对气流的作用下，产生一个向上的附加力，这个力相对于飞机重心 $O$ 产生一个低头稳定力矩 $M_1$，使飞机低头。飞机低头运动到水平位置时，低头转动角速度达到最大，将冲过水平位置出现负迎角，相对气流在水平尾翼上则产生向下的附加力，对飞机重心产生一个抬头稳定力矩 $M_2$，使飞机又抬头。于是飞机将绕横轴上下摇摆，在飞机上下摆动过程中，水平尾翼、机身、机翼等部件会受到空气阻力，对重心 $O$ 形成阻尼力矩。在短时间内飞机经过几次上下摇摆，就可恢复到原来的平衡状态。

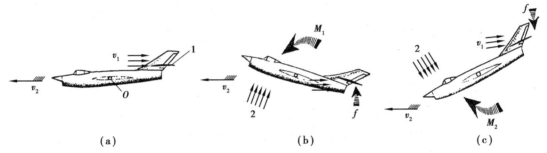

图 2-35　水平尾翼与纵向稳定

1—水平尾翼；2—阵风；$O$—飞机重心；$f$—附加力

在飞机俯仰时，机翼升力会产生俯仰力矩，机翼升力的压力中心距离飞机重心较近，该力矩随迎角变化比较大。机翼产生的俯仰力矩一般转换为全机的焦点力矩来分析。机翼迎角变化，机翼升力也要变化，假定机翼原来的升力为 $Y_0$，迎角改变后的升力为 $Y$，则升力的改变量 $\Delta Y = Y - Y_0$，通常把 $\Delta Y$ 称为附加升力或升力增量。

在临界迎角范围内，随着迎角增大，机翼升力增大、压力中心会前移，可以在压力中心前面找到一个点，使机翼升力对该点的力矩不随迎角变化，该点即为机翼焦点，又称气动中心。大多数固定翼无人机机翼的焦点在 0.25 弦长处。机翼焦点可以看作机翼附加升力的着力点。同样可以找到水平尾翼的焦点，整架无人机的焦点位置可以近似地计算为

$$X_F = 0.25 + k_F \left( \frac{S_H}{S_W} \frac{l_H}{c} \right)$$

式中，$X_F$ 为焦点离机翼前缘的距离，用翼弦长度百分数表示；$k_F$ 为考虑平尾受机翼后洗流等因素影响的修正系数（0.7 ~ 0.8）；$S_W$ 为机翼面积，$m^2$；$S_H$ 为平尾面积，$m^2$；$l_H$ 为平尾尾力臂，即从重心到平尾焦点的距离，$m$；$c$ 为机翼弦长，$m$。

全机焦点可看作飞机附加升力的着力点，如图 2-36 所示。

当飞机焦点在重心之后，干扰造成飞机抬头时，迎角增大，飞机附加升力为正（向上），附加升力对重心的力矩使飞机低头，为稳定力矩。当飞机低头，迎角减小时，附加升力为负（向

下),附加升力力矩使飞机抬头,也为稳定力矩。当飞机焦点在重心前面时,附加升力力矩为不稳定力矩。可见,只有焦点在重心之后飞机才具有俯仰稳定性,且焦点距离重心越远,俯仰稳定性越强。

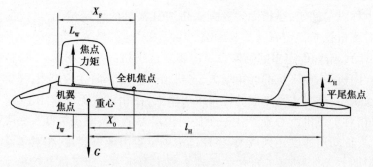

图 2-36  飞机焦点

另外,无人机重心位置的高低会影响俯仰稳定性。重心在机翼下面越低,稳定性越好。

对结构确定的飞机,其焦点位置是不会变的,而重心随飞机装载会发生位置变化,要注意保证重心在焦点之前的适当位置。

### 2)横侧稳定

横侧稳定是指飞机绕纵轴的稳定,稳定力矩主要由侧滑中机翼的上反角和后掠角作用产生,垂尾和上单翼对横侧稳定产生有利作用。

当飞机受到横向扰动后产生侧倾,升力在侧倾方向的分力导致飞机侧滑,如图 2-37 所示,图中 $\beta$ 为侧滑角,即飞机纵轴与飞行速度方向之间的夹角。上反角情况下,侧滑前翼的迎角更大,升力大于侧滑后翼的升力,从而产生绕纵轴的横侧稳定力矩,如图 2-38 所示。同理,下反角作用形成横侧不稳定力矩。

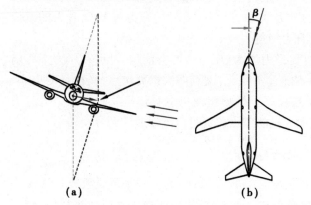

图 2-37  飞机受横向扰动后侧滑

图 2-38  上反角在侧滑时产生横侧稳定力矩

后掠角情况下,侧滑前翼的有效分速大,如图 2-39 所示。侧滑前翼升力大于后翼升力,从而产生横侧稳定力矩。

垂直尾翼一般装在机身的上面,侧滑气流吹在垂尾,垂尾上产生侧向附加力,对纵轴形成扶正机身的横侧稳定力矩,如图 2-40 所示。

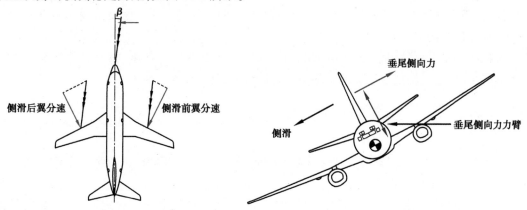

图 2-39　后掠角在侧滑时产生横侧稳定力矩　　图 2-40　垂尾在侧滑时产生横侧稳定力矩

机翼的上下位置对横侧稳定力矩有不同的作用。如图 2-41 所示,上单翼飞机侧滑时,气流在侧滑前翼下部形成气流堵塞,压强上升,升力增大,侧滑后翼下部形成低压,升力减小,两侧机翼的升力差对飞机形成横侧稳定力矩。下单翼在侧滑中两侧机翼升力差形成不稳定力矩。中单翼对横侧稳定没有影响。

（a）上单翼　　　　　（b）中单翼　　　　　（c）下单翼

图 2-41　机翼的上下位置对横侧稳定的影响

飞机在横侧摆动过程中,机翼、水平尾翼和垂直尾翼都会受到空气阻力,产生阻力力矩,保证飞机横侧摆动几下就能恢复到横侧平衡状态。

### 3）方向稳定

方向稳定是指飞机绕立轴的稳定,又称为航向稳定。方向稳定力矩主要由垂尾、上反角和后掠角作用产生。对飞机方向稳定影响最大的是垂直尾翼,其次是机身的侧面迎风面积。其他如机翼的后掠角、发动机短舱也有一定的影响。

方向受扰后,飞机机头偏转产生侧滑,气流从侧滑方向吹向垂尾,产生反向的侧向力,形成方向稳定力矩,如图 2-42 所示。可以说只要有侧滑垂尾就会产生方向稳定力矩,并且垂尾面积越大,方向稳定力矩越大。

上反角作用形成方向稳定力矩的分析与形成横侧稳定力矩一样,只不过侧滑前翼升力增大的同时,阻力伴随增大;侧滑后翼升力减小的同时,阻力伴随减小。两边机翼的阻力差对重心的力矩形成方向稳定力矩。同理,下反角作用也形成方向不稳定力矩。

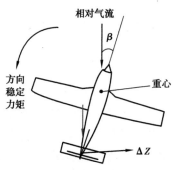

图 2-42　垂尾产生的方向稳定力矩

79

后掠角作用形成方向稳定力矩的分析与形成横侧稳定力矩一样,只不过侧滑前翼升力增大的同时,阻力伴随增大;侧滑后翼升力减小的同时,阻力伴随减小。两边机翼的阻力差对重心的力矩形成方向稳定力矩。

飞机在稳定力矩作用下绕立轴摆动过程中,垂直尾翼、机身、背鳍、腹鳍等部件都可以产生方向阻尼力矩,其中垂直尾翼产生的阻尼力矩最大,起主要阻尼作用。

### 4)横侧稳定与方向稳定的关系

横侧稳定与方向稳定具有一致性,两者之间密切联系、互相耦合,一般把方向稳定性和横侧稳定性统称为侧向稳定性。

方向稳定性和横侧稳定性两者必须搭配适当,才会有良好的侧向稳定性,否则侧向不稳定。当飞机方向稳定性过强而横侧稳定性偏弱时,飞机容易产生螺旋不稳定,可通过减小垂尾面积、增大上反角进行改善。当飞机方向稳定性偏弱而横侧稳定性过强时,飞机容易产生飘摆不稳定,又称荷兰摆(滚),可通过增加垂尾面积、减小上反角改善。对后掠翼飞机可设置下反角减小横侧稳定性,增加机动性。

## 2.4.4  飞机的操纵

飞机的操纵是指使飞机各舵面按要求偏转,从而在各翼面上产生附加升力,对重心产生操纵力矩,使飞机姿态改变,进而实现按预定轨迹飞行。

一架飞机在稳定飞行时,倘若驾驶员用不大的力加在驾驶杆或脚蹬上,改变某一个操纵面的偏转角度,飞机很快地作出反应,改变其飞行状态,这架飞机的操纵就是灵敏的,或者说是好操纵的;倘若反应很慢,则操纵不灵敏,是不好操纵的;倘若没有反应,或者反应错误,则是不能操纵的,这样的飞机不容许升空飞行。

飞机的操纵通过3个操纵面——升降舵、方向舵和副翼来进行,转动这3个操纵面,飞机就会绕其横轴、立轴和纵轴转动而改变其飞行状态。飞机的操纵可分为俯仰(纵向)、方向和横向(侧向)3种。从空气动力作用原理看,它们基本上是一样的,都是改变舵面上的空气动力,产生附加力,该力对飞机重心产生力矩,以达到改变飞行状态的要求。或者说,无论哪个方向的操纵,实际上都是操纵力矩与稳定力矩形成新平衡状态的过程。

### 1)俯仰操纵

飞机俯仰操纵是飞机绕其横轴的滚转运动。飞机稳定飞行时,作用在飞机上的力和力矩都是平衡的。若想作俯仰操纵,改变飞行迎角,驾驶员可操纵升降舵。若舵面向上偏转,水平尾翼的迎角减小,产生一个向下的附加力,这个力作用到飞机重心上便产生一个抬头力矩,原来的纵向平衡被破坏,飞机开始抬头动作,迎角增大,在焦点上产生向上的附加升力,由于焦点在重心后边,焦点上的附加升力对重心形成低头的稳定力矩,该稳定力矩随着飞机抬头而逐渐增大,当稳定力矩与操纵力矩大小相等时,形成新的纵向平衡条件,飞机在新的平衡状态附近摆动几次后就稳定在该状态下飞行,如图 2-43 所示。相反,若舵面向下偏转,水平尾翼的迎角增大,附加力向上,产生的便是低头力矩,使飞机低头,迎角减小。

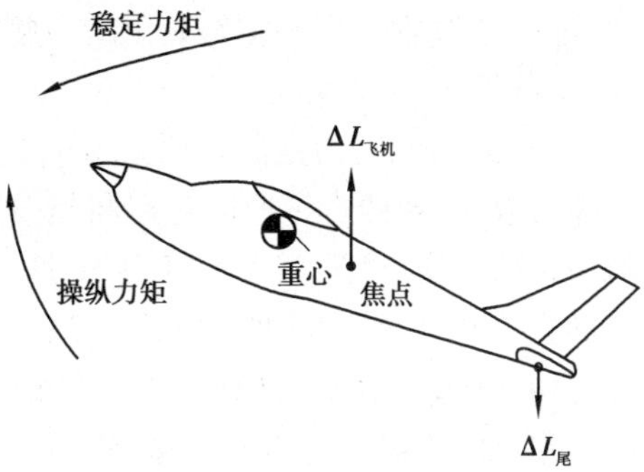

图 2-43　俯仰操纵

### 2)方向操纵

飞机方向操纵是飞机绕其立轴的偏转运动。若要改变飞机的方向,可操纵方向舵。若方向舵向右偏转,这时相对气流吹到偏转过去的方向舵上,在垂直尾翼上产生向左的附加力,它产生一个使机头向右的偏转力矩,飞机便绕立轴向右偏转;反之则相反。

### 3)横向操纵

飞机横向操纵是飞机绕其纵轴的滚转运动。要使飞机滚转,可操纵副翼。它与俯仰或方向操纵有一点不同,即副翼有两片,其偏转方向相反,一片副翼向上,另一片则向下。由此产生附加力,对飞机重心产生滚转力矩,可使飞机绕纵轴倾侧。

若操纵副翼,使右副翼下偏、左副翼上偏,那么向下偏的右副翼与相对气流形成的迎角增大,产生的升力也增大。而向上偏的左副翼迎角减小,产生的升力也减小。两者之差相对于纵轴产生滚转力矩,使飞机向左倾侧;反之则向右倾侧。

飞机的横向操纵和方向操纵,也是有密切联系的。例如,飞机要转弯,不但要操纵方向舵,改变飞机方向,还要操纵副翼使飞机向转弯的一侧倾侧,两者密切配合,才能把转弯动作做好。

飞机的操纵与稳定有着密切联系,在安排上往往是互相矛盾的。很稳定的飞机操纵往往不灵敏,操纵很灵敏的飞机往往又不稳定,必须使得两个方面调配得当,使两者均达到要求。此外,对不同的飞机,应有不同的要求,如歼击机,操纵应该很灵敏,稳定方面差一点没有太大的关系;而旅客机,应该在稳定性方面要求高一些,在操纵方面则不一定如此。

# 项目小结

(1)弦长是翼型的重要特征长度,空气动力学中的马赫数、雷诺数、无量纲升力系数等概念均是以弦长来衡量,迎角(攻角)定义的参考也是弦线位置。除弦长外,机翼面积、展弦比、梯形比、后掠角以及相对厚度这 5 个参数,对机翼的空气动力特性有重大影响。如何合理地选择这些参数,以保证获得良好的空气动力特性,是飞机设计中的一项重要任务。一般高空长航时的无人机选择大升阻比的翼型,要考虑迎角范围,便于控制,还要综合考虑其他各方面的因素,折中选择。

（2）连续性定理和伯努利定理是解释机翼上空气动力产生的理论根据，其适用范围是低速、不可压缩、定常流动。

（3）升力和阻力是固定翼无人机上的主要空气动力，升阻比是飞行器空气动力性能的标志性参数，失速的真正原因是迎角超过临界迎角。希望读者能对本项目中的升力特性曲线、阻力特性曲线、总阻力曲线、升阻比曲线和极曲线等多个插图学会融会贯通，这对理解相关空气动力学概念，进而从理论指导实践角度来更好地操纵固定翼无人机大有裨益。

（4）从平衡来解读稳定，从稳定来解读操纵，这是学习固定翼无人机稳定与操纵的基本思路。飞机的操纵与稳定有着密切联系，在安排上往往是互相矛盾的。很稳定的飞机操纵往往不灵敏，操纵很灵敏的飞机往往又不稳定，必须使得两方面调配得当，使两者均达到要求。当然，对不同的飞机，应有不同的要求。

# 习题

## 一、选择题（概念记忆）

1. 测量机翼的翼弦是从（　　）。

A. 左翼尖到右翼尖 　　　　　　　　B. 机身中心线到翼尖

C. 前缘到后缘 　　　　　　　　　　D. 从机头到机尾

2. 测量机翼的翼展是从（　　）。

A. 左翼尖到右翼尖 　　　　　　　　B. 机身中心线到翼尖

C. 前缘到后缘 　　　　　　　　　　D. 从机头到机尾

3. 机翼 1/4 弦线与垂直机身中心线的直线之间的夹角称为机翼的（　　）。

A. 安装角　　　　B. 上反角　　　　C. 后掠角　　　　D. 前视角

4. 翼型的最大厚度与弦长的比值称为（　　）。

A. 相对弯度　　　　B. 相对厚度　　　　C. 最大弯度　　　　D. 展弦比

5. 翼型的最大弯度与弦长的比值称为（　　）。

A. 相对弯度　　　　B. 相对厚度　　　　C. 最大厚度　　　　D. 展弦比

6. 影响翼型性能的最主要参数是（　　）。

A. 前缘和后缘 　　　　　　　　　　B. 翼型的厚度和弯度

C. 弯度和前缘 　　　　　　　　　　D. 厚度与后缘

7. 机翼的展弦比是指（　　）。

A. 展长与机翼最大厚度之比 　　　　B. 展长与翼根弦长之比

C. 展长与平均几何弦长之比 　　　　D. 展长与翼尖弦长之比

8. 飞机飞行中，空气表现出来的可压缩程度（　　）。

A. 取决于飞机的飞行速度（空速）

B. 取决于飞机飞行当地的音速

C. 和飞机飞行的速度(空速)以及当地的音速有关

D. 与空速和当地音速均无关

9. 气体的连续性定理是( )在空气流动过程中的应用。

A. 能量守恒定律        B. 牛顿第一定律

C. 牛顿第二定律        D. 质量守恒定律

10. 气体的伯努利定理是( )在空气流动过程中的应用。

A. 能量守恒定律        B. 牛顿第一定律

C. 牛顿第二定律        D. 质量守恒定律

11. 计算动压时需要的数据是( )。

A. 大气压力和速度        B. 空气密度和阻力

C. 空气密度和速度        D. 速度和阻力

12. 根据伯努利定律,同一管道中,气流速度增大的地方,压强将( )。

A. 增大    B. 减小    C. 不变    D. 无法判断

13. 空气流过一组粗细不等的管子时,在管道变粗处,气流速度将( )。

A. 增大    B. 减小    C. 不变    D. 无法判断

14. 流管中空气的动压( )。

A. 仅与空气密度成正比        B. 与空气速度和空气密度成正比

C. 与空气速度的平方和空气密度成正比    D. 与空气速度和空气密度的平方成正比

15. 当不可压气流连续流过一个阶梯管道时,已知其截面积 $A_1 = 2A_2 = 4A_3$,则其静压为( )。

A. $P_1 = P_2 = P_3$    B. $P_1 = P_2 > P_3$    C. $P_1 > P_2 > P_3$    D. $P_1 < P_2 < P_3$

16. 下列叙述与伯努利定理无关的是( )。

A. 流体流速大的地方压力小,流速小的地方压力大

B. 气流沿流管稳定流动过程中,气流的动压和静压之和等于常数

C. 气流低速流动时,流速与流管横截面积成正比

D. 伯努利定理是能量守恒定律在空气流动过程中的应用

17. 关于动压和静压的方向,以下正确的是( )。

A. 动压和静压的方向都是与运动的方向一致

B. 动压和静压的方向都是与运动的方向相反

C. 动压和静压都作用在任意方向

D. 动压作用在流体的流动方向,静压作用在任意方向

18. 下列关于动压的说法中,正确的是( )。

A. 总压与静压之和        B. 总压与静压之差

C. 动压和速度成正比        D. 动压与速度成反比

19. 机翼的弦线与相对气流速度之间的夹角称为( )。

A. 机翼的安装角    B. 机翼的上反角    C. 迎角    D. 后掠角

20. 当无人机的迎角为临界迎角时其( )。

A. 飞行速度最大    B. 升力系数最大    C. 阻力最小    D. 飞机姿态最稳

21. 利用风可以得到飞机气动参数,其基本依据是(　　　)。

A. 连续性假设　　　　B. 相对性原理　　　　C. 牛顿定理　　　　D. 质量守恒

22. 不属于影响机翼升力系数因素的是(　　　)。

A. 翼剖面形状　　　　　　　　　　　　B. 迎角

C. 空气速度　　　　　　　　　　　　　D. 机翼的厚度和弯度

23. 相同迎角,飞行速度增大一倍,阻力增加为原来的(　　　)。

A. 1倍　　　　　　　B. 2倍　　　　　　　C. 3倍　　　　　　　D. 4倍

24. 通过改变迎角,无人机驾驶员可以控制飞机的(　　　)。

A. 升力、空速、阻力　　　　　　　　　B. 升力、空速、阻力、质量

C. 升力、拉力、阻力　　　　　　　　　D. 拉力、阻力、质量

25. 空速适度减小时,为保持高度,应实施的操纵是(　　　)。

A. 增大迎角,使升力的增加大于阻力的增加

B. 增大迎角,以保持升力不变

C. 减小迎角,以保持阻力不变

D. 减小迎角,以保持升力适度减小

26. 飞机转弯的向心力是(　　　)。

A. 飞机的拉力　　　　　　　　　　　　B. 飞机的阻力

C. 方向舵上产生的气动力　　　　　　　D. 飞机升力的水平分力

27. 飞机转弯时,坡度有继续增大的倾向,原因是(　　　)。

A. 转弯时外侧阻力比内侧的大　　　　　B. 转弯时外侧升力比内侧的大

C. 转弯时外侧阻力比内侧的小　　　　　D. 转弯时外侧升力比内侧的小

28. 飞机坡度增大,升力的垂直分量(　　　),水平分量(　　　)。

A. 增大;增大　　　　B. 减小;减小　　　　C. 增大;减小　　　　D. 减小;增大

29. 飞机转弯时,为保持高度和速度,应该(　　　)。

A. 增大迎角,增大油门　　　　　　　　B. 增大迎角,减小拉力

C. 减小迎角,增大拉力　　　　　　　　D. 减小迎角,减小油门

30. 飞机接近失速,会(　　　)。

A. 出现操纵迟钝和操纵效率降低的现象　B. 出现机头上仰的现象

C. 出现机头下俯的现象　　　　　　　　D. 出现机翼自转现象

31. 如飞机出现失速,飞行员应(　　　)。

A. 立即蹬舵　　　　　　　　　　　　　B. 立即推杆到底

C. 立即拉杆　　　　　　　　　　　　　D. 立即加大油门

32. 无人机驾驶员操纵副翼时,飞行器将绕(　　　)。

A. 横轴运动　　　　　B. 纵轴运动　　　　　C. 立轴运动　　　　　D. 坐标轴运动

33. 使飞机绕立轴作旋转运动的力矩称为(　　　)。

A. 俯仰力矩　　　　　B. 纵向力矩　　　　　C. 旋转力矩　　　　　D. 偏航力矩

34. 飞机作等速直线水平飞行时,作用在飞机上的外载荷应满足(　　　)。

A. 升力等于重力,推力等于阻力

B. 升力等于重力,抬头力矩等于低头力矩

C. 推力等于阻力,抬头力矩等于低头力矩

D. 升力等于重力,推力等于阻力,抬头力矩等于低头力矩

35. 飞机保持匀速飞行时,阻力与推力的关系是(　　)。

A. 相等　　　　　　　B. 阻力大于推力　　　C. 阻力小于推力　　　D. 不好判断

36. 研究飞机运动时选用的机体坐标,其(　　)。

A. 以飞机重心为原点,纵轴和横轴确定的平面为对称面

B. 以全机焦点为原点,纵轴和立轴确定的平面为对称面

C. 以飞机重心为原点,纵轴和立轴确定的平面为对称面

D. 以全机焦点为原点,纵轴和横轴确定的平面为对称面

37. 飞机的爬升角是指(　　)。

A. 飞机上升轨迹与水平线之间的夹角　　　　B. 飞机立轴与水平线之间的夹角

C. 飞机横轴与水平线之间的夹角　　　　　　D. 飞机纵轴与水平线之间的夹角

38. 影响飞机俯仰平衡的力矩主要是(　　)。

A. 机身力矩和机翼力矩　　　　　　　　　　B. 机翼力矩和垂尾力矩

C. 机翼力矩和平尾力矩　　　　　　　　　　D. 机身力矩和垂尾力矩

39. 影响飞机方向稳定力矩的因素主要是(　　)。

A. 飞机重心位置和飞行马赫数　　　　　　　B. 飞机焦点位置和飞行高度

C. 飞机迎角、机身和垂尾面积　　　　　　　D. 飞机焦点位置和飞机迎角

40. 描述飞机在空间姿态的姿态角有(　　)。

A. 迎角、偏航角、滚转角　　　　　　　　　B. 滚转角、偏航角、俯仰角

C. 俯仰角、侧滑角、滚转角　　　　　　　　D. 迎角、侧滑角、偏航角

41. 对固定翼飞机,焦点在重心之后,焦点位置向后移会(　　)。

A. 增加纵向稳定性　　　　　　　　　　　　B. 提高纵向操纵性

C. 减小纵向稳定性　　　　　　　　　　　　D. 操纵性与此无关

42. 飞机飞行的俯仰角为(　　)。

A. 飞机纵轴与飞行速度向量的夹角　　　　　B. 飞机纵轴与水平面的夹角

C. 飞行速度与水平面的夹角　　　　　　　　D. 飞行轨迹与飞行速度向量之间的夹角

43. 常规布局的飞机,平尾升力对飞机重心的力矩常使飞机机头(　　)。

A. 上仰　　　　　　　B. 下俯　　　　　　　C. 偏转　　　　　　　D. 不变

44. 仅偏转副翼使飞机水平左转弯时,会出现(　　)。

A. 右侧滑　　　　　　B. 左侧滑　　　　　　C. 无侧滑　　　　　　D. 无法判断

45. 偏转副翼使飞机左转弯时,为修正逆偏转的影响,应(　　)。

A. 向左偏转方向舵　　　　　　　　　　　　B. 向右偏转方向舵

C. 向右压杆　　　　　　　　　　　　　　　D. 向左压杆

46. 飞机的纵向安定性有利于(　　)。

A. 防止飞机绕立轴偏转过快　　　　　　　　B. 防止飞机绕纵轴滚转过快

C. 防止飞机抬头过高或过低　　　　　　　　D. 防止飞机滚转过大

47.飞机的方向安定性过强,而横侧安定性相对过弱,飞机容易出现(　　)。

A.飘摆(荷兰滚)　　　B.螺旋不稳定　　　C.转弯困难　　　D.失速

48.飞机横侧的安定性过强,而方向安定性相对过弱,飞机容易出现(　　)。

A.飘摆(荷兰滚)　　　B.螺旋不稳定　　　C.失去纵向安定性　D.失速

49.飞行中发现飞机非指令时而左滚,时而右滚,同时伴随机头时而左偏,时而右偏的现象,此迹象表明(　　)。

A.飞机进入了飘摆(荷兰滚)　　　　B.飞机进入了失速

C.飞机进入了螺旋　　　　　　　　D.飞机出现失控状态

50.增加垂直安定面面积产生的影响将(　　)。

A.增加升力　　　　　　　　　　　B.增加阻力

C.增加横向稳定性　　　　　　　　D.增加纵向静稳定性

51.巡航飞行时,飞机的阻力主要是(　　)。

A.废阻力　　　　　B.干扰阻力　　　　C.诱导阻力　　　　D.摩擦阻力

## 二、简答题(知识点理解)

1.机翼的翼型是如何定义的?有哪些几何参数?

2.用伯努利定理描述机翼升力产生的原理。

3.写出机翼升力公式,并解释各参数的含义。

4.何为失速?分析失速的原因。

5.请写出3种以上的增升装置,并分别说明它们的增升原理。

6.低速无人机飞行的阻力有哪几种?各阻力是如何定义的?影响各阻力大小的因素有哪些?

7.何为地面效应?

8.何为升阻比?什么情况下升阻比达到最大?

9.何为极曲线?通过极曲线可以得到哪几个特殊点?

10.分析焦点与重心位置关系对飞机俯仰稳定性的影响。

## 三、操作题(实训跟踪)

1.选定一款常规布局固定翼无人机(航模也可),以学习小组内讲解示范的方式,指出副翼、升降舵和方向舵的具体位置,并说明各自的功能。在此基础上,进一步用自己的语言解释什么是飞机的三轴运动,如何用姿态角描述飞机的三轴运动。

2.临摹教材的升力特性曲线、阻力特性曲线、总阻力曲线、升阻比曲线和极曲线的各种图示,说明各特性曲线中关键点的具体含义。

# 项目 **3** 　航模组装与放飞

 导学

追溯人类航空发展历程,航空模型(简称"航模")发挥着重要作用,世界各国著名的飞机设计师中,不少人都有在少年时代从事航空模型活动的经历。20世纪后半叶,由航空模型发展而来的无人机成为战场上的新秀,近代无人机始于靶机,而初期的靶机就是一架典型的航模。

虽然经过几十年的发展,无人机技术规模远超传统概念上的航模,其结构、动力和设备的复杂程度从模型演变为特殊的航空器。但航模所使用的技术在小型与简便方面与无人机仍有诸多相似之处。无人机是最能够直接采用航模技术的实际机种,航模活动中积累的经验和体会常常可以直接应用到无人机上。航模技术可作为无人机乃至飞机发展的重要技术基础,它从一开始就综合锤炼人们的实际工程能力,为无人机设计制造提供了最经济、最循序渐进的工程路线。

航空模型运动是以放飞、操纵自制的航空模型进行竞赛和创纪录飞行的一项航空运动。航模运动集体育、教育、科技于一体,在有效培养学习者责任心、工作毅力和合作精神的同时,可进一步启发学习者的科学创新能力,增加成就感和自信心,树立献身祖国航空事业的理想。

知识目标

(1)正确识别固定翼航模各组成部件,能说出部件对应的功能。
(2)复述组装和调试固定翼航模的正确步骤和方法。
(3)撰写固定翼航模飞行训练计划,归纳飞行注意事项。

能力目标

(1)掌握固定翼航模组装的基本步骤和装配工艺。
(2)正确完成固定翼航模飞行前的各项调试工作。
(3)严格训练,让固定翼航模飞出精彩。

素质目标

(1)遵守操作规程,养成严谨求实、精益求精的工匠精神。
(2)依据实训室6S管理制度,形成良好的职业操守。
(3)注重安全,保护环境,团队合作。

# 任务 3.1 固定翼航模组装

## 3.1.1 航模及航模运动

航空模型是各种模型航空器的总称,多为遥控器控制的模型飞机,也有线操纵、自由飞等非遥控类,操作航模飞行也称为航空模型运动。航模飞行和操纵原理与真实飞机有许多类似之处,如对升降舵、方向舵、副翼和引擎的控制与操纵等。较为专业的遥控模型,其操控比较复杂,初学者通常需要一段时间了解相关设备的使用技巧,才能逐步熟悉如何组装、调试和正确操纵航模。

航空模型运动作为一项正式体育运动项目,与其他运动有诸多相似之处,如都有相对固定的动作标准和一些特有的操作技巧,都需要不断地练习以达到更高水平等。它的生命力主要在于其自身的知识性和趣味性。在航空模型运动基础上发展而来的航模竞赛科目主要有留空时间、飞行速度、飞行距离、特技、"空战"等,世界锦标赛设有 20 余个项目,一般每隔一年举办一次。

按飞机的外形及操作难度,航空模型大致可分为练习机、滑翔机、特技机和像真机等。它们各自有其明显的速度、操控以及外形上的区别,也有共同之处,并不完全相互独立。

### 1)练习机

顾名思义,练习机是适合练习的飞机,其主要特点是速度相对较慢、较稳定、操控更容易,常见的练习机有飘飘机、微风、塞斯纳等。还有很多模友自制带翼型的上单翼 KT 机,其成本低,制作简单。通过制作模型,可以对航模的基本结构和设备有所了解。

(1)飘飘机

飘飘机采用上单翼、平凸机翼、背推(即发动机在飞机背部),以及常规的副翼、升降舵和方向舵,其优点是飞行稳定、安全,不易损坏电机和螺旋桨,不易对人造成严重伤害。

(2)微风

微风多为爱好者制作的 KT 材料飞机,其发动机位于机头,称为"前拉"。前拉机为了抵消反扭力矩和抬头力矩,电机一般需要有一定的右拉和下拉角,其他特性与飘飘机类似。

(3)塞斯纳

塞斯纳是著名的教练机真机的模型,也是像真机。相对前两种飞机,其速度稍快,操作更灵活,还有外观好看的优点。

### 2)滑翔机

滑翔机的最大特点就是滑翔性能好,具有飞行稳定、操纵容易、速度较慢等特性。分为有动力和无动力两种,常见的滑翔机有冲浪者、DLG 无动力滑翔机等。有动力的冲浪者采用背推动力,没有起落架,需手掷起飞。其速度较慢、稳定、飞行时间长,常被一些模友改装用作FPV(第一人称视角)和航拍无人机等。

### 3)特技机

固定翼特技机按比赛类别主要有遥控特技飞行和花式飞行,F3A 是遥控特技飞行在国际航联规定中的比赛代码,常作为该类比赛用机的非正式称呼,3D 则为各类花式特技表演用机。特技飞行和花式飞行的机型多种多样,有真机的模型(像真机),也有可在室内飞行的 3D机等,其特点是灵活机动,舵面面积非常大,推重比也很大。

(1)遥控特技机型

其具有明显的流线型设计,后三点式起落架,操纵异常灵活,几乎就是为比赛而设计的。

(2)花式特技机型

其舵面很大,非常灵活。此外,飞机的推重比很大,能做出各种失速动作。花式飞行的特点在于形式多样,无特殊规定,其飞行技术和创新动作不断被突破。

(3)室内 3D 机型

与花式飞行类似,室内 3D 机很轻,一般为板材机身,材料多为 EPP、Depron 板材,甚至直接在框架上蒙皮。此类飞机适合室内等小场地飞行,姿态优美,但其抗风性能极差,不适合外场飞行。

### 4)像真机

像真机通过以真机为原型设计而来,在外形、涂装及其他细节上尽量模仿真飞机,它比较细致、好看。但像真机的操作难度一般很大,对飞行场地要求高,操作者需大量的基础飞行经验并慢慢适应,才能熟悉不同飞机的特性。

虽然固定翼航模在外形和样式上种类繁多,但其基本结构和基础操纵手法则大同小异。本书的服务对象主要是职业院校的在校学生,考虑实训教学条件建设的经济性和场地及安全等因素对校内飞行的限制,在本项目中,选用新微风 PP 魔术板耐摔固定翼航模作为实训机型,经历组装、调试和放飞等训练环节,如图 3-1 所示。

图 3-1　新微风固定翼航模

### 3.1.2 装配前准备

1）装配要求

将航模的各个零部件按照设计要求和工艺规范安装连接到一起,使之形成满足飞行气动外形和受力要求的整机,称为航模组装或装配。依据"零故障上天"的原则,各部件在组装过程中 一般应满足以下基本技术要求:

①机械固定件连接:正确、牢固,对发动机、起落架等连接部位要求减震、缓冲良好;注意固定连接时并不是用力越大越好,要根据材料的受力强度,保持合适的施力大小。例如,橡胶材料压紧时,略微变形即可,既产生一定支撑力又保留适当弹性,如果受力过大反而失去弹性、变形龟裂;金属材料受力一般无明显变形,主要根据螺纹强度正确施力。

②机械活动件连接:可靠、动作灵活、活动空间无干涉,对传动构件要满足活动部件有足够的动作空间和传力大小。

③管路连接:接头紧固、无泄漏,管路固定整齐且通畅,长度便于连接且尽量短,以减小管内流动阻碍和管路质量。

④线路连接:连接正确、绝缘良好,排线整齐,长短适宜,减小电磁干扰。

2）常见连接方式

固定翼航模的组装方式取决于各组成部件的材料特性、结构强度、空间大小和受力要求等,其中机体各部件的连接形式主要有螺栓连接、卡口连接、橡皮筋捆绑、粘胶连接等。

（1）螺栓连接

螺栓连接是中、大型固定翼航模组装中较为常用的一种连接方式,在中、小型固定翼无人机中也经常见到。其优点是拆装方便,利于检修,可以增加预紧力防止松动,不会引起连接处材料成分相变。

螺栓连接主要应用于机翼与机身连接、尾翼与机身连接、起落架与机身连接、发动机与机身连接等主要承力结构部位的连接,还有一些需要经常或定期拆卸的结构,如口盖、密封结构的连接,以及易于损坏的结构件(如翼尖)等。螺栓连接经常与其他连接方式配合使用,如图3-2所示为机翼与机身采用螺栓配合耳片形成的铰接和固接接头。

（2）卡口连接

卡口连接是用于一个零件与另一个零件的嵌入连接或整体闭锁的机构,通常用于塑料件的连接,其材料通常由具有一定柔韧性的塑料材料构成,如图3-3所示。

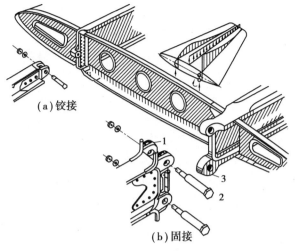

图 3-2　螺栓配合耳片连接形式
1—双耳片（叉形）；2—螺栓；3—单耳片

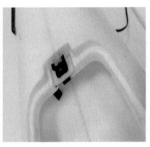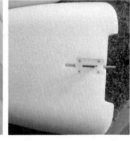

图 3-3　卡口连接

卡口连接最大的特点是安装拆卸方便，可以做到免工具拆卸。一般来说，卡口连接需要与其他连接方式配合使用，连接较稳定。注意卡口在安装时，操作者主要通过手感以及声音来判断卡口安装是否到位，安装过程中应充分弄清结构后，再谨慎安装。

（3）橡皮筋捆绑

橡皮筋捆绑是指用橡皮筋采用捆绑方式将机翼与机身连接并固定在一起，如图 3-4 所示。该方式常在轻微型固定翼航模和无人机上应用。组装简便、拆装容易、质量轻是它的主要特点，但是该方式在飞行中易损坏，一旦损坏必须更换，无法修复。

（4）黏胶连接

黏胶连接是指利用胶黏剂本身产生的内聚力以及胶黏剂与被胶零件之间产生的黏附力将两个零件牢固地连接在一起。可用于连接不同材料、不同厚度、两层或多层结构。该方式比较方便，胶接结构质量轻，密封性能好，抗声振和颤振的性能突出。胶

图 3-4　橡皮筋捆绑

层能阻止裂纹的扩展，具有优异的疲劳性能，此外，胶接结构制造成本和维修成本低。胶接、蜂窝胶接结构及金属层板结构在大型飞机上的应用前途宽广。但胶接的缺点比较突出：①胶

接的不均匀扯离强度(剥离强度)差;②胶接质量不够稳定,要求严格控制工艺过程和工作环境才能保证,不易直接检验判断;③胶黏剂存在老化问题,致使胶接强度降低。在构件投入使用后,受应力、环境作用,胶接接头容易发生腐蚀、分层破坏,暴露了胶接结构不耐久的致命弱点。

### 3)机体组装要点

固定翼航模的组装包括机体组装、动力系统组装、电气系统组装等,当航模升级为固定翼无人机后,还包括飞控系统组装和任务载荷组装等。一般固定翼无人机产品组装步骤由其生产单位根据具体机型来确定,在不影响飞行性能的前提下,部分组装顺序可适当调整,并且不同的固定翼无人机产品,其组装步骤可能会有较大的不同。

机体组装又包括机身组装、机翼组装(含机翼与机身的连接)、尾翼组装(含尾翼与机身的连接)、起落架组装(含起落架与机身的连接)等。

(1)机身组装

机身一般分为前后两半截,这样方便包装运输,使用时需要将前后部分进行组装。组装时要保证连接处的强度,同时要保证机身纵线上下、左右对齐。

对有些EPO材料的机身,通常为左右成形,需要左右胶合连接,胶合后不能分开。如果机身开敞性不好,在左右机身胶合时,应先进行内部设备和接线连接再胶合。

(2)机翼组装

机翼组装一般分为左右两个部分的连接,组装效果直接影响飞行性能,一般应严格遵守产品说明书要求。

①机翼连接方式应符合要求,粘接、螺接等都应保证牢固、可靠、不松动。

②安装后机翼的安装角、上反角及后掠角等应符合要求。一般安装上反角加强片或支撑杆等,强度应足够承担飞行时的机翼载荷,安装后机翼的合缝处与机身纵轴线重合或机翼沿纵轴线对称。

安装角是指机翼安装在机身上时翼根翼剖面弦线与机身轴线之间的夹角,从侧面看为机翼翼弦与无人机纵轴的夹角,如图3-5所示。

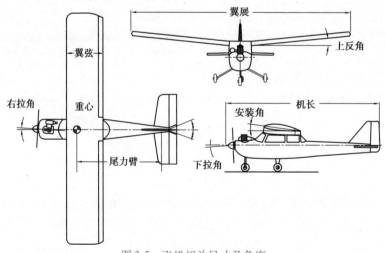

图3-5 飞机相关尺寸及角度

（3）尾翼组装

尾翼组装与机翼组装类似，分为分离式和一体式，组装应严格按照说明书要求。对分离式尾翼，根据设计结构不同，有些需要先将水平尾翼与垂直尾翼组装好后再安装到机身尾部，而有些则直接将水平尾翼和垂直尾翼分步安装到机身尾部。

组装完成前，应检查尾翼的安装角，先将尾翼插进机身槽口，仔细检查尾翼的安装角度是否准确。从俯视的角度检查水平尾翼是否左右对称，从后视的角度检查垂直尾翼是否垂直于机身和水平尾翼，发现有误差一定要及时纠正。

（4）起落架组装

起落架组装主要按照说明书要求安装在规定位置。对后三点式起落架，方向轮与垂直尾翼的方向舵连接在一起，但最好让轮的受力直接传递到机身上，而不是方向舵上，以防方向舵受压变形，甚至方向舵铰链处受力损伤。

## 3.1.3　新微风航模组装实例

### 1）设备及配件检查

航模购买回来后，不要立即盲目组装，应先检查各配件是否齐全和完好。新微风航模空机套件由以下几部分组成：

①机身：一块已设计并裁切好的 PP 魔术板，通过简单弯折和结合面胶合连接即可成形。

②机翼：机翼包括左机翼板、右机翼板和一根碳杆，碳杆用于左右机翼胶合后形成整体，提高机翼上下方向的抗弯刚度。

③尾翼：包括垂尾和平尾。

④电动动力套装：包括电机、电调、螺旋桨（两个）。

⑤舵机：包括左右副翼、升降和方向各一个，共 4 个舵机。

⑥附件包：如图 3-6 所示，包括起落架、泡沫胶、魔术贴、橡皮筋至少两根、拉杆至少 4 根、舵角包至少 4 组、舵机延长线至少两根、十字电机前座 1 个、电机塑料后座 1 个、电机前盖 1 个等。起落架又由前左支架、前右支架和后支架组成。

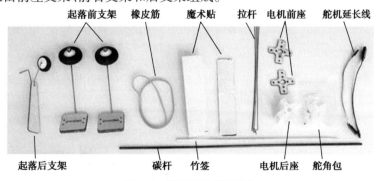

图 3-6　新微风航模附件包

请按以上所述检查设备的完整性。一套最小遥控系统所需的遥控器和接收机另外选型配置。

---

**延伸阅读 什么是航模的 RTF、PNP、ARF、KIT 版本?**

(1)RTF(全套整机)

RTF 是 Ready to Fly 的简称,表示为已准备好飞行。这种版本的飞机一般包含安装完成的模型飞机、遥控设备、电池和充电器全套产品,买回家后仅需要简单组装、充电即可飞行。RTF 版本在入门级泡沫飞机中比较常见,通过搭配廉价低端遥控设备大大降低了套装价格,插电即飞的配置非常吸引无经验的入门玩家。

虽然性价比较好,但对于系统学习且想学有所成的院校学子们来说,不建议选择这种整套 RTF 版本的飞机,其低廉的价格会导致飞机在材料、设计、制作及组装工艺、电子设备造型等方面较差,较差的稳定性和操纵手感,很容易造成不好的飞行体验并进一步养成不良的飞行习惯。

(2)PNP(即插即玩)

PNP 是 Plug and Play 的简称,意思为即插即玩。这种版本的飞机出厂已经安装好动力装置、舵机等零部件,购买后需要玩家使用自己的遥控设备和电池,进行简单的组装、连接接收机、调试舵面等操作后即可飞行。

PNP 主要为电动泡沫飞机,也有个别油动飞机产品有 PNP 版本,如飞翔模型出品的飞翔之星教练机,可选配安装好电机或者 OS 甲醇发动机,为入门模友省去很多装机的烦恼,很便捷。同样不建议院校学生选用,特别是油动版的 PNP 模型。

(3)ARF(空机)

ARF 是 Almost Ready to Fly 的简称,意思为几乎已准备好飞行。ARF 空机版本是大部分航模爱好者的首选,也是航模产品中较多的版本。空机不包含任何电子设备、动力装置等,只含有一些附件,如起落架、连杆、舵角、合页、机翼插管等配件。

ARF 空机版本在木质结构飞机、复材飞机产品中常见,购买后需要参考飞机参数和厂家建议,根据自己的需求选配合适的动力套、舵机、遥控器,并进行安装。有些空机产品,如很多复材空机,需要模友自行对飞机进行一些加工和改造,才能进行安装和搭配不同的设备。

本书选用的新微风航模套装介于 PNP 版本和 ARF 版本,舵机和动力系统根据厂家建议选配,遥控器和接收机单独购置。

(4)KIT(套材)

航模产品中使用 KIT 这个名称并不常见,它的意思一般被认为是模型飞机套材,常见于木质飞机中。套材多为激光切割的木质结构零件、各种木片、蒙皮、五金配件(起落架、连杆)、机头罩、座舱罩等,购买后需要粘贴隔框、机身内部木质结构,并自行喷漆才能成为一架 ARF(空机)。有些模型套材只提供木质部分,其余均需要自行加工和购买。

　　木质模型套材版本对操作者的模型技术要求较高,需要有航模的制作和工具使用经验,在木质结构制作、蒙皮熨烫等方面有相当高的难度。一个已具备一定航模组装技能和放飞经验的学生,如果能在专任教师的指导下完成一架木质 KIT 模型飞机的制作并成功试飞,不仅能在工作中养成认真、细致、严谨的良好习惯,还能够为后续将航模改装升级为无人机提供足够的经验积累和技术储备。

## 2)机体组装

新微风航模机体组装套件,如图 3-7 所示。

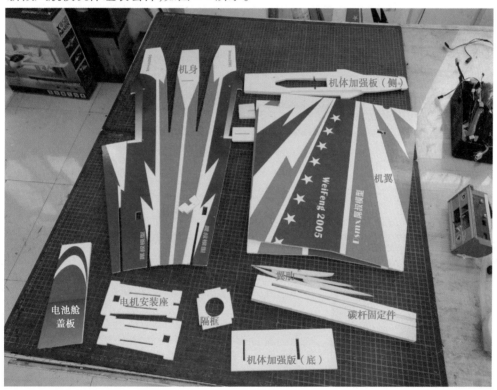

图 3-7　微风航模机体组装套件

(1)机身组装

①将机身板材白色面(无图案)朝上,在 3 块机身加强板上涂上热熔胶,以机身和加强板上的对应孔为参照,分别粘贴在机身侧部和底部,如图 3-8 所示。

②将 3 块用于电机安装的板材涂胶粘接在一起构成电机后座,为后续安装电机做好准备,如图 3-9 所示。

③在胶接好的电机后座上贴好魔术贴便于后续固定电池,穿入电池扎带;弯折机身板材,将电机后座涂胶粘接到机身对应安装孔,如图 3-10 所示。

④安装隔框并粘接机身尾部,如图 3-10 和图 3-11 所示。至此,机身组装初步完成。

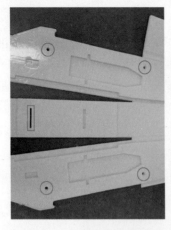

图 3-8　安装机身加强板

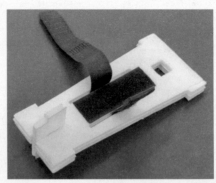

图 3-9　电机后座组装

图 3-10　安装电机后座

图 3-11　安装隔框并粘接机身尾部

 **友情提示**

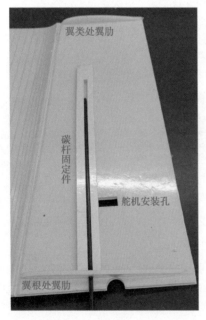

图 3-12　翼肋和碳杆固定件胶接

**泡沫胶使用注意事项**

新微风航模机体材料为 EPP 泡沫,需要用热熔胶或泡沫胶粘合。泡沫胶为一种高分子液体黏合剂,需按泡沫胶使用方法正确使用。使用时的注意事项如下:

①粘合时胶水不宜过多,但要保证对接面都要涂到。

②粘合过程中需要有晾胶环节,即对接两面涂好胶水后先不要合拢,晾几分钟使泡沫胶初步固化再进行胶接。胶水性质不同,空气气温、湿度不同,所晾时间也不同,建议按所用胶水使用说明书要求的最少时间晾胶,然后每隔一定时间把粘合面碰一下拉开,待看到出现"拉丝"现象后即可合拢胶接。

③胶接时的对接用力要适当,用力大小保证对接面充分接触即可。

(2)机翼组装

①选择左机翼或右机翼板材,白色面朝上,分别在翼根和翼尖处粘接翼肋,便于保持机翼形状;对准翼根翼肋上的碳杆插孔,粘接碳杆固定件,如图 3-12 所示,然后粘接碳杆固定件的盖板。

②分别在翼肋等粘接部位涂上泡沫胶,弯折机翼进行胶接,成形后的机翼如图 3-13 所示,注意胶接时对齐相应部位。

③用同样的方法组装另外一个机翼。机身和机翼成形后如图 3-14 所示。

④对左右机翼接合面进行修整,削去结合面上可能形成的毛刺,均匀涂上泡沫胶,稍晾一会儿。

⑤碳杆上均匀涂上泡沫胶,稍晾后将碳杆一头插入一侧机翼的孔内,再将碳杆另一头插入另一侧机翼的孔内,注意碳杆插入左右机翼孔内的长度大约相等。碳杆需插入的距离较深,此操作应在碳杆胶水还未初步固化时进行。

⑥将晾好胶的左右机翼胶接,适当用力压紧。注意,由于制造或运输过程中的挤压,左右机翼的结合面可能存在向上向下的微小变形,可在压紧时稍用力校正。

图 3-13　成形后的机翼　　　　　　　　图 3-14　基本成形后的机身和机翼

⑦沿左右机翼的结合缝处贴上一圈纤维胶带,对组装好的机翼进行进一步紧固,如图 3-15 所示。

图 3-15　组装完成后的机翼

(3)尾翼安装

①不涂胶,通过试连接方式,检查平尾和垂尾的结合孔位是否正确,若不正确可修正。EPP 材料的方向舵和升降舵铰链由一层较薄的 EPP 材料充当,容易断裂,可在铰链处贴一条窄胶带增强连接,但要注意胶带贴在平面一侧,不能贴在斜切口一侧,否则舵面无法偏转。

②按机身、机翼胶接方法,将平尾和垂尾接合面涂胶、晾胶、胶接。注意垂尾和平尾要呈直角。

③将机身尾部十字槽口内涂胶,将尾翼插入十字槽口并贴合到位,适当用力使平尾与垂尾保持垂直状态,并保证垂尾在机身纵平面内。尾翼组装好后在机身上的位置,如图 3-16 所示。

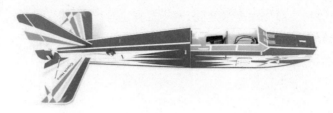

图 3-16　组装好尾翼后的机身

（4）起落架安装

①在机身下部找到前起落架安装孔,胶接前起落架固定件,晾胶后将前起落架插入安装孔中,如图 3-17 所示。

②在后起落架的木片接合面涂胶,初步固化后将后轮钢丝头插入方向舵底部孔中,木片中线沿机身纵线贴合,要求:方向轮与机身纵平面平行时,方向舵在中立位置,即方向舵在机身纵向平面内。后起落架安装完成后,如图 3-18 所示。

图 3-17　前起落架安装

图 3-18　后起落架安装

③将前后起落架受力处贴上纤维胶带,防止完全固化过程中胶合面脱开。

（5）机体总成

①用胶接方法安装好机身前部的电池舱盖板。

②将附件中的两根竹签分别插入机身中部的两组受力孔中,准备利用橡皮筋将机身与机翼绑接。

③对机体进行一些必要的加固措施,如图 3-19 所示,包括:

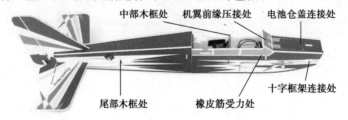

图 3-19　机身相关部位加固

a. 机翼后缘较薄,当机翼用橡皮筋固定到机身上时,橡皮筋容易勒破此处;可沿机翼中部后缘粘一层纤维以增加此处强度。

b. 机翼在机身上安装时,机翼前缘压接处受机翼前缘挤压力较大,为防止受力脱开,可粘一层纤维胶带加固。

c. 每次拆装电池需打开电池舱盖,为防止舱盖铰链处因反复开关而断裂,可在电池舱盖连接处贴上一层纤维胶带。

d. 其他如机身前部电机十字框架、机身中部隔框、机身橡皮筋受力孔等相关部位均应采取一定的紧固措施,尽量避免脱胶、松动和破损等现象出现。

④盖上组装完成后的机翼,用橡皮筋绑紧机身和机翼,如图 3-20 所示。

图 3-20　新微风航模机体总成

### 3)电子设备安装

#### (1)舵机及其安装

舵机也称伺服电动机,是一种基于位置(或角度)伺服的驱动器,适用于需要角度不断变化并可以保持的控制系统。在固定翼航模或无人机中,飞机的飞行姿态是通过舵机调节油门和各个控制舵面来实现的。

①舵机组成。舵机是一个根据遥控信号来决定摇臂偏转角度的器件,通过摇臂上连接的钢丝来改变飞行控制舵面的偏转角度,进而完成飞行姿态的调整。一般来讲,舵机主要由减速齿轮组、电位器、直流电动机、控制电路板和壳体等组成,如图 3-21 所示。

电机是舵机的动力来源。舵机为求转速快、耗电小,将细铜线缠绕成极薄的中空圆柱体,形成一个质量极轻的中空转子,并将磁铁置于圆柱体内,构成无核心马达。

电位器的作用主要是通过其旋转后产生的电阻的变化,转换成对应电压信号,并发送回电机控制板,使其判断输出轴角度是否正确,如图 3-22 所示。

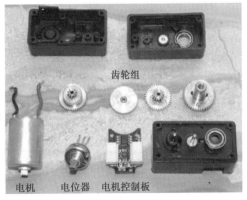
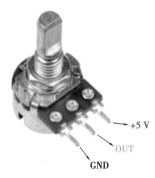

图 3-21　航模舵机的一般组成　　　　　　　　　　图 3-22　舵机电位器

图 3-23 舵机及其输入线

电机控制板主要用来驱动电机和接受电位器反馈回来的信息。

齿轮组的作用主要是力量的放大,使小功率电机产生大扭矩。

②舵机工作原理。舵机的输入线共有 3 条,红色线接电源正极,暗色线(黑色或褐色)接电源负极,这两根线给舵机提供电源。另外一根输入线是控制信号线,不同品牌的舵机信号线颜色不同,常为白色或亮黄色,如图 3-23 所示。

其工作原理如图 3-24 所示。一般舵机控制信号线接收到的是可变宽度的脉冲信号 PWM,根据占空比大小可转换为一个直流偏置电压,与电位器的电压比较,获得电压差输出,电压差的正负输出到电机驱动芯片决定电机的正反转。当电机转动时,通过级联减速齿轮带动输出轴转动,电位器与输出轴同步转动,电位器以电压的形式感受输出轴的转角大小与方向,并把此电压以负反馈的方式送回输入端,使输入端的电压差逐渐降低到零,电机最终停止在控制位置。

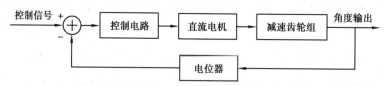

图 3-24 舵机工作原理

舵机角度由来自控制信号线的持续 PWM 脉冲产生,脉冲的长短决定舵机转动角度,如图 3-25 所示。不同舵机的最大转动角度可能不相同,但是其中间位置的 PWM 是一样的,那就是 1 500。

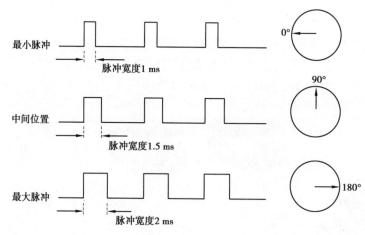

图 3-25 舵机脉冲宽度与对应转角关系

③舵机的分类及选型。按工作电压来分,舵机可分为普通电压舵机(4.8 ~ 6 V)和高压舵机 HV SERVO(6 ~ 7.4 V;9.4 ~ 12 V)。高压舵机的优点是发热小,反应更灵敏,扭力更大。

按照是否防水来分,舵机可分为全防水舵机和普通舵机。

按工作信号来分,舵机可分为模拟舵机和数字舵机。其中,数字舵机反应更快,加速和减速时更迅速、更柔和,且提供更高的精度和更好的固定力量。

　　选用舵机主要考虑应用场合及性能指标,兼顾尺寸、种类、扭矩、齿轮介质、工作模式等指标进行合理选择。本书选择辉盛品牌塑料舵机,其外形如图 3-23 所示,技术参数见表 3-1。

表 3-1　辉盛舵机电气性能与机械特性

| 参数名称 | 参数范围 | 参数名称 | 参数范围 |
|---|---|---|---|
| 质量/g | 9 | 尺寸/mm | 23×12.2×29 |
| 速度/(s/60°) | 0.12(4.8 V) | 扭矩/(kg·cm) | 1.6(4.8 V) |
| 使用温度/℃ | −30 ~ +55 | 死区设定/μm | 5 |
| 连接线/mm | JR 256 | 工作电压/V | 4.8 ~ 6 |
| 最大转动角度/(°) | 120 | 舵机类型 | 模拟/数字 |
| 结构材料 | 金属铜齿轴承 | 电动机 | 空心杯 |
| 附件 | 3 种功能舵角、固定螺钉、线长 25 cm | | |

　　④舵机的执行部分。舵机□□主要由摇臂、连杆及舵角等组成。常见舵机摇臂形式有指针形、一字形、圆盘形、梅花□□字形,如图 3-26 所示,指针形摇臂适合方向舵和升降舵使用,一字形和十字形适合副翼使用。

图 3-26　舵机摇臂形式

　　舵角一般是一个三角形的固定件,安装在固定翼航模或无人机副翼、尾翼的活动舵面上,通过连杆与舵机摇臂连接,控制舵面摆动调整飞机飞行姿态,进而改变飞行轨迹。可以通过调整连杆在舵机摇臂和在舵角上的安装位置,实现舵面偏转量设置,如图 3-27 所示。

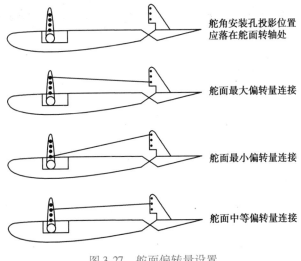

舵角安装孔投影位置应落在舵面转轴处

舵面最大偏转量连接

舵面最小偏转量连接

舵面中等偏转量连接

图 3-27　舵面偏转量设置

⑤安装舵机。

a.升降和方向舵机分别接上延长线,用胶带将接头部位粘住包好。注意接线要保证"亮色接亮色""红色接红色""暗色接暗色",以防混淆线色造成后续接线错误。

b.将升降舵机四侧涂胶,晾好胶后粘到机身左侧尾部的升降舵机孔座上,注意出线侧朝向机头方向,延长线要从机舱露出,如图3-28所示。

图3-28 升降舵机安装

c.用同样的方法安装好方向舵机,方向舵机的安装孔座在机身右侧尾部。

d.在机翼和机身分离状态下,将两个副翼舵机底部及四侧涂胶,晾好胶后粘到机翼反面的副翼舵机孔座上,舵机连接线从孔座的缺口伸出,并连接到Y形接线上,如图3-29所示。

图3-29 副翼舵机安装

⑥安装舵角。

a.将升降舵角和锁片分开,舵角弯头朝向机头(图3-28),尾端涂抹少量热熔胶,自上而下插入升降舵的舵角安装孔中;将分离出的锁片平的一面涂少量热熔胶,扣在露出的升降舵角尾端上,适当用力压到底;为防止锁片松脱,可在锁片四周点上少许热熔胶。

b.用同样的方法安装好方向舵角,安装孔在方向舵上,如图3-28所示。

c.继续安装左、右副翼舵角,如图3-29所示。

⑦安装舵机摇臂和拉杆。

a.将升降舵机装上指针摇臂,安装时摇臂向上且基本与机身纵线垂直,然后拧上摇臂固定螺钉。

b.选择附件包4个拉杆叉头中的一个,拧上小螺钉(两圈左右)。

c.将拉杆叉头接到升降舵角的最外孔上,螺钉朝外,便于后续拧紧。

d. 在附件的 4 根舵机拉杆中选择一根,将拉杆 Z 字头插入升降舵机摇臂最外孔上,光头粘胶后插入升降舵角叉头中心孔内并留有一定长度,用钢丝钳剪去拉杆多余部分。

e. 使升降舵面处于中位,将叉头螺钉适当拧紧。升降舵机摇臂、叉头和拉杆安装完成,如图 3-30 所示。

f. 重复上述步骤分别安装好方向舵机和副翼舵机的摇臂和拉杆,如图 3-30 所示。

图 3-30　升降舵机摇臂和拉杆安装

摇臂、叉头和拉杆安装注意事项

①拧摇臂固定螺钉时,用手握住摇臂,不能因拧螺钉带动摇臂转动,以免破坏舵机中立位。

②拉杆剪短时应长度合适,过短不能被叉头螺钉锁紧,过长会影响舵角偏转。

③同一舵面的各个铰链的中心线应该在一条直线上,并且位于舵面的中心。

④舵机摇臂中立位置应该与舵角的中立位置一致,可调整摇臂使得键槽与键齿相配合,尽量不要使用遥控器的中立位置调整功能来调整舵机的中心位置。

⑤舵面中立位时,尽量让摇臂和舵角打孔边基本平行,可使舵面偏转上下(或左右)对称,且带动较大的舵面力矩。

⑥摇臂、舵角和拉杆之间的安装位置关系,如图 3-31 所示。

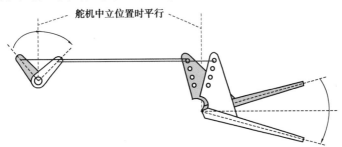

图 3-31　摇臂、舵角和拉杆正确的安装关系

（2）接收机及其安装

遥控器及其配套的机载接收机是构成固定翼航模或无人机天地回路的最小通信单元,它们与机载的舵机伺服系统和电动电力系统一起构成一个最基本的多通道比例遥控系统。所

谓控制通道(Channel),是指控制量输入到输出的作用途径。例如,摇杆前后动作,控制升降舵上下偏转,操纵飞机俯仰变化;而摇杆左右动作,控制左右副翼差动,操纵飞机左右倾斜。各个通道应该可以同时独立工作,不能互相干扰。所谓比例控制,就是遥控器上的操纵杆由中立位置向某一方向偏移角度,与该动作相对应的舵机摇臂偏移的角度成比例。第1—4通道可以同时对无人机的4个舵机(副翼、升降舵、油门、方向舵)作比例控制,这样的控制十分接近有人飞机的操纵。

关于遥控器的具体操作,将在下一个任务中予以描述,本任务主要介绍接收机的工作原理及其机上安装。

①接收机的工作原理。接收机通常以无线方式接收来自遥控器发送的高频信号,并进一步解码出其中的指令信号,控制航模或无人机的各个舵面,达成各种飞行姿态。

如图3-32所示为与本书选用的天地飞7遥控器配套的WFR07S接收机,面板由天线、指示灯、SET键和输出通道1—7组成。天线的长度跟信号频率匹配,使用时不能改变或折绕;SET键配合指示灯进行对码操作;通道1—4分别为1#AIL副翼、2#ELE升降舵、3#THE油门、4#RUD方向舵,第5通道一般作为飞行模式控制。输出通道口旁标注有"Π"为信号针,"+"为电源正极,"−"为电源负极。

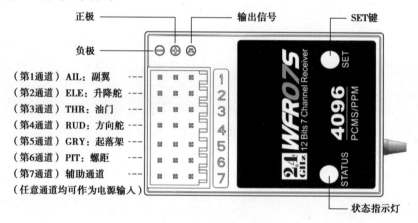

图3-32　WFR07S接收机

接收机电路原理如图3-33所示,它基本上可分为接收电路、译码电路等部分。接收电路将高频变为低频,译码电路分别独立地取出由发射机发出的操纵杆动作信号 $t_a$、$t_b$、$t_c$、$t_d$,送给各个执行舵机,这个过程称为解调。

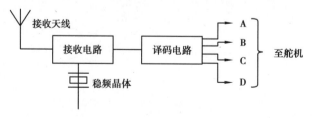

图3-33　接收机电路原理示意图

接收机的信号输出有多种协议,如PWM、PPM、SBUS、DSM等。

a. PWM。PWM是Pulse Width Modulation的缩写,意思是脉冲宽度调制。脉冲是由高、低电平组成的信号序列,周期一般为 20 ms,其中高电平的时间就是这里所说的脉冲宽度,也就是高电平维持的时间,单位为微秒(μs),舵机的可变宽度的脉冲信号是周期性的,一般而言,PWM 的基准信号周期为 20 ms,但脉冲宽度有大、小两种,大脉宽的最小脉冲宽度为 0.5 ms,最大脉冲宽度为 2.5 ms;小脉宽的最小脉冲宽度为 1 ms,最大脉冲宽度为 2 ms。常见为大脉宽,因为 PWM 值以 1 μs 为单位,因此 PWM 值理论上为 500 ~ 2 500,中间值为 1 500,如图 3-34 所示。

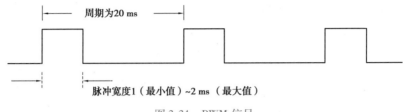

图 3-34  PWM 信号

这样的一个脉冲通常用来控制一个通道,即一个舵机,如要控制多个舵机,则需要多个这样的通道。例如,要控制一架固定翼无人机,至少需要 4 个通道来分别控制副翼、升降舵、油门、方向舵,各个通道的脉冲宽度控制各个舵机转动。

b. PPM。PPM 是 Pulse Position Modulation 的缩写,意思是脉冲位置调制,又称脉位调制,PPM 看起来很像 PWM,实质上是将多个通道的 PWM 放到"一根线"上进行传输,一个完整的 PPM 信号帧包含了多个通道的 PWM 值,如图 3-35 所示。

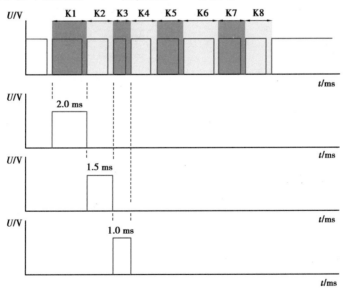

图 3-35  PPM 信号

图 3-35 中第一个波形为 PPM 信号,第二个波形为 1 通道的 PWM,它对应 PPM 信号的"K1",第三个波形为 2 通道的 PWM,它对应 PPM 信号的"K2",以此类推,"K8"对应第 8 通道的 PWM。K1 的前面及 K8 后面还有一个比较"宽"的脉冲,它的宽度大于所有通道的脉冲宽度,这个脉冲称为"同步脉冲",在这样的一帧信号中,找出信号的"头"才能正确地解算出各通道的数据。PPM 信号"同步脉冲"就可以作为"帧头"来使用,只要判断一个脉冲大于通

道的"正常值",那么接下来的一个脉冲就是一通道的数据。这里要注意的是,PPM 中的通道脉宽采用 2 ms 的窄脉宽,比 2.5 ms 的 PWM 脉宽要窄,这是由于在 PPM 信号中需要接入脉冲间隔,以区分通道。而 PPM 信号帧的总长为 20 ms,PPM 信号中可以获取 7~9 个通道的遥控指令数据。

c. SBUS。SBUS 全称为 Serial Bus,是一个数字串行通信接口(单线),使用 RS232C 串口的硬件协议作为自己的硬件运行基础,可以传输 16 个比例通道(每个通道 11bit)和两个数字位通道(该通道 8bit)。SBUS 使用 TTL 电平,即 3.3 V,使用负逻辑,即低电平为"1",高电平为"0"。波特率为 100 000(100 k),不兼容波特率 115 200。

d. DSM。DSM 是 Digital Spread Spectrum Modulation 的缩写。DMS 协议一共有 3 代:DSM、DSM2、DSMX,国内常见的是 DSM2。该协议是一种串行协议,使用的标准串口定义,但是该协议并不是一种总线化的协议,要靠接收机把协议变为 PWM 来驱动舵机。DSMX 是 DSM2 的升级版,协议基本一样,只是速率加快了。DSMX 协议可以用于双向传输,即能够将飞机上的信息传回遥控器在液晶屏上显示。

②接收机连接。

a. 机翼舵机 Y 形连接线接入接收机第 1 通道。

b. 升降舵机延长线接入接收机第 2 通道。

c. 方向舵机延长线接入接收机第 4 通道。

d. 电调 BEC 线从机舱中部接入接收机第 3 通道。

### 4)电动动力系统安装

新微风航模采用电动动力系统,组成包括电池、电调、电机、螺旋桨和充电器等。聚合物锂电池(LiPo)通过电调主电路给电机供电,为动力电。同时,由电调的 BEC 分出 5 V 给机上的接收机、舵机、飞控(航模升级为无人机后)等电子设备用,为控制电。它们之间的连接关系,如图 3-36 所示。

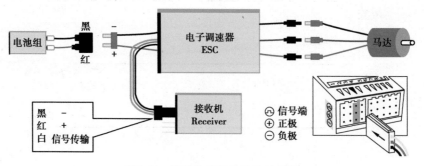

图 3-36 机载电子设备连接关系图

(1)接头焊接

电动动力系统在使用前,需要焊接相关电缆接头,以焊接电调的香蕉母头和 XT60 公头为实例练习。电调的香蕉母头与电机连接,XT60 公头与锂电池连接。

①直径 3.5 mm 香蕉母头焊接。步骤如图 3-37 所示。

a. 准备好尖头烙铁接上电源,使烙铁头加热。

b. 将电调连电机的线头剥线(长度略大于接线孔深),将线头加热浸润松香,然后融少量焊锡在线头上。

c. 台钳夹住香蕉头,将烙铁尖头插入香蕉母头接线孔中,熔入 80% 焊锡。

d. 保持烙铁尖头,将线头尽量正直地插入接线孔,然后将烙铁尖头抽出,待焊锡冷却。

e. 从台钳上取下焊好线的香蕉头,剪出一根长 2.5 cm 直径 4 mm 的热缩管,将香蕉头齐头套上,加热热缩管,将香蕉头和焊接处一并包住。

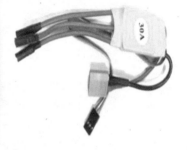

图 3-37　电调香蕉头焊接过程

②XT60 公头焊接。

a. 把 XT60 公头插到 XT60 母头上并固定,防止后面焊接时高温造成公头接线柱歪斜变形。

b. 把电调红、黑粗线头部剥线 1 cm,蘸少量焊锡。

c. 剪两根长 2.5 cm 直径 4 mm 的热缩管套在红、黑线上,建议红、黑线对应套红、黑色的热缩管。

d. 看清公头两边“+”“-”符号,先将公头“-”接线孔熔入 80% 焊锡,然后保持住烙铁头不离开融化的焊锡,直插入电调黑接线头,再抽出烙铁头。同样的方法在“+”接线孔焊上红线。注意烙铁温度一般不要超过 400 ℃,熔锡、焊线的整个过程要快。

e. 将套上的热缩管移到焊接处,用热缩管将焊接处包好。

f. 拔出 XT60 母头。焊接过程如图 3-38 所示。

(a)焊 XT60 公头“-”边黑线　　　　　　　(b)焊 XT60 公头“+”边红线

图 3-38　XT60 公头焊接过程

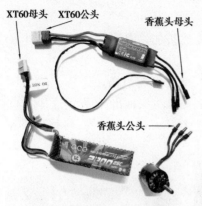

图 3-39　导线接头焊接完成

③继续上述过程，分别焊接好香蕉公头（电机端）和 XT60 母头（电池端），如图 3-39 所示。

（2）安装电机

电机安装套件如图 3-40 所示。

①用电机沉头螺钉将十字电机座与电机拧紧，注意拧紧时要逐渐对称用力。

②通过电机座将电机与塑料前座用螺钉连接。

③在机身内部的电机后座上均匀涂抹泡沫胶，稍晾后将塑料前座插入，电机连接线朝下，如图 3-41 所示。

④调整 4 个螺钉的紧度，使电机在电机前仓盖中心位置。

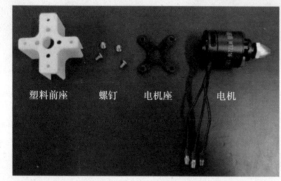

图 3-40　电机安装套件

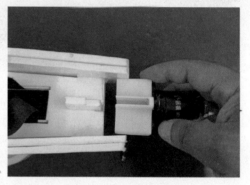

图 3-41　电机前、后座胶接

（3）安装电调

①利用香蕉公、母头连接电机和电调，然后将电调另一端连接线穿过电机后座十字框架下部的空隙，将电调放进机身内部。

②将电机前仓盖与机体头端平齐粘上，此时电机应位于前舱盖中间大孔的中心位置，如图 3-42 所示。再用纤维胶带绕机头四周粘一圈，增加机头部位结合强度，减少炸机开裂损伤。

图 3-42　电机安装正确位置

（4）安装螺旋桨

拧下子弹头，装上桨垫和桨叶，再拧紧子弹头。因为前置电机提供的是拉力，所以桨叶上有字的一面应朝向机头前方。

# 任务 3.2 航模飞行前检查与调整

## 3.2.1 遥控器的正确使用

遥控器(Remote Control,RC)是无线电控制器,以手持方式用于视距内对固定翼航模的操控,也可用于对无人机进行远距离控制。遥控器可将操控者的操控动作转换成指令信号,利用高频无线电波发射到无人机上。遥控器在一些资料上又称为发射机(Radio Frequency,RF)。

本书选用天地飞7(WFT07)遥控器作为新微风航模的主控设备,其外形如图3-43所示。WFT 为天地飞科技公司(WFLY)生产的一款遥控器产品名称,07表示最多可以发射7个通道的信号。其面板上有两根分别控制1、2通道和3、4通道动作指令的操纵杆,以及与操纵杆动作相对应的4个微调装置。在发射机上部有 K1—K4 四个钮子开关和 V1 旋钮开关,可以扩展设置第5、6、7通道。在发射机下部设置有液晶显示屏及设置按键,可以查看相关信号和参数设置。

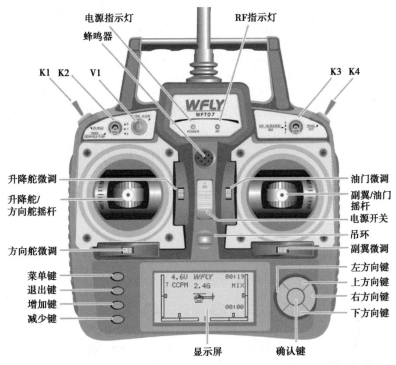

图 3-43 天线飞 7(WFT07)遥控器面板

1)面板介绍

(1)天线

如图3-43所示,遥控器头端伸出天线,用于发射信号,信号频率跟天线长短有关,信号辐射方向和功率与天线方向有关。由于该天线属于鞭状全向天线,其信号输出强弱与方向之间的关系如图 3-44 所示,所以使用时不能将天线直接朝向飞机,而应弯折天线呈近 90°使天线侧指向飞机,更不能随意损坏和改装天线。

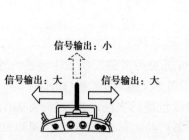

图 3-44 天线正确指向

图 3-45 摇杆总成

(2)摇杆总成

遥控器上有左右两个摇杆,每个摇杆与两个相互垂直嵌套的转轴连接,各转轴端头与电位计同轴连接,如图 3-45 所示。每个摇杆能"上下"和"左右"动作,共实现"上下"和"左右"4 个通道的控制。各摇杆动作与通道对应关系可通过遥控器设置改变,实现人们常说的日本手、美国手或中国手等操作方式。

(3)钮子开关

钮子开关如图 3-46 所示,位于遥控器上部或上端面,用于实现遥控器的相关功能设置和 4 个以上通道设置。遥控器上常见为两挡、三挡和复位 3 种钮子开关,两挡(三挡)开关有"0""2"两个("0""1""2"3 个)能保持的状态位,而复位开关也有"0""2"两个状态位,但只有"0"位能保持,"2"位靠人手指用力保持,一旦手指松开则复位到"0"位,常用作教练开关。

(4)显示屏及按键

①按键配合显示可实现遥控设置,具体如下:MENU 菜单键,按此键可进入或退回到功能菜单;EXIT 退出键,回到上一层菜单或退出编辑状态;+/-键,用于编辑时调设数值;△/▽/◁/▷键,上下左右方向键,用于移动到需要选择或编辑的项;◎键,确认键,进入选择项;确认编辑结果;长按则所编辑值恢复默认。

②显示屏实现显示,如图 3-47 所示。图中:

图 3-46 钮子开关

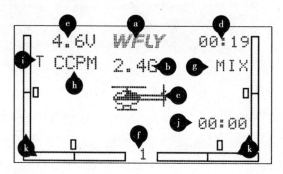

图 3-47 WFT07 显示屏

a. 天地飞遥控器 LOGO。

b. 2.4G 射频电路工作指示:射频电路工作时显示,不工作无显示。

c. 飞机模式:WFT07 遥控器只能显示直升机和固定翼两种,注意如果操纵多旋翼无人机应选择固定翼。

d. 累积使用时间:显示遥控器累积使用的时间,可复位清零。

e. 电池电压显示。

f. 机型编号:显示设置的机型号。

g. 混控状态显示:在油门锁定、油门熄火、特技模式等混控状态下显示 MIX。

h. 直升机十字盘显示:选择直升机时,设置非普通模式的十字盘后显示 CCPM,固定翼下无显示。

i. 教练功能显示:教练功能下显示 T 并闪烁。

j. 定时器显示:显示设定的定时器时间,有递增或递减两种显示方式。

k. 数字化显示摇杆微调:采用图形+数字显示。

### 2)简单工作原理

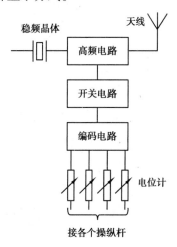

图 3-48　遥控器电路原理示意图

遥控器的电路工作原理如图 3-48 所示,它基本上由操纵器、编码电路、开关电路、高频电路等组成。操纵器与可变电位器电路连接,可变电位器与信号发生电路——编码器连接,编码器发生的信号搭载在高频无线电波上由天线发送出去,这个过程称为调制。机载接收机接收到这个信号后,由其中的接收电路将高频变为低频,再由译码电路分别独立地取出由发射机发出的操纵杆动作信号 $t_a$、$t_b$、$t_c$、$t_d$,送给各个执行舵机,这个过程称为解调。

4 通道遥控发射机发出的无线电波如图 3-49 所示,$t_a$、$t_b$、$t_c$、$t_d$ 操纵杆用脉冲信号及 $t_s$ 矩形波(共 5 个信号)组成一个周期,在 1 s 时间内大约自动重复出现 30 个周波。当操纵杆摇动时带动电位计移动,$t_a$、$t_b$、$t_c$、$t_d$ 的信号随之改变其时间宽度,促使与接收机连接的舵机做出相应成比例的动作。$t_s$ 信号不是用于操纵杆的,其有较长的时间宽度,当接收机有杂波信号干扰而引起信号排列紊乱时,它能自动整形。在脉冲信号之间的 $t_0$ 是没有无线电信号的间隔期,它能使接收机可靠地区别多个信号。

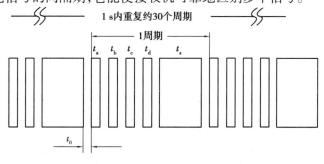

图 3-49　遥控器发射出的信号波形

### 3）系统设置开机与系统设置

系统设置主要是针对遥控器自身功能的设置,对同一使用者和同一无人机只需设置一次,不需要每次飞行时进行设置。

（1）系统设置开机

按住 MENU 菜单键同时打开电源,直接进入系统设置界面。进行系统参数设置后,需要遥控器重新开机生效。

（2）机型参数选择

针对不同的航模类型设置参数并存储,使用时可快速选择。WFT07 遥控器可设置 10 个机型,如图 3-50 所示。

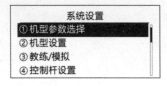 

图 3-50　机型参数设置

（3）机型设置

选择机型,只有直升机和固定翼。若是多旋翼,WFT07 遥控器选择固定翼,如图 3-51 所示。设置方法:选中机型,按确认。

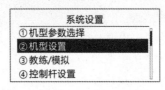 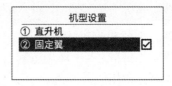

图 3-51　机型设置

（4）教练/模拟设置

如图 3-52 所示,若设置为教练模式,该遥控器作教练控。当 K4 开关在"0"位时,教练控产生信号并通过本机的发射机将信号发射出去,相当于教练控在单独控制飞机;当 K4 开关在"2"位时,学员控产生信号并通过数据线传到教练控上,由教练控发射机将信号发射出去。当学员控操纵飞机动作幅度过大或偏离航线过远时,带飞教练可迅速将 K4 开关由"2"位回归至"0"位,即可实现教练控操纵飞机,从而大大降低飞行事故,提高训练效率。需要说明的是,当学员控设置为模拟器模式时,若数据线不是和教练控相连,而是连接到计算机上,则该遥控器可配合模拟飞行软件进行模拟飞行练习。

设置方法:选中模式,按确认。

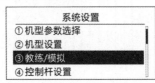 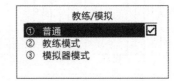

图 3-52　教练/模拟设置

（5）控制杆设置

如图 3-53 所示，设置控制杆模式，默认为模式 1（日本手），一般选择模式 2（美国手）。设置方法：选中模式，按确认。

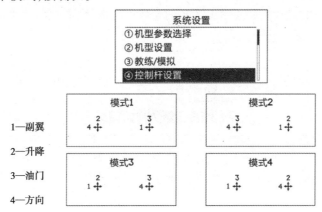

图 3-53　控制杆设置

（6）控制杆校准

遥控器使用中，当发现杆量不对时，要做此校准，使遥控器内部芯片重新"记住"各通道电位计的中、高、低位置。

校准方法：如图 3-54 所示，进入要校准的通道，根据图标处于中、高、低的位置，顺序将对应摇杆：①图标处于"中"，杆置于中位，按确认；②图标处于"高"，杆置于高位，按确认；③图标处于"低"，杆置于低位，按确认；④图标处于"确认/重置"，按"确认"使芯片记住各位置，按"重置"放弃校准。

图 3-54　控制杆校准

（7）恢复出厂设置

当遥控器设置较多机型，或设置较乱时，一键恢复到出厂设置，如图 3-55 所示。

图 3-55　恢复出厂设置

（8）供电方案

遥控器可用多种电池供电，工作电压范围为 3.7～6 V，要根据电池类型选择供电方案，如

图 3-56 所示。

①普通:默认方案,指用电池盒安装 4 节 1.5 V 的 5 号普通电池,电池串接 4S=6 V。

②锂电:用单节锂电池供电,锂电池 1S=3.7 V。

③镍氢/镉:指用电池盒安装 4 节 1.2 V 的 5 号充电电池,电池串接 4S=4.8 V。

设置方法:选中方案,按确认。

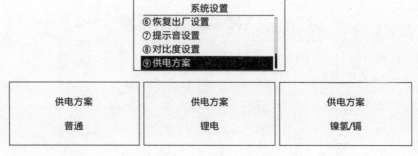

图 3-56　供电方案

### 4)普通开机与参数设置

（1）普通开机

直接打开遥控器开关。此时若电池类型与供电方案不一致,或电压过低,遥控器将发出报警声。

（2）参数设置

查看或设置与模型或无人机飞行相关的参数,按 MENU 菜单键进入。

（3）监视器

快速查看所有通道输出状态,如图 3-57 所示。

图 3-57　监视器

（4）大小动作设置

可设置副翼、升降和方向 3 个通道量的大小和曲线,即常说的"大小舵设置",与"油门曲线设置"相似,如图 3-58 所示。

图中部分内容说明如下:

①POS:0 或 2,由 K3 开关转换。

②DR:设定行程量的百分量。

③EX:设定曲线指数。

④曲线点显示:曲线点光标线所处位置和值的大小,如-66.6%/-69.6%表示横轴-69.6%位置的曲线点值为-66.6%。用于设置非对称曲线。

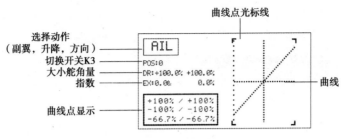

图 3-58  大小动作设置

（5）正反设置

设置各通道的正反，通道虽然以名字标出，实际上从上到下、从左往右依次为第1—7通道，如图3-59所示。

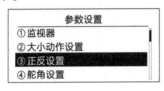 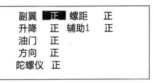

图 3-59  正反设置

（6）舵角设置

调整各舵机左右行程最大量，其数值调整范围为 0～120%，如图3-60所示。

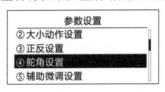 

图 3-60  舵角设置

（7）辅助微调设置

与摇杆微调一样，调整各通道中位，如图3-61所示。

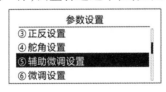

图 3-61  辅助微调设置

（8）熄火设置

当航模动力采用油动发动机时，油门杆最小时对应的是发动机怠速，不能熄火。需要由开关来控制油动发动机熄火，WFT07 遥控器是由 K1 开关负责开启熄火的。如图3-62所示，当该混控启用后，K1 打开时油门通道输出熄火油门值。"比率"为熄火油门值，该值应该比怠速油门值小（一般是负值，图中为−9.9%），保证发动机确实能熄火；"油门"为 K1 开关起作用的油门边界（图中为 23.9%），当实际油门（图中为 5.8%）比油门边界小时，打开熄火开关K1，遥控器输出熄火油门值（−9.9%），当实际油门比油门边界大时，打开熄火开关，遥控器输出最小油门值（怠速油门值）。

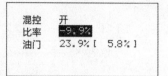

图 3-62　熄火设置

（9）油门锁定设置

用于电动机锁定设置，如图 3-63 所示，由 K1 开关负责开启。当该混控启用后，K1 打开则油门通道输出"位置"设定的油门值，一般为 0.0% 即电机不转动。

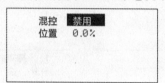

图 3-63　油门锁定设置　　　　　　　　　　　　　图 3-64　定时器

（10）定时器

用于警示无人机油量或电量用完的定时设置，设置定时器后，离定时 10 s 每秒长鸣提示，到定时时则长鸣提示，如图 3-64 所示。

①"模式"：定时器显示时间的方式，有增加和减少两种。

②"控制"：定时器打开的控制方式，有 K2 开关控制、遥控器开机控制和油门开启控制 3 种方式。当设置油门开启控制时，"位置"需要设置。例如，上 20%，指油门摇杆上推到 20% 时开始计时；下 90%，指油门摇杆 90% 以下就开始计时。设定方法为按住方向键中间的确认键同时推油门摇杆，"位置"的油门百分比值变化，到希望的百分比值后松开确认键，退出即完成设定。

③定时器清零方法：a. 重新开关遥控器定时器清零；b. 按方向键移动到定时器时间位置，再按住确认键即清零。

5）遥控设备对频与检查

对频又称对码，是指将遥控器唯一的 ID 编码赋予接收机的操作过程。以 WFT07 遥控器和 WFR07S 接收机为例说明其操作过程。

①遥控器装上电池，打开遥控器电源开关，将油门杆置于最小位置，油门微调归零。若无法确定遥控器哪个摇杆为油门杆，可进入遥控器"系统设置"→"控制杆设置"查看或更改。

②按图 3-36 所示连接好各机载电子设备。

③检查对频条件是否满足下列情况：

a. 附近不能有高频高压干扰源和别的遥控器开着。

b. 接收机与发射机距离 1 m 以内。

c. 遥控器有射频信号发出（RF 灯应亮）。

④进入遥控器"参数设置"→"高级设置"→"对码",如图3-65(a)所示。

⑤用尖头东西(如笔尖)按下接收机SET键2 s以上,如图3-65(b)所示,接收机的对频灯红光慢闪表示开始搜索遥控器射频信号;红光闪烁熄灭,表示接收机对频成功并将ID编码保存;松开SET键。

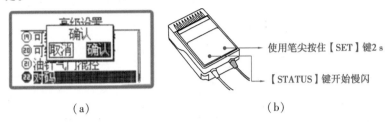

（a）　　　　　　　　　　（b）

图3-65　对频操作

**对频操作注意事项**

①先遥控器开机,再飞机加电。

②所有带电检测或调整操作均建议在机翼和机身分离状态进行,待检测或调整工作正确完成后,再将电子设备装入机翼下部的电子设备舱内,然后盖上并紧固机翼。

③安全起见,室内检测和调整时不要装上螺旋桨。

④不能用手指尖代替尖头东西,因为手指尖不能确实将SET键按到底,易造成按键接触不良;若手指用力按压,反而易造成接收机故障。

⑤当红灯停止闪烁后,要尽快松开SET键,否则接收机对频灯又转入黄灯闪烁,进入检测状态。

⑥对频过程中如需退出对频,可长按EXIT键退出对频状态。对频检验:关掉遥控器,接收机红灯常亮;再次打开遥控器,接收机红灯熄灭,表示对频成功。

⑦对频成功后的检查。

a.检查遥控系统第3通道。慢慢推遥控器油门杆,看电机转动是否正常,电机转动、加速应连续、无卡滞、无异响,说明遥控系统第3通道正常。

b.检查电机转动正反。电机转动时注意观察电机轴的转向,对着轴端看,转向逆时针为正。若电机反转,则任意调换两根电机与电调线的连接即可(建议先断电再换线)。

c.用遥控器校准电调行程。油门杆在最小行程位置略微增大,电机应该开始转动,若不是说明电调行程与油门杆行程未校准,校准操作参照后文的"用舵机调试仪校准电调行程",只是此时校准将"旋钮最大、最小"改为"油门杆最大、最小"。

d.检查遥控系统其他通道。将舵机分别接入接收机除3#外的其他通道,拨动对应摇杆,检查舵机动作情况,若舵机反应正常,说明遥控系统其他通道正常。

⑧分析。以上对频和检查若顺利完成,说明遥控器和接收机可正常进行遥控操作。此时可顺序断开电池、舵机、接收机的连接(不要断开电机与电调的连接),方便电池和接收机等设备的机上安装,安装完成后再次恢复它们之间的连接关系。

### 3.2.2　动力系统和舵机性能检测

#### 1）锂电池使用前检测

市场上电池良莠不齐,购买回来后要检测其性能,包括电压检测、平衡性检测和容量检测。

**(1)锂电池组成原理**

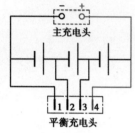

图 3-66　锂电池组成原理图

锂电池串接用 S 数表示,并接用 P 数表示,小容量锂电池一般只用单个电芯串接,如 3S 锂电池为 3 个电芯串接,两端接头引出做成主充电头,标称电压为 3×3.7＝11.1 V,红线接在正极,黑线接在负极。在各串接电芯中间引出 1 根接线按顺序排列做成平衡充电头,一般第 1 节电芯负极为黑线,最后一节电芯正极为红线,其余电芯之间的接线有的锂电池设计为黑线,有的锂电池设计为红线,如图 3-66 所示。

**(2)电压检测**

电压检测通用的方法是用万用表检测,外场飞行时,为方便起见,也可以用便携式 BB 响检测。

①用数字万用表检测。

a.表笔连接:黑表笔接入"COM"口,红表笔接入"ΩV"口。

b.选挡:打开数字万用表电源,量程开关选择"直流电压"挡中比 12.6 V 高的一挡,如"20 V"电压挡。

c.测量端电压:红黑表笔分别连接主充电头的红黑接头,应显示 11.1 ~ 12.6 V。

d.测量平衡电压:红黑表笔分别检测平衡充电头 1—2、2—3、3—4 之间的电压,应显示 3.7 ~ 4.2 V,且 3 个电压值相差不大。注意:平衡头较小,各测量金属片之间距离较小,用两手拿万用表的表笔,从左右两边插入,千万不要让表笔交叉或靠近,以防平衡头短路而烧坏电池。

②用 BB 响检测。

BB 响体积小,使用方便,是锂电池常用测量工具。但一般 BB 响只能测 8S 及以内的锂电池电压。测量时,将平衡头的黑线朝向左侧,BB 响面板朝向自己,最左侧插针向下对齐平衡头最左侧插孔,插入即可测量,如图 3-67 所示。BB 响在"哔"一声后顺序显示总电压、第 1 节电芯电压、第 2 节电芯电压、第 3 节电芯电压……显示完最后一节电芯电压后,再循环显示。

图 3-67　用 BB 响测量锂电池电压

把 BB 响一直插在平衡头上还可以监测锂电池在使用过程中的报警电压。设置方法为将 BB 响插在平衡头上后,快速连按两次 BB 响头上的按键,面板上显示设定的单节电芯的报警电压,再次单按按键,电压将变化 0.1 V,多次单按可将报警电压设定到想要值。一般报警电压不要低于 3.7 V。锂电池使用中一旦某节电芯电压低于设定报警电压值,BB 响将持续发出"哔、哔、哔……"的报警声,此时应尽快停止锂电池的使用。

(3)充电及容量检测

①充电器介绍。

锂电池充电器有很多种,以个人使用较多的 B6 充电器为例讲述。一套 B6 充电器常包括 1 块电源,用于将 220 V 交流电整流后稳压到某定值电压,如 15 V;1 块充电器,用于设定电池类型、充电模式、电流、电压,然后充电;1 块并充板,用于多个相同额定电压的锂电池并行充电,一般不超过 7 个,并充板上常见主接头为 XT60 形或 T 形两种;若干带插头的电线,如图 3-68 所示。

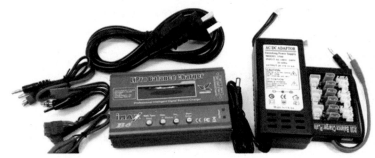

图 3-68　B6 平衡充电器

②充电方法。

a. 连接:连接电源、充电器、并充板;将锂电池主充电头插入并充板的主接头上,平衡充电头插入对应平衡接头上,注意插头不能插反。

b. 设置及充电步骤

步骤一:选择电池类型。按"STOP/SET"按键,通过"INC/+""DEC/-"选择"LiPo"表示给锂电池充电,按"Star/Enter"确定。

步骤二:选择充电模式。通过"INC/+""DEC/-"选择,一般应选择"Balance Charge"进入平衡充电模式,按"Star/Enter"确定。

步骤三:选择充电电流。通过"INC/+""DEC/-"选择,建议按电池容量 1C 进行设定,按"Star/Enter"确定。

步骤四:选择充电电压。通过"INC/+""DEC/-"选择,建议按电池额定电压设定,按"Star/Enter"确定。

步骤五:长按"Star/Enter"进入电池设定检验,若检验失败显示"Cell No Match",若检验成功显示设定电池 S 数和检验的 S 数一致。

步骤六:再次按"Star/Enter"开始电池充电,在显示屏上显示有充电电压、电流、容量和时间;充电过程中按"INC/+""DEC/-"可显示各单节电芯的电压值;充满电后会发出声音报警并显示"FULL"。

c. 断开连接:充满电后,按"STOP/SET"退出;从并充板上拔下主充电头和平衡充电头;断开充电器电源。

③电池容量检测。

建议电池第一次充电选择"Storage Charge(存储充电模式)",储存电压为3.8 V。存储充电结束后,再重新进行平衡充电,充满电后检查充电器显示的充电容量,如果达到标定容量的80%可认为电池容量合格。

### 2)舵机检测

舵机是易损件,为保证飞行品质,新购舵机或换装舵机最好先进行状态检测。

(1)用舵机调试仪检测

①简易舵机调试仪介绍。

简易舵机调试仪是模友们必备的基础检测工具之一,其外形如图3-69所示。右侧为电源接口,只需"+""−"针接入5 V直流电源的正负极即可;左侧为输出接口,"S""+""−"分别接舵机信号线、正极、负极,可同时接3个舵机;旋钮用于手动检测舵机转角;旋钮上方3个指示灯配合左下方"Select"按键分别用于手动模式、中位模式和自动模式检查。

a.手动模式:手动调节旋钮,检测舵机转角。

b.中位模式:检测舵机中立位置,该位置是舵机摇臂安装的基准位,也是与无人机舵面中立位对应的位置。

c.自动模式:选择该模式,舵机将以中立位为中心,左右反复旋转,用于舵机转动连续性自动检测。

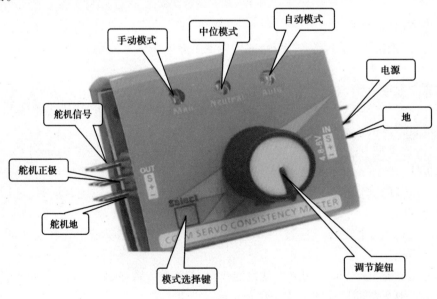

图3-69 简易舵机调试仪

②检测方法。

a.如图3-70所示将被测舵机、舵机调试仪、电池(5~6 V)连接在一起,注意接线信号和正负不能错。

图 3-70　用简易舵机调试仪检测舵机

b. 手动模式下将旋钮由最小到最大旋转,记下舵机摇臂的转角范围,有无明显死区,记入表 3-2 内。

c. 自动模式下,检测舵机转动是否连续,记入表 3-2 内。

d. 中位模式下,断开电池、舵机接线。此时舵机处于中立位,方便后续摇臂调整与安装。

e. 判断:结合"舵机检测情况记录表"判断,若舵机转角范围大于 90°,没有明显死区,转动连续无卡滞,则舵机正常。

表 3-2　舵机检测情况记录表

| 舵机号 | 转角范围 | 有无死区 | 连续性 |
|---|---|---|---|
| 1 | | | |
| 2 | | | |
| 3 | | | |

（2）接入遥控系统检测

若有使用过、确认正常的遥控器、接收机,可将舵机接入该遥控系统检测。

①将舵机接入接收机的 1#—4# 任意通道,注意信号、正负极不能错。

②遥控器开机,油门最小,各舵微调归零。

③将 5 V 直流电接入接收机余下任意通道,这里可用电调 BEC 输出的 5 V。

④打副翼、升降、油门、方向各摇杆,检查舵机动作情况。此步操作若需遥控器与接收机对频,请参照前述"遥控设备对频与检查"中"对频操作"。

3）电机、电调检测

（1）用万用表检查电机

新购电机或换装电机前应对其进行静态检测。按照低压电机检测方法,可用万用表分别测量 A、B、C 三相之间的线圈电阻(有条件的可以用毫安表测量)和线圈与电机壳体之间的绝缘电阻。步骤如下:

①数字万用表的红黑表笔连接好。

②测量线电阻:选择电阻最小挡,分别测量三相线电阻 $R_{AB}$、$R_{BC}$、$R_{CA}$,记入表 3-3。注意:

此步测量电阻值较小,要尽量将表笔与电机的各金属接头压紧,以保证接触良好,减小接触电阻值。

③测量绝缘电阻:选择电阻最大挡,测量任意一相线圈与电机壳体的电阻 $R_{绝缘}$,记入表3-3。注意:此步测量电阻值较大,要避免将人体电阻带入。

④判断:好电机测量值应满足 3 个线电阻应低于 0.3 Ω,且电阻值一样;绝缘电阻参照低压电机标准应在 0.5 MΩ 以上,且越大越好。

表3-3　电机电阻值测量表

| 电机序号 | $R_{AB}$ | $R_{BC}$ | $R_{CA}$ | $R_{绝缘}$ |
|:---:|:---:|:---:|:---:|:---:|
| 1 | | | | |
| 2 | | | | |

（2）用舵机调试仪检测电调、电机

用舵机调试仪检测电机转动情况称为电机动态检测,如图3-71所示。

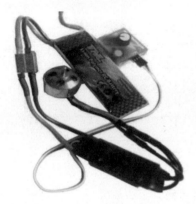

图3-71　舵机动态检测

①电机接上电调,3 根线任意连接,不管电机旋转方向。

②电调 BEC 接入舵机调试仪输出端 OUT,注意信号线、正负极不能接错。

③调舵机调试仪旋钮为最小,电调连接电池。

④手动模式下,调舵机调试仪旋钮由最小到最大,电机加速转动,判断电机动态状态。正常状态为转动连续,转速变化正常,无异响、无卡滞。

⑤保持电机最大转速 30 s,用手触摸电调,电调应没有过热现象;调旋钮最小,电机停转,用手触摸电机,电机也应没有过热现象。根据④和⑤即可判断电机、电调工作正常,状态良好。

⑥断开电调与电池连接,断开电机与电调连接。

 友情提示

**舵机动态检测时注意事项**

①电机为无刷外转子电机,电机转动时,不能用手拿电机壳体,可将电机放置在桌上,用手指按住电机线根部。

②要将电机轴上的桨夹或螺母卸下,不能安装螺旋桨。

③可能存在旋钮在最小附近电机不转动,或旋钮最小情况下电机高速转动现象,是因为电调行程与舵机调试仪行程未校准。

（3）用舵机调试仪校准电调行程

①断开电调与电池连接。

②调舵机调试仪旋钮最大,再连接电调与电池。

③听到电机声音"1、2、3（音调）"和"滴、滴（表示电调记住舵机调试仪最大行程）"两声后,调旋钮为最小。

④听到电机声音"滴、滴、滴(表示电池为 3S)"和"滴(表示电调记住舵机调试仪最小行程)"的长音后,电调行程校准完毕。

### 3.2.3 飞机重心位置确定

#### 1)确定平均气动弦

如图 3-72 所示,假设机翼翼根弦长为 $a$,翼梢弦长为 $b$,可用作图法找出平均气动弦。画出翼根中点与翼梢中点的连接线;再将翼根弦向后延长 $b$,翼梢弦向前延长 $a$,画出两个延长线的外端点连接线;过两个连接线的交点画出翼根弦的平行线,该平行线处的弦长即为机翼平均气动弦长。

#### 2)确定设计重心

固定翼航模或无人机的设计重心位置一般在平均气动弦长的30%处,过该点作机身纵线的垂线,垂点处即为固定翼无人机的设计重心,如图 3-72 所示。

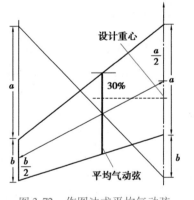

图 3-72 作图法求平均气动弦

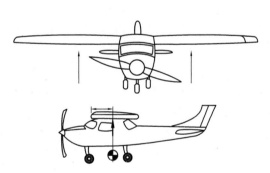

图 3-73 手托法找重心

#### 3)确定实际重心

对于轻微型固定翼航模或无人机来说,当组装完成后,确定其重心的方法常用手托法,即用两根手指分别在两侧机翼下表面相同位置托起飞机,反复更改和寻找位置,直到飞机正好处于水平平衡时,手指所托的位置对应纵轴处即为实际重心的位置,如图 3-73 所示。

#### 4)重心调整

固定翼本身是一个自稳定系统,这种稳定是基于飞机的重心和焦点来讨论的。只有重心在焦点之前,飞机才具备稳定性,只有稳定的飞机才是可操纵的,由此可知重心对飞行品质的重要性。如果在飞行中碰到时而低头、时而抬头、时而左右倾斜等不稳定现象,一般都是受到"重心""拉力线""舵量"三者的共同影响。当利用手托法确定了飞机的实际重心后,必须与设计重心进行比较,对不符合设计重心要求的要进行重心调整的操作。

对电动固定翼航模或无人机,一般通过调整电池的安装位置来进行重心的调整。若调整电池安装位置还不能满足要求,则需进一步调整机载设备的位置来予以配合,前提是不能影响机载设备的连线及正常使用。对无法通过改变内部设备位置来调整重心的油动无人机,可以通过配重的方式进行调整,一般可使用薄的铅片作为配重,用双面胶粘或其他方式固定在合适位置。

# 任务 3.3    视距内飞行训练

## 3.3.1    飞行前准备

### 1)训练场地选取

(1)起降场要求

对固定翼航模或无人机,起降跑道或场地是必不可少的。选取能满足起降要求的跑道非常重要,主要考虑 5 个方面,即跑道的朝向、长度、宽度、平整度及周围障碍物。不同种类和型号的模型或无人机对这 5 个方面的要求不尽相同,但基本要求是跑道尽量平整、跑道尽头不得有障碍物、跑道两侧尽量不要有高大建筑或树木等。

(2)起飞安全区域

无论是航空模型还是无人机,其起飞区域必须绝对安全,国家对空域是有限开放的。2015 年,全国低空空域管理改革工作会议制订了包括广州、海南、杭州和重庆等在内的 10 个大城市正在试点的 1 000 m 以下空域管理改革实施方案。固定翼航模或无人机的起飞区域必须严格遵守国家规定的相关法令,除了遵守 1 000 m 以下空域管理规定外,还应根据飞机的起降方式,寻找并选取合适的起降场地。起降场地主要应满足以下要求:

①距离军用、民用、商用机场应在 10 km 以上。

②起飞场地相对平整,能见度适宜,通视良好。

③远离人口密集区,半径 200 m 范围内不能有高压线、高大建筑物或树木、重要设施等。

④无明显岩石块、土坎、树桩、水塘或大沟渠等。

⑤附近应无正在使用的雷达站、微波中继站、无线通信等干扰源,在不能确定的情况下,应测试信号的频率和强度,如对系统设备有干扰不能实施飞行。

⑥强风及雷雨天气不得飞行。

⑦模拟器未考核合格的人员严禁真机飞行,新手不得单独飞行,须在经验丰富的老飞行员带领下飞行。

⑧所有地勤人员及观众必须站在飞行员身后,不得超过飞行员,以免挡住飞行员视线。

⑨所有地勤人员及观众须保持安静,不得大声喧哗,以免分散飞行员注意力。尤其在飞机出现事故的时候不要惊恐大叫。

⑩外场不得扰民,不得破坏庄稼农田,不得破坏环境,临走前清走垃圾。

⑪一切有重大安全隐患的飞行无条件取消。

(3)飞行中的注意事项

①飞行员须时刻保持注意力高度集中,任何情况下,视线不得离开飞机。

②阳光刺眼时,飞行员尽量克服眨眼,待飞机飞出强光区迅速眨眼适应。

③地面有其他人员指点时,飞行员不得回头看。

④飞机电量或油量不足时应及时降落。

⑤飞机坠毁前一瞬间,飞行员第一要务是关动力;飞机已经坠毁时,须保证发动机停转,即油门收到底。

⑥飞机从坠落危险中改出后,飞行员可伺机重开动力,以便进一步改出危险。

⑦飞机不可在人员密集的地方降落。

⑧紧急情况下,经验充分成熟的飞行员须以自己的判断来控制飞机,不可盲目听从他人。

(4)风对飞行的影响

无论是飞机的起飞、着陆,还是在空中飞行,都会受到气象条件的影响和制约,其中,风对其造成的影响尤为突出。风的种类有顺风、逆风、侧风、大风、阵风、风切变、下沉气流、上升气流和湍流等,这里主要介绍顺风、逆风、侧风和风切变及其对起飞的影响。

①顺风是指风的运动方向与飞机起飞运动方向一致的风。这种情况下起飞比较危险,因为飞机的方向控制只能靠方向舵完成,而方向舵上没有风就无法控制方向,容易造成飞行事故。飞机的垂直尾翼在逆风情况下有利于对飞机的方向控制,而顺风则不利于对飞机方向的控制。顺风还会增加飞机在地面的滑跑速度和降低飞机离地后的上升角,而且速度增加值大于顺风对飞机空速的增加值。

②逆风是指风的方向与起飞方向相反的风,这种情况下起飞是安全有利的。逆风起飞可以缩短飞机滑跑距离、降低滑跑速度和增加上升角,保障起飞的稳定,不容易使飞机冲出跑道。

③侧风是指风的方向与起飞方向成一定角度的风。在发生的与风有关的飞行事故中,近半数是侧风造成的。侧风情况下,要不断调整飞行姿态和飞行方向,而且尽量向逆风方向调整,即在起飞阶段,当飞机离地后,向逆风方向转变飞行。

④风切变是一种风速和(或)风向在空间或时间上的梯度描述,是指相对小的空间里或相对小的时间段,风速和(或)风向的突然改变。其区域的长和宽分别为 $25 \sim 30$ km 和 $7 \sim 8$ km,而其垂直高度只有几百米。风切变的特征是诱因复杂、来得突然、时间短、范围小、强度大、变化莫测。风切变对飞行的影响有顺风风切变会使空速减小,逆风风切变会使空速增加,侧风风切变会使飞机产生侧滑和倾斜,垂直风切变会使飞机迎角变化。总的来说,风切变会使飞机的升力、阻力、过载和飞行轨迹、飞机姿态发生急剧变化。如果发现飞机的飞行动作与遥控指令不一致,说明可能遇到风切变,这时应使飞机保持抬头姿态并使用最大推力,以建立稍微向上的飞行轨迹或减小下降。

**延伸阅读 新手建议四个"一"**

（1）师从一个专业的航模教练

尽管可以通过模拟器来学习航模的操作，但如果仅靠自己摸索，没有教练"带一把"的话，很容易会"炸机"，会养成很多错误的操纵习惯，而这些习惯甚至会伴随整个航模生涯。如果能找到一个好的教练，那么航模学习将会更加简单有趣，有教练带飞，不但能避免很多低级错误，还能加快飞行学习的进度，让飞机的寿命更长，毕竟玩航模太费钱了。

（2）制订一份简单的训练计划

从准备开始练习飞行，就应该制订一份简单的训练计划，保证每次飞行都有准确的目标，这样才能从实操中学到书和杂志上无法涉及的知识。首先可以学习地面滑行，在感觉到能够控制飞机而不是被飞机支配之后，就可以继续进行起飞、水平直线、转变以及变速飞行，最后可以进行着陆航线的训练了。玩得开心才是航模飞行的意义，如果感觉到飞行压力大或者控制不住飞机，请立即让教练接手，当然还得积累一些小常识，如感受风向及其对飞行的影响等。

（3）加入一个航模圈子

如果想通过航模结交一些朋友，那么加入当地的航模俱乐部是一个很好的选择，不定期地参与这些狂热爱好者和发烧友的飞行日，可更好地融入模型大家庭。俱乐部一般都有固定的飞场，拥有规范的运营环境和完善的配套设施，对于新手来说，要比户外的野场更让人放心，模友间的交流会让学习事半功倍。

（4）选择一台合适的遥控器

一架常规的教练机一般只有四五个通道，油门、副翼、方向、升降，一个普通的6通道遥控器就够用了。但掌握基础飞行之后，可能要考虑更多功能了，如襟翼、收放起落架等，那就需要9通道甚至更多通道的遥控器了，双比率和曲线、通道正反向、通道行程和基本的混控等。如果想把航模当成长期爱好，选购一台稳定可靠、功能强大的遥控器是必须的，只要经济条件许可，不如"一步到位"。

## 2）地面检查与调试

（1）机身检查

机体表面无损伤，修复过的地方要平整；机翼、尾翼与机身连接件的强度、限位应正常，连接结构部分无损伤，紧固件无松动。

（2）机翼、机身和尾翼相互位置检查

从正上方俯视并从后向前分别检查主要部件相互位置、角度和尺寸是否正确，如上反角和发动机拉角等。

（3）重心检查

保证重心位置准确，机翼两侧须平衡，若有明显不平衡现象，可考虑在机翼处适当配重。

（4）发动机拉力线检查

一般航模发动机安装时要有向右和向下倾斜的角度，即右拉角和下拉角。右拉角是为了克服右螺旋桨的反作用力和滑流对尾翼的作用导致航模的偏航，一般为1.5°～2°。而下拉角是为了使拉力线通过飞机重心，当发动机转速变化、功率增加时，不会产生抬头力矩。上单翼航模阻力中心较高，下拉角大，一般为2°～5°；下单翼航模下拉角较小，一般为0°～2°。

（5）起落架机轮检查

用手指捏住垂直尾翼，向前推动飞机，其在地面上滑行时呈直线且不偏斜即可。如果偏斜，就需要纠正机轮和起落架，否则会影响起飞和着陆。

（6）舵面操纵机构和舵角检查

①各舵面操纵连杆必须具有一定的刚性，以保证在舵面受力时连杆不会弯曲，否则会造成舵量不够。

②舵机、连杆、连杆两端的钢丝接头，舵面上的摇臂、夹头等，都应固定牢靠、无松动。

③舵面动作的角度应符合飞行要求，偏大或偏小都会影响操纵性，偏大会使反应过快，偏小则会使操纵反应迟钝。舵面摇臂连接连杆的孔应与舵面接缝成一直线。舵机摇臂中立位置不能偏斜，否则会出现差动，导致舵面偏转的动作量不一致，影响控制性。可通过改变连杆钢丝弯头在舵机转盘（或摇臂）上插孔的位置来调整舵面，插孔离舵机转盘轴越远，舵面动作角度越大；反之越小。也可通过连杆连接舵面一端的舵脚孔（也称舵面摇臂）的位置来调整，孔越靠近舵面，舵面动作角度就越大；反之越小。

④舵面动作要灵活，操纵连杆不能有与其他部件相互干扰，甚至卡死的现象。

⑤舵面动作方向的检查更为重要，不可忽略。动一动遥控设备的操纵杆，看看舵面动作的方向是否与操纵杆动作方向相对应。如果不认真检查，就有可能造成操纵左舵变成右舵、拉杆成了推杆、左副翼成了右副翼，导致经过辛苦组装的飞机上天后瞬间因反舵而坠毁。

（7）遥控设备检查

遥控距离一般在1 000 m范围内，在外场要先作拉距离测试，遥控接收机和舵机应能正常动作，不出现跳舵，即可放飞。同时要检查遥控器的电量，保证飞行安全。

3）飞前检查和试飞

（1）上电操作步骤及注意事项

①遥控器上电，将油门归零，油门锁关闭，并将遥控器平放于地面，不能立放，更不能挂在身上造成其他损伤，以免误碰油门而引发危险。

②航模上电，检查电池电压，机头不要对着人，螺旋桨的旋转平面内不能有人，由操作者本人或者助手固定航模，整个上电过程中人的任何部位都不可以接近螺旋桨的旋转范围。

③上电后，将航模放在跑道上并固定（调试中应避免航模失控），操作者以正确姿势拿起遥控器，拇指按在油门上，保证油门置零，然后测试动力，如果油门空行程过大，则需进行校准。

（2）油门行程校准

①使航模处于断电状态。

②遥控器上电，并将油门杆推至最大。

③航模上电，听见"嘀嘀"两声，迅速将油门杆归零，确认航模继续"嘀嘀嘀——嘀"，则校准完毕，校准过程出现的响声会因设备品牌不同而有所区别，请查看相应的产品设备说明书。

（3）航模舵面调整，遥控参数设置

检查各个舵面的舵量和方向，进行相应的设置，避免起飞后因反舵而失控坠机。

（4）试车、动力测试

做好航模飞前检查和准备，自己或助手固定好飞机，严格执行安全规程，启动发动机，测试动力是否满足试飞要求。

（5）试飞

最好由带飞教练或专任授课教师进行。

①起落航线试飞。测试航模的常规性能，通过试飞检查航模的常规飞行性能和起降性能。

②特技飞行试飞。起落航线试飞降落后，检查航模各个部分的情况以及电池电压，再重新起飞，试飞特技动作，测试航模的机动性和机身刚度等。

## 3.3.2　基本飞行动作

### 1）地面滑跑

轮式起降的固定翼航模或无人机起飞前都要经过一段距离的滑跑，达到起飞速度才能起飞；在飞机降落到地面后要经过一段滑跑才能停下来；地面调整机位时也会经常滑跑，地面滑跑是固定翼模型运动的入门级训练科目。可以通俗地理解为把航模当车开，练习时可在机场跑道上想象一个圆角矩形航线，长边与跑道平行，短边与跑道垂直。然后操纵飞机沿该矩形航线在地面滑行且飞机始终不离地，通过油门控制飞机前进速度，通过方向舵保持飞机方向。反复练习，不断提升操纵手感，直到形成条件反射。

滑跑操纵动作要领如下：

①慢推油门到适当大小，使飞机具有所需要的滑跑速度，该速度要小于起飞速度，使起落架机轮与地面接触。

②地面转弯时，根据弯度大小适量减小油门，使滑跑速度减小，保证航模能完美转弯，以防向外的离心力过大侧翻。

③地面滑跑转弯靠方向舵控制，如遇侧风可向来风方向适量打副翼。注意打副翼不能过大，防止无人机侧翻使机翼碰地损坏。

④航模方向轮的安装与方向舵存在角度误差，可根据地面滑跑来判断此误差角度大小并修正。

### 2）起飞与爬升

当滑跑达到一定速度时，受机翼升力的作用，飞机会自行离地飞行。离地瞬间适量下拉升降舵,使飞机保持20°左右的迎角,会进一步导致升力增加,有利于飞机离地起飞并快速获得理想的飞行高度。同时,前拉式螺旋桨顺时针旋转时,对机身产生向左的反力矩,使得飞机在离地爬升时会产生左倾,左倾过大会导致失速坠机,要注意稍向右打副翼,使无人机保持直线爬升。

操纵动作要领如下:

①轻推油门使飞机在跑道上缓慢加速,加入方向舵修正,尽量保持飞机在加速过程中处于直线滑行状态。

②匀速将油门推至100%,当飞机速度达到可以起飞的速度之后,轻拉升降舵使飞机进入爬升状态。

③保持好20°左右的爬升角度,加入副翼修正,保持飞机继续直线上升。

④到达预期的安全高度之后,升降舵回中,油门适量减小,进行水平飞行或空中90°转弯飞行等后续动作。

## 3)直线水平飞行

直线飞行是固定翼飞机的常见动作之一。虽然固定翼本身就是一个自稳定系统,但在风向、风力和螺旋桨等自身条件的作用下,飞机在飞行中仍会产生一定程度的偏移,此时需要及时调整以维持直线飞行。调整的方法主要通过点碰副翼来实现,即轻轻点碰一下副翼后立即回中,而不是压住副翼不放,这样就能产生轻微的倾斜,从而一点一点地对航线进行调整。

当然,保持直线平飞还存在一个高度保持的问题。可能会有部分初学者认为仅利用升降舵就可以实现飞机的爬升和下降,从而达到调试的保持和变化,这显然是错误的。

例如,如果采用升降舵来实现飞机的爬升运动,那么,在不加大油门的情况下,飞机在向上爬升的过程中会逐渐降低飞行速度,从而导致重力的作用逐渐变大,使飞机下降。换句话说,飞机的航线就会进入振荡状态,即所谓的开始波状飞行。高度控制主要通过操纵油门来实现。想让飞机从当前平飞高度爬升到另一个高度,正确的做法是先稍加油门使飞机进入持续爬升状态,当到达指定高度时,油门回到原位再次恢复到水平飞行。

操纵动作要领如下:

①新手进行飞行训练时,理想的油门位置在大约1/4处。

②一(两)个点碰副翼的动作就可以轻微改变航向且飞机不会掉高,前提条件是不要压住副翼不放。

③平飞时需根据飞机与参照物的关系来判断是爬升、下降、左偏或右偏,及时发现及时修正,以保证飞机的直线飞行。

a. 观察俯仰角,如飞机抬头则进入爬升状态,需柔和向前顶升降舵;如飞机低头则进入下降状态,需柔和向后拉升降舵。

b. 观察倾斜角,如有坡度则飞机进入左偏或右偏状态,需反方向柔和压副翼予以修正。坡度的观察主要靠机身和机翼来进行,如无坡度,应该只能看到机身一侧及一个机翼,看不见机翼上方,如果看到了机翼上方就说明飞机产生了倾斜坡度,这就是机翼的上表面会贴上彩色条纹图案的原因。

④保持平飞的油门位置在 40% 左右,增大油门飞机爬升,减小油门飞机下降。

⑤飞机的飞行属于三维空间运动,转弯、直线飞行和高度保持等操纵动作会同时涉及油门、方向、升降和副翼等多个舵面,需反复练习才能提升熟练程度。

### 4)转弯飞行

固定翼无人机在航线上转弯主要靠打副翼,使机身产生朝向转弯侧的倾斜、变向,以实现转弯。飞行速度越大、转弯半径越大,打副翼量越大、机身倾斜角越大、转弯半径越小。转弯时要向下适量拉升降杆,以补偿转弯时垂直方向升力的减小。转弯时油门的控制具有矛盾性:油门偏大,转弯半径大,转弯慢;油门偏小,转弯半径小,转弯快,但无人机容易掉高;油门过小时转弯,无人机容易失速。转弯时,如果不是油门偏小,一般不动油门。

操纵动作要领如下:

①压坡度:到达即将开始转弯的地方时,向转弯方向轻压副翼,使机体产生滚转倾斜。

②回中:滚转效果产生后,副翼迅速回中,保证飞机不进一步倾斜。

③转弯:立即向后轻压升降舵,防止飞机在转弯过程中出现低头掉高现象。

④改出:快完成转弯时,升降舵迅速回中,同时反方向轻压副翼并及时回中,飞机恢复水平状态并保持平飞。

⑤利用回中状态作为每个操纵动作的参考点,这样可以更好地计量每一次操纵幅度的大小。

⑥只要不压住副翼不放,而是轻压副翼能及时回中,飞机就不会进入急速螺旋俯冲状态。

⑦用开始转弯时轻压副翼幅度的大小,而不是压副翼时间的长短,来决定转弯的急或缓。

⑧不管是左转弯还是右转弯,只要操纵杆的操纵幅度是一样的,就能产生完全相同的结果。

### 5)平飞、爬升、下降 3 种飞行状态的转换

(1)平飞转爬升

柔和增大油门(如果油门足够可不动油门),同时稍拉升降舵,当机头进入预定状态时保持,使飞机进入稳定爬升状态。

(2)爬升转平飞

①柔和松杆,收油门至 45% 左右,当机头水平时保持,飞机进入平飞状态。

②如果需要在预定高度下平飞,则需要有一定提前量,即在飞机上升至预定高度前适当高度处开始改平飞。

(3)平飞转下降

油门收至 25% 左右,同时稍顶升降舵,飞机低头,当机头进入预定状态时保持,使飞机稳定下降。

(4)下降转平飞

①加油门至 45% 左右,同时拉升降舵,当机头水平时保持,飞机进入平飞状态。

②如果需要在预定高度下转平飞,则应在下降至该高度前适当高度改出。

## 6）降落飞行

降落飞行可以分为下滑、拉平、平飘、触地、滑行 5 个阶段,如图 3-74 所示。各阶段操纵要领为:

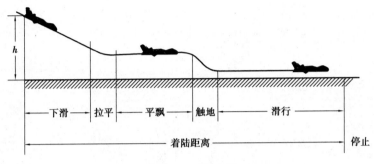

图 3-74　下降飞行

（1）下滑

飞机对正跑道,根据飞行高度确定下滑点,如果高则提前下滑,如果低则延迟下滑。到达下滑点时,油动航模或无人机收油至小马力(怠速容易停车,不利于复飞,风险大),电动航模或无人机直接收油至最低,适当推升降杆,使飞机以小迎角直线下滑。

（2）拉平

当飞机高度降至 3 m 左右时,拉升降杆,使飞机保持直线平飞姿态,减小下降速度,但其飞行速度较小,高度仍在逐渐降低。

（3）平飘

当高度接近地面时,进一步加大拉杆量,使飞机保持略微抬头减速状态,保证主轮先触地。在平飘过程中如果发现飞行速度过小,而飞机下降速度过大,可适当增加油门,通过增加升力来降低下降速度,避免冲击地面。

（4）触地

机轮触地瞬间,迅速将油门收到底。

（5）滑行

触地后,注意操控方向舵,使飞机直线滑行直至停机。

注意:在降落过程中如果发现可能无法正常降落,应及时增大油门进行复飞,然后重新降落。

## 3.3.3　起落五边航线飞行

### 1）五边航线简介

起落五边航线飞行是载人机的标准训练科目之一,典型的起落航线是一条包括 4 个转弯点和 5 条边的方块形航线。五边航线是机场交通的基础模式,是一种保持机场上空交通秩序的重要途径。五边飞行是指一架飞机遵循一定标准的起飞和降落路径,在保持与机场目视接触的情况下,完成从起飞到简单航线飞行再进行返场着陆的一整套训练流程,其训练过程如图 3-75 所示。在实际飞行训练时中,飞行员应按规定的高度、速度、航向及有关程序操纵飞机起飞和着陆。以起飞方向为基准,向左转弯时称左航线,向右转弯时称右航线。

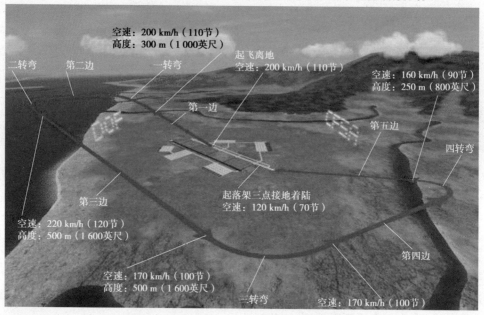

图 3-75 载人机的起落五边航线飞行训练标准

由于五边飞行几乎包含了所有的基本飞行操作,如滑跑、起飞、爬升、转弯、航线飞行、下降和着陆等,所以起落五边航线飞行科目被引入固定翼航模或无人机的飞行训练中,甚至成为各类飞行证照资质认证中的必考科目之一。

从视角上来看,对航模或无人机的飞行操纵与载人机坐在飞机中驾驶是不一样的,只能依靠对飞机的观察来判断飞机的飞行状态。需要在飞行空域想象出一条立体式的起落五边航线,如图 3-76 所示。该立体航线在平面上的投影是一条矩形航线,如图 3-77 所示。把这个矩形航线的 4 条边划分为飞机起降的 5 个阶段,也就是通常意义上所说的"五边航线",具体如下:

图 3-76 起落五边航线立体示意图

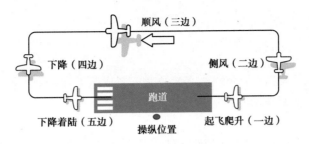

图 3-77　五边航线平面示意图

①一边:也称离场边(Upwind),是指从飞机逆风滑跑、离地起飞、爬升至一定高度到开始第一次转弯之前的飞行阶段,简称起飞阶段。

②二边:也称侧风边(Crosswind),飞机经第一次转弯后开始侧风飞行。

③三边:也称下风边或顺风边(Downwind),飞机经第二次转弯后进入顺风飞行阶段,此时航线与机场跑道平行。

④四边:也称基线边(Base),飞机完成第三次转弯后开始为降落作准备,需找到降落基准线或参照物。

⑤五边:也称进近边(Final),飞机经过 4 次转弯后再次逆风对准跑道,进入最后的降落着陆阶段。

## 2)训练内容

(1)起飞爬升

飞机逆风滑跑,在达到一定速度后柔和拉杆使飞机离地并进入一段稳定的小角度爬升;当飞机加速至正常爬升速度后再逐渐增大爬升角度,达到正常航线高度后将飞机改平;随后进行第一次转弯,大约 90°,进入侧风的第二边飞行。要求:航迹要直,升降率稳定。

(2)侧风飞行

一转弯完成后,立即收小油门,改为平飞。大约飞至操作者与飞机的连线和起飞航线呈45°角时进行第二次 90°转弯,进入第三边。要求:保持航向、高度不变,适当调节油门大小,保持速度相对稳定。

(3)顺风飞行

二转弯后飞机进入顺风飞行状态,大约飞至操作者与飞机的连线和降落航线呈 45°角时进行第三次 90°转弯,进入第四边。要求:保持航向、高度、速度不变。

(4)基线边飞行

三转弯后飞机第二次进入侧风飞行状态,机头朝向跑道。为准备降落,应收小油门,降低高度。当飞至接近降落航线时,进行第四次 90°转弯,进入第五边。要求:航迹要直,升降率稳定。

(5)降落着陆

对正跑道,继续下降,直至飞机着陆。

## 3）重点训练环节

起落五边航线飞行时间短,动作多,各动作之间紧密联系,准确性要求极高。其中的重点训练环节是从三转弯就要开始的着陆目测和着陆降落。

（1）着陆目测

着陆目测是操作手根据当时的飞行高度以及飞机与降落地点之间的距离,进行目视判断,操纵飞机沿预定方向降落在预定的地点(通常为跑道中心)。准确的目测可以保证飞机在预定着陆点前后一定范围内安全接地,没有达到这一范围就接地称为目测低,而超过这一范围才接地的称为目测高。

航模或无人机的着陆目测与载人机相比有两大不同:载人机是从飞机上观察着陆场,而航模或无人机则是从着陆场观察飞机;载人机驾驶员可自行观察仪表参数实施着陆,而航模或无人机操作手只能通过目视观察作为着陆参考。

目测着陆受气象条件影响较大,特别是风力风向。逆风着陆时,受风的影响,三转弯后,飞机逐渐远离着陆点;而四转弯后,则会使下滑和平飘距离都缩短,风速越大,影响越大。顺风着陆则正好相反。逆风较大时,目测容易低;顺风着陆时,目测容易高。

从以上分析可知,影响目测的主客观因素较多,要真正做好目测着陆,必须根据当时的气象条件,从三转弯开始,就要重点决断着陆方向和三、四转弯的位置和高度,保持好预定的下滑点、下滑速度和方向,准确使用油门,确保飞机沿预定的下滑线降落于预定的降落点。

（2）三转弯

三转弯的时机、角度、高度,都会影响目测的准确性,如图3-78所示。

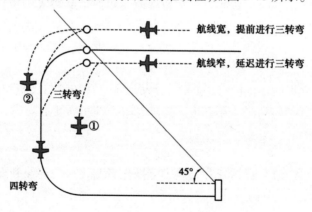

图3-78　三转弯示意图

①转弯前,注意观察三、四转弯之间有无高大障碍物遮蔽视线或通信,同时选择好四转弯点,作为退出三转弯的检查目标。

②判断进入三转弯的时机,应考虑第四边航线长短、航线和着陆标志线交叉与飞机纵轴和着陆标志线交叉所造成的影响,并作必要的修正。理论上,当飞机与操作手的连线与跑道延长线呈45°角时可开始转弯的压副翼操作。

③三转弯中,应保持好飞行状态,适时观察速度和高度,转弯坡度约为20°。

④退出转弯后,保持平飞,观察飞机的高度与速度,预判航线是否对正预定的四转弯点,四转弯点距离着陆点是否适当,判断下滑时机。

⑤当飞机进入第四边时,注意其高度与速度,收油门到合适位置,进入下滑,控制好进入四转弯的高度和位置。

(3)四转弯

①当飞机与操作手的连线与跑道延长线呈约15°时,进入四转弯,转弯坡度约为20°。实际确定进入四转弯的时机,应考虑四转弯的角度,如转弯角度大于90°,应适当提前;如小于90°,则应适当延迟。

②转弯中应注意飞机接近跑道延长线的快慢和转弯剩余角(跑道延长线与飞机纵轴的夹角)是否相适应,保持好飞机飞行姿态,发现偏差及时修正。

③四转弯正确,转弯剩余角约为30°时,飞机应在跑道连线上。如果飞机接近跑道延长线较快而转弯剩余角减小较慢时,表明入弯已晚,应增大副翼坡度和转弯速度;反之,则要适当减小坡度,调整转弯半径,使得出弯时正对跑道。

④退出四转弯后,轻推升降舵,控制俯仰角,对准下滑点,收油门使飞机进入下滑着陆阶段。

⑤若在下滑过程中,发现目测过高或过低,为避免飞机受损,应果断复飞。

4)经验分享

①一转弯或三转弯后,飞机将会进入侧风飞行,此时飞机会受侧风影响使得实际航迹发生倾斜。在进行二边和四边飞行时要注意修正侧风带来的影响,即在一转弯时转弯角度要小于90°,三转弯时转弯角度要大于90°。具体飞机航向需要偏移多少,应根据风力和不同飞机受侧风影响大小来调整。

②二转弯后飞机会由侧风变为顺风,此时需要注意升降舵和油门的调整,控制飞机在同一高度飞行。第三边飞行时,航线较长很容易产生偏航现象,要求能提前发现,及时纠正。同时,飞机因顺风影响而地速较大,要注意通过中线后的飞行距离,风大时要调整三转弯时机,防止下风区飞得过远。

③在四边下降飞行时,要通过油门和俯冲角度保持好飞机速度,不要过慢,也不要过快。过慢的速度会导致滑翔比较小,可能无法飞抵跑道,并且在需要减小下降率或者四转弯时使飞机失速;而速度过快,则会导致着陆时无法将速度降下来,从而着陆失败。

④四转弯的时机非常重要,转弯过早或过晚都会使转弯后的飞机一定程度地偏离跑道,即使经过频繁的修正也很难精准地降落在跑道中间。需要不断练习以加强经验的积累。

⑤着陆动作可以说是整个五边飞行中最难的一点了,落得不好,轻则出现着陆跳跃,严重时会损伤起落架甚至机体结构。在即将着陆并下降至大约视线高度时,应逐渐拉杆减小飞机下降率,同时降低油门以减小速度,此时要注意油门与拉杆的配合。拉杆过大会使飞机爬升后失速,拉杆过小可能会导致重着陆。如果减小下降率后飞机即将失速,此时需略微加大油门并减小拉杆,但不要使飞机爬升。如果减小下降率后飞机过快,就需要先判断飞机会不会冲出跑道,如果会就马上复飞,再次进入第一边爬升。如果不会,则继续减小油门,并根据飞机姿态不断调整拉杆量,到飞机接地瞬间时迅速将油门收到底。

⑥五边航线是整个航线飞行的浓缩，能不能飞直、飞平主要依据对飞机姿态的正确把握。五边飞行中有4个转弯，转弯是否到位直接关系下一边的飞行。风向风力对飞行的影响很大，正逆风起降相对来说容易些，斜逆风或侧风起降就困难得多，更具有挑战性。

### 3.3.4 复飞操纵

#### 1）复飞的概念

复飞是指航模或无人机在即将接地着陆前，将机头拉起重新起飞的动作。飞机着陆前有一个决断高度，当飞机下降到这一高度时，如果仍不具备着陆条件，那么就应该加大油门复飞，重新进行着陆。如果着陆条件仍不具备，则可能需要再次复飞或改换其他降落场地进行降落。

#### 2）导致复飞的因素

（1）天气因素
①风向、风速的突然改变，侧风、顺风和逆风超过标准。
②进近过程中跑道上空有雷雨过境造成强烈的颠簸、跑道积水超过标准、低空风切变等不利天气条件。
（2）设备与地面因素
①着陆过程中接地过远。
②突发系统故障，未做好着陆准备。
③进近过程中突然发生跑道入侵。
（3）人为因素
①进场偏离跑道或下降的高度过低。
②当下降到规定高度时，飞机还未建立着陆形态或稳定进近。
（4）其他因素
①紧急情况或其他因素导致必须复飞。
②操控人员对操纵飞机着陆缺乏信心。

#### 3）复飞的操作方法

（1）复飞的3个阶段
①起始阶段。这一阶段从复飞点开始到建立爬升点为止，要求操作手集中注意力操纵飞机，不允许改变飞机的飞行航向。
②中间阶段。从爬升点开始以稳定速度上升到获得规定的安全高度为止，其间飞机可以进行转弯坡度不超过限制值的机动飞行。

③最后阶段。从中间段结束开始一直延伸到可以重新做一次进近或回到航线为止,期间可以根据需要进行转弯。

(2)复飞的操作步骤

①向拉杆的方向点碰一下升降舵,以防飞机触地。

②加大油门,使飞机恢复爬升,并重飞一圈着陆航线。

(3)操作要领

①复飞的时候飞机距离地面的高度比较低,务必要先点碰一下升降舵以确保飞机不再下降。此时如果只顾加大油门,飞机很有可能会来不及改出水平飞行便一头栽到地上。

②在离地面比较近时,拉升降舵之前要确保机翼水平,以防飞机转弯。只要保证机翼水平,即使不采取任何措施,让飞机直接撞到地上,也可能不会产生损伤。

③刚开始进入复飞的时候,油门不要一开始加到最大,以免飞行速度过快而出现手忙脚乱的情况。

④在出现接地过远的情况时,尽量不要通过向下推升降舵的方法来进行挽救,否则,很容易在俯冲过程中积累过多的速度和升力,导致飞机冲出跑道。

# 项目小结

(1)本项目从固定翼航模的选型到装配、从各部件的调试到真机的视距内飞行,相对全面地介绍了航空模型及其运动的多项知识和技能。从总体结构上看,固定翼航模和固定翼无人机相比只是缺少了飞行控制系统和任务载荷。本项目涉及的所有内容对固定翼无人机同样适用。

(2)仅用一种新微风航模的学习来代替除飞控和载荷以外的固定翼无人机的系统学习是不够的。不同型号的固定翼无人机,其机体材料、电子设备和动力系统等的选择不一样,读者能从新微风航模的学习中得到启发和灵感,通过自主学习和自我提升,后续再学习其他类型固定翼无人机系统的创新方法和思维。

(3)无人机装调是一件极具挑战性的工作,须体力和脑力兼备。认真、细致、严谨、自律,是无人机装调检修工必须具备的职业品质。

(4)视距内飞行是航模爱好者的最大乐趣,特别是各种花式飞行或 3D 特技飞行。视距内飞行是固定翼无人机的必备技能之一,即使是自主程序控制的超视距飞行,在其起降阶段同样需要手动操纵予以辅助,掌握视距内手动飞行技术的重要性不言而喻。另外,真机飞行前,一定要在模拟器上反复练习。

# 习题

一、选择题(概念记忆)

1.飞机以一定速度逆风起飞时(　　　)。

A.升力将减小　　　　　　　　　　　B.升力将增大

C.阻力增大升力减小　　　　　　　　　　　D.阻力减小升力增大

2.飞机着陆的过程是( )。

A.减速下滑、拉平接地和减速滑跑3个阶段

B.下滑、拉平、接地和滑跑4个阶段

C.下滑、拉平、平飘、接地和滑跑5个阶段

D.下滑、拉平、接地、着陆滑跑和刹车5个阶段

3.无人机驾驶员舵面遥控操纵固定翼飞机时( )。

A.后拉升降舵飞机转入下降　　　　　　B.前推油门飞机转入下降

C.前推升降舵飞机转入下降　　　　　　D.后拉油门飞机转入下降

4.遥控无人机平飞、爬升和下降转换时产生偏差的主要原因不包括( )。

A.动作粗猛

B.天气状况不佳

C.平飞、爬升、下降3种状态变换时,推杆、拉杆方向不正,干扰其他舵量

D.操纵量大,造成飞行状态不稳定

5.起落航线(五边航线)组成内容不包括( )。

A.起飞、建立航线　　　　　　　　　　B.着陆目测、着陆航线

C.任务飞行航线　　　　　　　　　　　D.顺风、逆风航线

6.无人机左侧风中起飞,侧风有使飞机机头向( )偏转的趋势。

A.左　　　　　　　　　　　　　　　　B.右

C.视风速的大小不同可能向左也可能向右　　D.不确定

7.无人机下降改平飞,如果要在预定高度上将飞机转为平飞,应在下降至该高度前( ) m,开始改平飞。

A.50～40　　　　　　B.40～30　　　　　　C.30～20　　　　　　D.20～10

8.准确的目测是使飞机在预定的着陆点前后一定范围内接地,没达到这一范围内就接地的,称为( )。

A.目测高　　　　　B.目测低　　　　　C.着陆远　　　　　D.着陆近

9.无人机三转弯的( ),会影响目测的准确性,必须认真地做好三转弯。

A.时机、角度、高度　　　　　　　　　B.时机、油门、角度

C.时机、油门、高度　　　　　　　　　D.油门、角度、高度

10.无人机着陆,气温较高时,目测容易( ),气温降低时,目测容易( )。

A.高　低　　　　B.高　高　　　　C.低　低　　　　D.低　高

11.无人机四转弯后,修正目测、收油,主要根据( )。

A.偏差的大小和下滑角的大小　　　　　B.下滑角的大小和当时的气象条件

C.偏差的大小和当时的气象条件　　　　D.下滑角的大小和偏差的大小

12.姿态遥控模式下操纵无人机爬升,飞机带左坡度时,下列操纵正确的是( )。

A.应柔和地向前顶杆　　　　　　　　　B.应柔和地向左压杆

C.应柔和地回杆或向右压杆　　　　　　D.不作任何操纵,飞机可自行修正

13. 遥控无人机进入四转弯时(　　)。

A. 如飞机接近跑道延长线较快,而转弯剩余角减小较慢时,表明进入早,应立即协调地减小坡度和转弯角速度

B. 如飞机接近跑道延长线较快,而转弯剩余角减小较慢时,表明进入早,应立即协调地增大坡度和转弯角速度

C. 如飞机接近跑道延长线较快,而转弯剩余角减小较慢时,表明进入晚,应立即协调地增大坡度和转弯角速度

D. 如飞机接近跑道延长线较快,而转弯剩余角减小较慢时,表明进入晚,应立即协调地减小坡度和转弯角速度

14. 遥控无人机进入下滑后(　　)。

A. 当下滑线正常时,如速度大,表明目测高,应适当收小油门

B. 当下滑线正常时,如速度大,表明目测低,应适当增加油门

C. 当下滑线正常时,如速度小,表明目测高,应适当收小油门

D. 当下滑线正常时,如速度小,表明目测低,应适当收小油门

15. 遥控无人机着陆的过程不包括(　　)。

A. 下滑和拉平　　　　B. 平飘接地　　　　C. 下降和定高　　　　D. 着陆滑跑

16. 遥控无人机下滑中,估计到四转弯时的高度将高于预定高度(　　)。

A. 应及时地收小油门,必要时可收至 20%,增大下滑角

B. 应适当地加大油门,减小下滑角

C. 转为平飞进行修正

D. 不必理会,正常操纵

17. 遥控无人机四转弯后(　　)。

A. 目测过高时,应在加大油门的同时适当增加带杆量,减小下滑角,必要时可平飞一段

B. 目测过高时,应加大油门增大下滑角

C. 目测过低时,应在加大油门的同时适当增加带杆量,减小下滑角,必要时可平飞一段

D. 等飞机降到较低高度时再作偏差调整

18. 遥控无人机着陆时,修正目测偏差,(　　)。

A. 偏差大,加、收油门量相应大一些　　　　B. 偏差大,加、收油门量相应小一些

C. 偏差小,加、收油门量相应大一些　　　　D. 不必调整

19. 遥控无人机着陆时,风速大或气温低时(　　)。

A. 如目测低,加油门量相应小些　　　　B. 如目测高,收油门量相应大些

C. 如目测低,加油门量相应大些　　　　D. 不必考虑风速和气温的影响,正常操纵

20. 遥控无人机着陆时,下列哪种情况,收油门时机应适当延迟,收油门动作适当减慢。
(　　)

A. 实际下滑点在预定下滑点前面　　　　B. 实际下滑点在预定下滑点后面

C. 实际下滑点与预定下滑点吻合　　　　D. 不好判断

## 二、简答题(知识点理解)

1. 固定翼无人机机体组装包括哪些内容？有哪些连接形式？
2. 什么是无人机控制通道？什么是比例控制？
3. 舵机由哪几个部分组成？各组成部分的功用是什么？
4. 描述舵机的工作原理。
5. 描述用 BB 响检测锂电池的方法？如何设置 BB 响的报警电压？
6. 描述用数字万用表检测锂电池的方法。

## 三、操作题(实训跟踪)

1. 归纳总结新微风航模组装步骤,完成表 3-4。

表 3-4

| 组装模块 | 工作内容 | 工作方法 | 工作标准 | 注意问题 |
|---|---|---|---|---|
| 机体组装 | 机身组装 | | | |
| | 机翼组装 | | | |
| | 尾翼安装 | | | |
| | 起落架安装 | | | |
| | 机体总成 | | | |
| 电子设备安装 | 舵机 | | | |
| | 接收机 | | | |
| | 线路连接 | | | |
| 动力系统安装 | 电池 | | | |
| | 电调 | | | |
| | 电机 | | | |
| | 螺旋桨 | | | |

说明:本表格仅作为提供思路用,添加内容时可加纸或在作业本上完成

2. 按表 3-4,归纳总结固定翼航模调试与检测的具体工作内容。
3. 按表 3-5,自我完成对五边航线的飞行测试。

表 3-5   五边航线飞行训练测试评价标准

| 飞行阶段 | 测试标准 | 分值 | 得分 |
|---|---|---|---|
| 一边 | 跑道中心直线加速滑跑;机轮开始离地时及时拉升降起飞;爬升角保持约 20° 直线爬升,无明显左右转弯 | 10 | |
| 转弯 | 匀速进弯,小半径圆弧转弯,匀速改正出弯;整个转弯没有明显左右摆动和上下波动 | 30 | |
| 二边、三边 | 水平直线飞行,无明显左右摆动和上下波动 | 20 | |
| 四边 | 直线匀速降高飞行,无明显左右摆动和上下波动 | 10 | |
| 五边 | 低速直线匀速下滑,无明显左右摆动和上下波动;匀速平飘,降落点中心触地,触地后飞机无损伤且无明显跳动;跑道中心直线减速滑跑、停机 | 30 | |

说明:飞机飞行中炸机或降落时受损,测试评价直接为不合格

# 项目 **4**　在航模中加入自主控制

## 导学

有无自主控制和有无任务载荷是航模和无人机的根本区别。有了控制,无人机就能实现智能化的超视距自主飞行,基于此,人们常把无人机称为空中智能机器人或空中移动智能体;有了载荷,无人机就可以遂行各行业应用领域的作业任务,使无人机多角度改变人们的生活,并不断催生新的就业机会。有人说,无人机是用来做事的,而航模是用来娱乐的。无人机行业应用十分广泛,关于任务载荷的相关知识会设计专门的课程予以有针对性的学习,本项目只讨论无人机的智能控制问题。

自主控制系统也称导航控制系统,是无人机系统中最核心的子系统。它主要解决 3 个问题:一是让无人机"知道自己在哪里,知道自己的姿态",此谓导航;二是"知道目标在哪里,如何抵达目标",此谓制导;三是"如何改变飞行姿态,跟踪并实现制导指令",此谓控制。要实现上述功能,从组成结构上来说,导航控制系统至少应包含机载系统和地面系统两个部分,机载系统称为自动驾驶仪(简称"自驾仪")或直接称为飞控,地面系统称为地面控制站(简称"地面站")。通过与地面站进行数据交互和任务确认,机载飞控将智能地根据各种情况进行飞行任务执行,并请求或等待下一步操作。

本项目中,利用在上一个项目中已装调完成的航模(也可以另选其他机型)作为飞行平台,通过在机上加装飞控和导航设备、在地面选配合适的地面站软件,构建一套相对简易的轻微型固定翼无人机系统,实现自主控制飞行。

## 知识目标

(1)掌握 Mission Planner 地面站功能、软件安装与应用。
(2)了解 APM 飞控功能、接口,学会固件刷新的方法。
(3)学会 APM 飞控系统校准、电源模块、飞行模式、解锁和失控保护等设置。

## 能力目标

(1)理解 APM 飞控功能、组成、接口与使用要求。
(2)熟练进行 APM 飞控的机上安装及关键参数设置。
(3)学会 Mission Planner 地面站软件安装及其应用于飞控系统的相关设置。

素质目标

（1）通过加装飞控和地面站，体验无人机与航模的主要区别。
（2）经历飞控和地面站的升级，形成自主学习能力，热爱无人机专业。
（3）养成过程导向、精益求精的工匠精神。

　　无人机的超视距飞行是通过地面站控制而实现的。首先，地面控制站要能够发送飞行指令或任务指令给飞行中的无人机，控制无人机飞行并执行作业任务，这一过程称为上行指令遥控。其次，地面站应能获得无人机的实时位置信息，称为定位，主要用于无人机导航。定位信息的获得有多种方法，大型无人机可通过地面跟踪天线测距、测角后计算得出；也可以由飞机上的计算机根据前某时刻的位置信息，结合飞机姿态、飞行速度等信息推算出来，称为惯性导航。现在无人机常根据导航卫星提供的数据来计算定位信息，如 GPS 导航、北斗导航等。最后，地面站应能实时获得无人机的飞行姿态以及飞机上各设备的状态信息，如无人机的俯仰角、倾斜角、航向角、空速、高度、电池电量、信号强度等，这些信息主要由飞机上的传感器测量，通过下行通道传给地面站显示，称为下行遥测参数显示，这些参数也是无人机遂行后续作业任务的主要依据。
　　一个最基本的无人机导航控制系统至少应包括地面控制站、机载飞行控制计算机及测量系统、定位导航系统和无线电通信系统等。本项目以目前市场上常见且被众多发烧友主流使用的 Mission Planner 地面站、APM 飞控、GPS 和数传等为例，讲述小型无人机地面站控制系统的组装调试。

# 任务 4.1　Mission Planner 地面站软件安装

## 4.1.1　Mission Planner 地面站简介

　　Mission Planner 是一个免费的、开源的、由社区支持的无人机地面站控制软件，由开源飞控 APM autopilot 项目组开发，现已成为一款基于 Windows 平台运行的 APM/PIX 飞控的专属地面站，软件运行的初始界面如图 4-1 所示。

### 1）主要功能

①把固件烧录到 APM/Pixhawk。
②设置、配置，并调整飞行器最佳性能。
③在 google 地图或者其他地图上设计航线计划，把该计划保存或者载入自动驾驶仪。
④下载并分析自动驾驶仪创建的任务日志。
⑤提供接口与 PC 飞行模拟器连接，创建一个全功能的硬件无人机模拟器。

图 4-1  Mission Planner 地面站软件初始界面

2）拓展功能

①实时发送飞行控制指令，上传新的任务命令和设定参数。

②在行驶过程中实时显示和监控飞行器状态，包括无人机位置和各种遥测参数等。

③记录遥测日志，其中包含详细的机载自动驾驶仪信息。

④查看和分析遥测日志。

⑤有图传时可显示航拍实时视频，并可在 FPV（第一人称视角）中控制飞行器。

### 4.1.2  Mission Planner 软件安装

1）下载. Net Framework 3. 5 并安装

Mission Planner 的安装运行需要微软的. Net Framework 3. 5 或以上版本组件。. Net Frame-work 又称. NET 框架，为 Web 服务及其他应用提供构建、移植和运行的环境。Mission Planner 安装前要检查 Windows 系统中. Net Framework 是否安装及版本。

（1）检查. Net Framework 版本

打开"资源管理器"，在地址栏输入"C：\Windows\Microsoft. NET\Framework"，如图 4-2 所示。在文件夹下可以看到多个文件夹，最高版本号就是当前. Net Framework 版本。

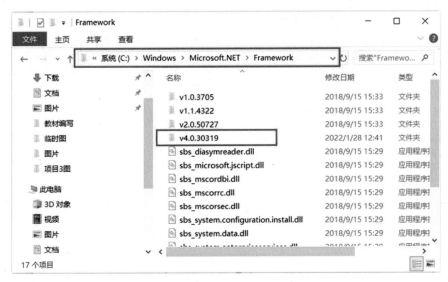

图 4-2　检查. Net Framework 版本号

（2）下载安装. Net Framework 组件

如果没有安装. Net Framework 3.5 或以上版本组件，则在网上搜索". Net Framework 下载"，从显示列表中选择4.0 版或以上高版本下载，下载后双击程序自动安装。注意：如果计算机没有安装杀毒软件，建议下载安装可靠的杀毒软件并升级到最新版本，再执行. Net Framework 的下载和安装。

安装完成后必须重启计算机，重启完成后，. Net Framework 即完成安装。

2）下载 Mission Planner 并安装

直接进入官网下载，或网上搜索"Mission Planner 下载"，选择最新版下载。若安装的不是最新版，建议安装完成后进行"检查更新"升级到最新版。

下载版本有 MSI 版和 ZIP 版两种供选择。MSI 版为应用程序安装包版，安装过程中会同时安装 APM 的 USB 驱动，安装后插上 APM 飞控的 USB 线即可使用。ZIP 版为绿色免安装版，解压缩即可使用，但是连接 APM 后需要手动安装 APM 的 USB 驱动程序，驱动程序在解压后的 Driver 文件夹中。第一次安装使用时，建议下载 MSI 版。

以安装 MSI 版为例，如图4-3 所示，双击下载后的 MSI 文件，然后连续点击"下一步"即可。出现 Arduino LLC 端口安装界面时，勾选"始终信任……"，然后点击"安装"，安装程序会自动安装相关的驱动程序。

安装完 Mission Planner 后，安装程序不会创建桌面快捷方式，可从"开始"菜单中找到 Mission Planner 目录下的执行文件拖到桌面即可创建快捷方式。或打开安装目录，选择"Mission Planner. exe"执行文件发送一个快捷方式到桌面上，以方便日后使用。

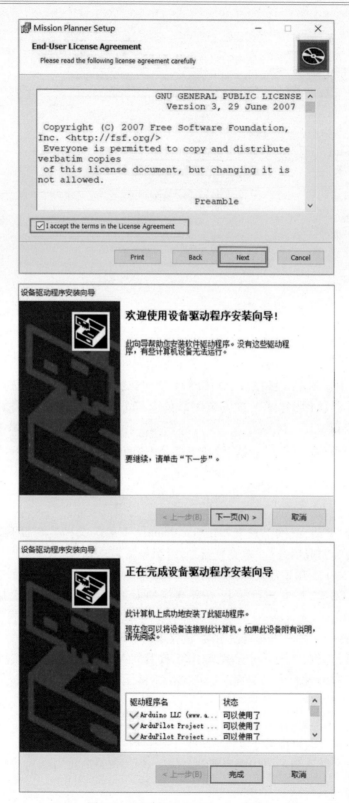

图 4-3　MSI 版 Mission Planner 安装

## 4.1.3 Mission Planner 界面认知

启动 Mission Planner(以下简称"MP")主程序,出现多功能飞行数据仪表界面,如图4-1所示。图中,自上而下,顶行显示的"Mission Planner 1.3.75 build 1.3.7883.26333"为软件名和版本号,连接飞控后,会同时显示飞控的软件版本号。第二行左侧为6个主菜单按钮,用于MP 地面站的主要功能显示和设置;第二行右侧为"端口选择""波特率选择"以及"断开/连接"按钮,其具体使用参见后文"APM 与 MP 连接"。

### 1)"飞行数据"界面

按下"飞行数据"主菜单按钮即进入"飞行数据"界面。"飞行数据"实时显示飞行姿态与数据。

(1)HUD 窗口

如图4-4所示,屏幕左侧中部为地平仪显示窗口(Head Up Display,HUD),与有人机的飞机仪表盘相似,以图形和数字的方式综合显示飞机的重要参数。该窗口大小可用鼠标在右边界出现"‖"时拖拉调整。

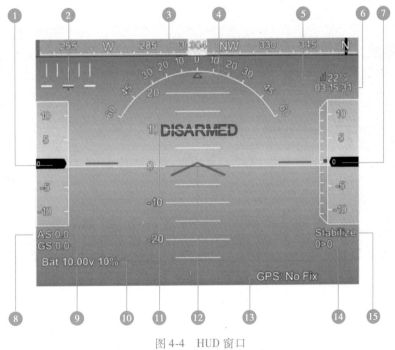

图4-4 HUD 窗口

①空速,如果没有安装空速传感器,则为地速。
②偏航距和转弯速率($T$)。
③航向角。

④倾斜角。

⑤无线遥测信号连接强度。

⑥GPS 时间。

⑦相对高度,蓝条表示爬升速度。

⑧空速。

⑨地速。

⑩电池状态,分别为电压、电流、电量。

⑪仿真地平仪。

⑫飞机姿态。

⑬GPS 状态。

⑭当前航点编号>与当前航点的距离。

⑮当前飞行模式。

(2)功能窗口

屏幕左侧下方为飞行控制和辅助参数显示的功能窗口。

①"快速"栏。

"快速"栏窗口如图 4-5 所示,主要显示重点关注的 6 个参数,即当前高度、地速、航点距离、偏航角度、升降速度、DistToMav(无人机离家的距离)。鼠标双击某参数可进入全参数选择列表,勾选其他参数进行显示替换。

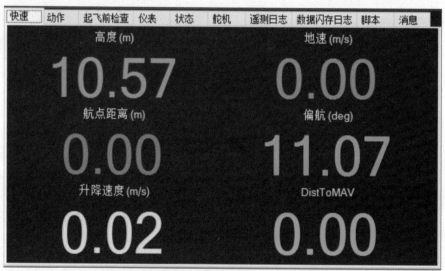

图 4-5 "快速"栏窗口

②"动作"栏。

"动作"栏窗口如图 4-6 所示,这是地面站飞行控制最重要的功能栏,可以对无人机作实时的模式切换、任务控制、高度、速度等控制。

图中,通过"原始传感器查看"按钮,可以查看原始传感器的数据,作一些性能或者故障分析;通过"游戏摇杆"按钮可以设置 USB 手柄映射一个遥控器通道,对飞机进行控制,但不建议使用,因为会导致传统数传丢包,导致控制不流畅。

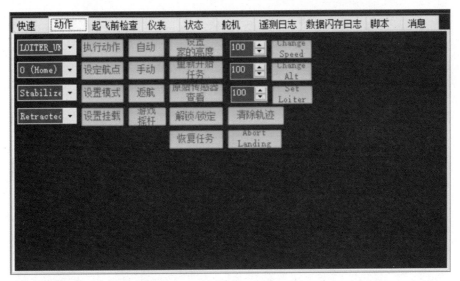

图 4-6 "动作"栏窗口

③"起飞前检查"栏。

"起飞前检查"栏窗口如图 4-7 所示,可以帮助新手检查和判断飞行器是否满足飞行条件。例如,GPS 卫星数量提示、电压提示。不满足会显示红色,通过为绿色。还可以通过 EDIT 按钮,进行编辑相关提示选项和阈值。

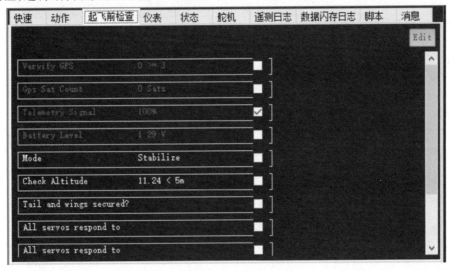

图 4-7 "起飞前检查"栏窗口

④"仪表"栏。

"仪表"栏窗口如图 4-8 所示,以虚拟仪表方式显示飞行器的各主要飞行参数。

⑤"状态"栏。

"状态"栏窗口如图 4-9 所示,这里可以显示所有的飞控数据,包括传感器数据、通道输入输出数据等,可以用于飞行和调试。

图 4-8　虚拟仪表显示栏

| 快速 | 动作 | 起飞前检查 | 仪表 | 状态 | 舵机 | 遥测日志 | 数据闪存日志 | 脚本 | 消息 |
|---|---|---|---|---|---|---|---|---|---|

| | | | | | | | | |
|---|---|---|---|---|---|---|---|---|
| roll | 0.410160 | groundspeed2 | 0 | gyrosq | 0 | ay3 | | |
| pitch | -0.07980 | groundcourse2 | 0 | mx | 1045 | az3 | | |
| yaw | 11.03086 | satcountB | 0 | my | -206 | accelsq3 | | |
| groundcourse | 0 | gpstime | 1970/1/1 | mz | 297 | gx3 | | |
| lat | 0 | altd1000 | 0.01126 | magfield | 1105.744 | gy3 | | |
| lng | 0 | altd100 | 0.1126 | ax2 | 3 | gz3 | | |
| alt | 11.26 | airspeed | 0 | ay2 | 14 | gyrosq3 | | |
| altasl | 0 | targetairspeed | 0 | az2 | -999 | mx3 | | |
| altoffsethome | 0 | lowairspeed | False | accelsq2 | 0.999102 | my3 | | |
| gpsstatus | 0 | asratio | 0 | gx2 | -2 | mz3 | | |
| gpshdop | 99.99 | groundspeed | 0 | gy2 | -4 | magfield3 | | |
| satcount | 0 | ax | -4 | gz2 | -1 | ch1in | | |
| lat2 | 0 | ay | 7 | gyrosq2 | 4.582576 | ch2in | | |
| lng2 | 0 | az | -998 | mx2 | -27 | ch3in | | |
| altasl2 | 0 | accelsq | 0.998032 | my2 | -188 | ch4in | | |
| gpsstatus2 | 0 | gx | 0 | mz2 | 307 | ch5in | | |
| gpshdop2 | 0 | gy | 0 | magfield2 | 361.0014 | ch6in | | |
| satcount2 | 0 | gz | 0 | ax3 | 1 | ch7in | | |

图 4-9　"状态"栏窗口

⑥"舵机"栏。

"舵机"栏窗口如图 4-10 所示,此处虽然名字为舵机,但不一定是用于舵机控制,实际上是一个 PWM 通道输出控制。

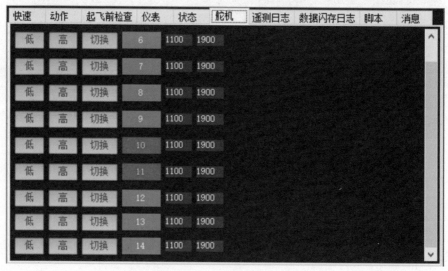

图 4-10　"舵机"栏窗口

⑦"遥测日志"栏。

"遥测日志"栏窗口如图4-11所示,用于加载和播放地面站记录的日志。

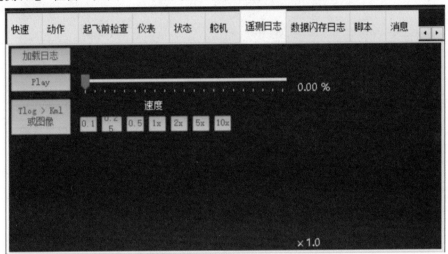

图4-11　"遥测日志"栏窗口

⑧"数据闪存日志"栏。

"数据闪存日志"栏窗口如图4-12所示,该栏有以下几个子功能按钮。

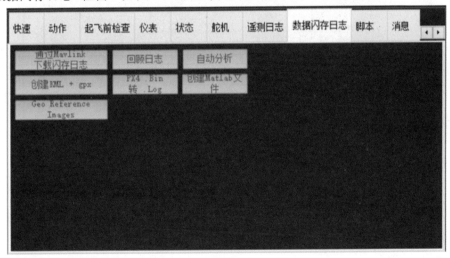

图4-12　"数据闪存日志"栏窗口

a.通过Mavlink下载闪存日志:可以通过USB线或者数传下载飞控内部记录的飞行日志。

b.回顾日志:打开闪存日志可以作详细的分析。

c.自动分析:使用程序自动分析功能自动分析闪存日志,直接得出分析结果,可以很明了查看飞行器的震动值、罗盘等数据是否健康达标。

⑨"脚本"栏。

"脚本"栏窗口如图4-13所示,该栏用于加载控制脚本。

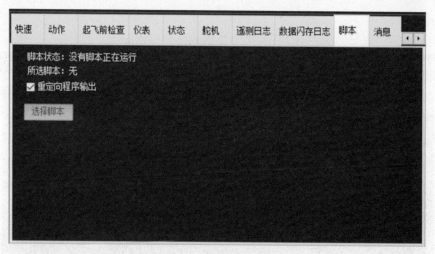

图 4-13　"脚本"栏窗口

⑩"消息"栏。

"消息"栏窗口如图 4-14 所示,该栏用于显示飞行器发送过来的 Pre-Arm 信息。

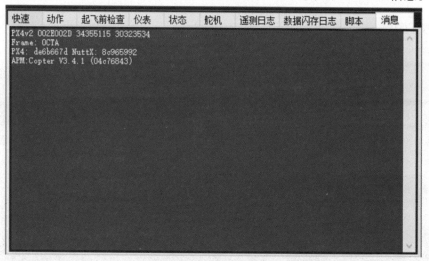

图 4-14　"消息"栏窗口

(3)飞行轨迹显示窗口

"飞行数据"界面右侧大块区域为飞行轨迹显示窗口。地面站连接上飞控和 GPS 后,会显示无人机实时位置和飞行轨迹。该窗口显示图像与"飞行任务"中相同,但只能显示不能控制。

(4)坐标显示窗口

飞行轨迹显示窗口下部为 GPS 坐标和定位精度显示行。

## 2)"飞行计划"界面

如图 4-15 所示,飞行计划是 MP 最重要的功能之一,用于规划飞行任务,包括对每个航点的动作、高度控制、相机触发、自动起飞和降落规划等,比较适合做测绘任务规划。

图 4-15　"飞行计划"界面

## 3)"初始设置"界面

如图 4-16 所示,该界面用于对飞控固件进行安装与升级以及硬件基本设置。

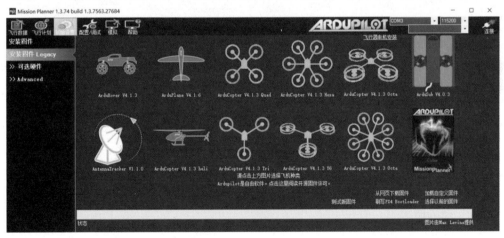

图 4-16　"初始设置"界面

## 4)"配置/调试"界面

如图 4-17 所示,该界面包含对飞控进行详尽的 PID 调节、参数调整等菜单,可以进行相关参数的检查与修改。在该界面的"Planner"菜单用以进行 MP 地面站显示设置。

图 4-17　"配置/调试"界面

## 5)"模拟"界面

给 APM 飞控刷入特定的模拟器固件后,将 APM 作为一个模拟器在计算机上模拟飞行使用。

## 6)"帮助"界面

提供 Ardupilot 官网入口和检测更新使用。

**延伸阅读　Mission planner 中用户可调节的标准 APM 参数(表 4-1)**

表 4-1　APM Mission planner 标准参数表

| 参数_功能_影响 | 参数_名称 | 参数_说明 |
| --- | --- | --- |
| Arming check(解锁检查) | ARMING_CHECK | 允许启用或禁用接收机、加速度计、气压计和罗盘的解锁前自检。默认=启用 |
| Acro Axis(特技轴) | AXIS_ENABLE | 用于当杆释放时,特技模式是否保持当前角度的控制(Enabled=保持当前角度)。默认(Default)=启用 |
| Battery Current Sensing Pin(电池电流传感引脚) | BATT_CURR_PIN | 设参数为 0~13,启用电池电流传感引脚对应 APM 板的 A0~A13。默认=A2 |

续表

| 参数_功能_影响 | 参数_名称 | 参数_说明 |
|---|---|---|
| Battery Monitoring(电池监控) | BATT_MONITOR | 启用/禁用电池的电压电流监控。默认 = 禁用 |
| Battery Voltage Sensing Pin(电池电压传感脚) | BATT_VOLT_PIN | 设参数为 0~13,启用电池电压传感引脚,对应 APM 板的 A0~A13。默认 = A1 |
| Camera shutter(trigger type)[照相机快门(触发式)] | CAM_TRIGG_TYPE | 如何触发照相机快门。默认 = 舵机 |
| 通道 7 选项 | CH7_OPT | 如果通道 7 高于 1 800 pwm,选择其功能。默认 = 保存 WP |
| 通道 8 选项 | CH8_OPT | 如果通道 8 高于 1 800 pwm,选择其功能。默认 = 保存 WP |
| Circle radius(圆弧半径) | CIRCLE_RADIUS | 定义了在 Circle 模式下,飞行器飞的圆形区域的半径。默认 = 10 |
| Circle rate(转角速率) | CIRCLE_RATE | 该模式下转弯的角速度,单位:角度/秒,正的表示顺时针转动,负的表示逆时针转动。默认 = 5 |
| Compass Declination(磁偏角) | COMPASS_DEC | 用来补偿真实的北方向和磁北方向的弧度角。默认 = 0.251(在我的区域) |
| Action to perform when the limit is breached(超出地理范围限制所执行的动作) | FENCE_ACTION | 当超出地理围栏时采取的动作(返航或降落或只是报告)。默认 = 返航或降落 |
| Fence Maximum Altitude(地理围栏最大高度) | FENCE_ALT_MAX | 在触发地理围栏前,可以正常飞行的最大高度。默认 = 100 |
| Fence enable / disable(启用/禁用地理围栏) | FENCE_ENABLE | 围栏的启用(1)或禁用(0)。默认 = 禁用 |
| Fence Type(围栏类型) | FENCE_TYPE | 启用某些地理围栏类型,位掩码(无、高度、圆、高度和圆)。默认 = 高度和圆 |
| Enable Optical Flow(启用光流) | FLOW_ENABLE | 1 = 启用光流。默认 = 0 = 禁用 |
| 飞行模式 1 | FLTMODE1 | 当 5 通道 pwm<1 230 时启用此飞行模式。默认 = 自稳模式 |
| 飞行模式 2 | FLTMODE2 | 当 5 通道 pwm>1 230,<= 1 360 时启用此飞行模式。默认 = 自稳模式 |

续表

| 参数_功能_影响 | 参数_名称 | 参数_说明 |
|---|---|---|
| 飞行模式 3 | FLTMODE3 | 当 5 通道 pwm>1 360,<=11 490 时启用此飞行模式。默认=自稳模式 |
| 飞行模式 4 | FLTMODE4 | 当 5 通道 pwm>1 490,<=1 620 时启用此飞行模式。默认=自稳模式 |
| 飞行模式 5 | FLTMODE5 | 当 5 通道 pwm>1 620,<=1 749 时启用此飞行模式。默认=自稳模式 |
| 飞行模式 6 | FLTMODE6 | 当 5 通道 pwm<1 750 时启用此飞行模式。默认=自稳模式 |
| Frame Orientation(框架结构定位)(+,X 或 V) | FRAME | 多轴飞行器混合电机控制(并不适用于三旋翼及传统直升机)。默认=X |
| Battery Failsafe Enable(启用电池失效保护) | FS_BATT_ENABLE | 当电池电压或电流过低时,控制飞机是否采取电源失效保护。默认=禁用 |
| Ground Station Failsafe Enable(启用地面站失效保护) | FS_GCS_ENABLE | 当飞机失去与地面站联系时间超过 5 s 时,控制飞机是否采取失效保护(同时采取什么行为)。默认=禁用 |
| GPS Failsafe Enable(启用 GPS 失效保护) | FS_GPS_ENABLE | 信号丢失时,控制飞机是否采取失效保护。默认=禁用 |
| Throttle Failsafe Enable(启用油门失效保护) | FS_THR_ENABLE | 油门失效保护,可以设置油门的输入通道,从而配置软件失效保护的激活。默认=禁用 |
| Throttle Failsafe Value(启用油门失效保护阈值) | FS_THR_VALUE | 通道 3 的 PWM 水平,低于可触发油门失效保护值。默认=975 |
| Land Speed(降落速度) | LAND_SPEED | 最终着陆阶段的下降速度,以 cm/s 为单位。默认=50 |
| Copter LED Mode(飞行器 LED 模式) | LED_MODE | 用位图控制飞行器 LED 模式。默认=启用 |
| Loiter Latitude Rate Controller D Gain(悬停纬度变化比例控制器 D 增益) | LOITER_LAT_D | 悬停纬度变化比例控制器 D 增益。短时间所需的速度和实际速度的变化补偿。默认=0.4 |
| Loiter Longitude Rate Controller I Gain(悬停经度变化比例控制器 I 增益) | LOITER_LAT_I | 悬停经度变化比例控制器 I 增益。纬度方向,长时间经度方向所需的速度和实际速度的差异补偿。默认=0.5 |

| 参数_功能_影响 | 参数_名称 | 参数_说明 |
|---|---|---|
| Loiter Longitude Rate Controller I Gain Maximum（悬停经度变化比例控制器 I 增益最大值） | LOITER_LAT_IMAX | 悬停经度变化比例控制器 I 增益最大值。限制了 I 增益输出的倾斜角度。默认=4.0 |
| Loiter Longitude Rate Controller P Gain（悬停经度变化比例控制器 P 增益） | LOITER_LAT_P | 悬停经度变化比例控制器 P 增益。将所需的速度和实际速度之间的差异转换为在经度方向的倾斜角度。默认=1.0 |
| 悬停纬度变化比例控制器 D 增益 | LOITER_LON_D | 悬停经度变化比例控制器 D 增益。短时间所需的速度和实际速度的变化的补偿。默认=0.4 |
| Loiter Longitude Rate Controller I Gain（悬停经度变化比例控制器 I 增益） | LOITER_LON_I | 悬停经度变化比例控制器 I 增益。纬度方向，长时间经度方向所需的速度和实际速度的差异补偿。默认=0.5 |
| 悬停经度变化比例控制器 I 增益最大值 | LOITER_LON_IMAX | 悬停经度变化比例控制器 I 增益最大值。限制了 I 增益输出的倾斜角度。默认=4.0 |
| 悬停经度变化比例控制器 P 增益 | LOITER_LON_P | 悬停经度变化比例控制器 P 增益。将所需的速度和实际速度之间的差异转换为在经度方向的倾斜角度。默认=1.0 |
| Low Voltage（低电压） | LOW_VOLT | 设置电压为你想要的低电压值。默认=10.5 |
| 启用罗盘 | MAG_ENABLE | 1=启用罗盘,0=禁用罗盘。默认=1=启用 |
| Maximum Pan Angle［云台相机最大物理（偏航）角］ | MNT_ANGMAX_PAN | 云台相机机架最大物理（偏航）角,单位为°。默认=45 |
| Maximum Roll Angle（最大 Roll 角） | MNT_ANGMAX_ROL | 云台相机机架最大物理（偏航）角,单位为°。默认=45 |
| Maximum Tilt Angle（最大倾斜角） | MNT_ANGMAX_TIL | 云台相机机架最大倾斜角,单位为°。默认=45 |
| Minimum Pan Angle［云台相机最小物理（偏航）角］ | MNT_ANGMIN_PAN | 云台相机机架最小物理（偏航）角,单位为°。默认=-45 |
| Minimum Roll Angle（最小滚转角） | MNT_ANGMIN_ROL | 云台相机机架最小滚转角,单位为°。默认=-45 |
| Minimum Tilt Angle（最小倾斜角） | MNT_ANGMIN_TIL | 云台相机机架最小倾斜角,单位为°。默认=-45 |
| Mount Joystick Speed（操纵杆机架速度） | MNTJSTICK_SPD | 0 表示位置控制,较小值表示低速,10 表示最大速度。默认=0 |

续表

| 参数_功能_影响 | 参数_名称 | 参数_说明 |
|---|---|---|
| Mount Operation Mode（挂载操作模式） | MNT_MODE | 相机或天线座的操作模式。默认=retract |
| Mount roll angle when in neutral position（在中立位置时，相机云台滚转角度） | MNT_NEUTRAL_X | 在中立位置时，相机云台滚转角度。默认=0 |
| Mount tilt／pitch angle when in neutral position（中立位置时，相机云台倾斜/俯仰） | MNT_NEUTRAL_Y | 中立位置时，相机云台倾斜/俯仰角度。默认=0 |
| Mount pan／yaw angle when in neutral position（中立位置时，相机云台 pan/yaw） | MNT_NEUTRAL_Z | 中立位置时，相机云台 yaw/pan 角度。单位为°。默认=0 |
| Pan（yaw）RC 输入通道 | MNT_RC_IN_PAN | 控制相机云台 pan 移动的无线电通道。默认=0=禁用 |
| Roll RC input channel（Roll RC 输入通道） | MNT_RC_IN_ROLL | 控制相机云台 roll 移动的无线电通道。默认=0=禁用 |
| Tilt（pitch）RC 输入通道 | MNT_RC_IN_TILT | 控制相机云台 pitch/titl 移动的无线电通道。默认=0=禁用 |
| Mount roll angle when in retracted position（在收回位置，相机云台滚转的角度） | MNT_RETRACT_X | 在收回位置，相机云台滚转的角度。默认=0 |
| Mount tilt／pitch angle when in retracted position（在收回位置，相机云台倾斜/俯仰角度） | MNT_RETRACT_Y | 在收回位置，相机云台倾斜/俯仰角度。默认=0 |
| Mount yaw／pan angle when in retracted position（在收回位置，相机云台 yaw/pan 角度） | MNT_RETRACT_Z | 在收回位置，相机云台 yaw/pan 角度。默认=0 |
| Stabilize mount pan／yaw angle（自稳云台 pan/yaw 角度） | MNT_STAB_PAN | 1=启用相对地球稳定偏航。默认=0=禁用 |
| 自稳云台 roll 角度 | MNT_STAB_ROLL | 1=启用相对地球稳定偏航。默认=0=禁用 |
| Stabilize mount pitch/tilt angle（自稳 pitch/tilt 角度） | MNT_STAB_TILT | 1=启用相对地球稳定偏航。默认=0=禁用 |
| 飞手最大垂直速度 | PILOT_VELZ_MAX | 飞手可以请求的最大垂直速度，单位为 cm/s。默认=250 |

| 参数_功能_影响 | 参数_名称 | 参数_说明 |
| --- | --- | --- |
| Pitch Axis Rate Controller D gain（俯仰轴速度控制器 D 增益） | RATE_PIT_D | 俯仰轴速度控制器 D 增益。补偿了短时间 pitch 所需要的速度与实际 pitch 速度的变化。默认 = 0.004 |
| Pitch Axis Rate Controller I gain（Pitch 轴速度控制器 I 增益） | RATE_PIT_I | 俯仰轴速度控制器 I 增益。修正长期俯仰所需要的速度与实际俯仰速度的差别。默认 = 0.05 |
| Pitch Axis Rate Controller I gain Maximum（Pitch 轴速度控制器 I 增益最大值） | RATE_PIT_IMAX | Pitch 轴速度控制器 I 增益最大值。约束最大电动机的 I 增益输出。默认 = 500 |
| 悬停经度变化比例控制器 P 增益 | RATE_PIT_P | Pitch 轴速度控制器 P 增益。将所需的 Pitch 速度和实际 pitch 速度之间的差异转换为电机速度输出。默认 = 0.08 |
| Roll 轴比例控制器 D 增益 | RATE_RLL_D | Roll 轴变化比例控制器 D 增益。短时间所需的 Roll 和实际 Roll 的变化补偿。默认 = 0.004 |
| Roll Axis Rate Controller I gain（Roll 轴比例控制器 I 增益） | RATE_RLL_I | Roll 轴比例控制器 I 增益。修正长期俯仰所需要的 Roll 与实际 Roll 的差别。默认 = 0.05 |
| Roll Axis Rate Controller I gain Maximum（Roll 轴比例控制器 I 增益最大值） | RATE_PIT_IMAX | Roll 轴比例控制器 I 增益最大值。约束最大电动机的 I 增益输出。默认 = 500 |
| Roll Axis Rate Controller P gain（Roll 轴比例控制器 P 增益） | RATE_RLL_P | Roll 轴比例控制器 P 增益。将所需的 roll 和实际 roll 之间的差异转换为电机速度输出。默认 = 0.08 |
| Yaw Rate Controller D Gain（Yaw 比例控制器 D 增益） | RATE_YAW_D | Yaw 轴变化比例控制器 D 增益。短时间所需的 Yaw 和实际 Yaw 的变化补偿。默认 = 0.00 |
| Yaw Axis Rate Controller I gain（Yaw 轴比例控制器 I 增益） | RATE_YAW_I | Yaw 轴比例控制器 I 增益。修正长期俯仰所需要 Yaw 与实际 Yaw 的差别。默认 = 0.015 |
| Yaw 轴变化比例控制器 I 增益最大值 | RATE_YAW_IMAX | Yaw 轴变化比例控制器 I 增益最大值。约束最大电动机的 I 增益输出。默认 = 800 |
| Yaw Axis Rate Controller I gain（Yaw 轴比例控制器 P 增益） | RATE_YAW_P | Yaw 比例控制器 P 增益。将所需的 Yaw 和实际 Yaw 之间的差异转换为电机速度输出。默认 = 0.2 |

续表

| 参数_功能_影响 | 参数_名称 | 参数_说明 |
|---|---|---|
| Servo out function(舵机输出功能) | RC10_FUNCTION | 除 0 以外的任何数值皆有其相对应的功能。默认 = 0 = 禁用 |
| Servo out function(舵机输出功能) | RC11_FUNCTION | 除 0 以外的任何数值皆有其相对应的功能。默认 = 0 = 禁用 |
| Servo out function(舵机输出功能) | RC12_FUNCTION | 除 0 以外的任何数值皆有其相对应的功能。默认 = 0 = 禁用 |
| Servo out function(舵机输出功能) | RC5_FUNCTION | 除 0 以外的任何数值皆有其相对应的功能。默认 = 0 = 禁用 |
| Servo out function(舵机输出功能) | RC6_FUNCTION | 除 0 以外的任何数值皆有其相对应的功能。默认 = 0 = 禁用 |
| Servo out function(舵机输出功能) | RC7_FUNCTION | 除 0 以外的任何数值皆有其相对应的功能。默认 = 0 = 禁用 |
| Servo out function(舵机输出功能) | RC8_FUNCTION | 除 0 以外的任何数值皆有其相对应的功能。默认 = 0 = 禁用 |
| Servo out function(舵机输出功能) | RC9_FUNCTION | 除 0 以外的任何数值皆有其相对应的功能。默认 = 0 = 禁用 |
| Receiver RSSI sensing pin(接收机 RSSI 传感器引脚) | RSSI_PIN | 选择一个模拟引脚作为接收机 RSSI 的电压。假定最高电压 5 V,最低电压 0 V。默认 = 禁用 |
| 返航高度 | RTL_ALT | 飞行器返回家之前的最低高度。设置为 0 以当前高度返回。默认 = 15.00 |
| 最终返航高度 | RTL_ALT_FINAL | 在回家的最终阶段或是完成一个任务后,飞行器将会到达的高度。设置 0 为降落。默认 = 2.0 |
| 返航悬停时间 | RTL_LOIT_TIME | 在最终下降之前在家的位置上方悬停的时间,以 ms 为单位。默认 = 5 000.00 |
| Telemetry Baud Rate(数传波特率) | SERIAL3_BAUD | 通过遥测端口设置波特率。默认 = 57 600 |
| Enable SONAR(启用声呐) | SONAR_ENABLE | 1 = 启用声呐。默认 = 0 = 禁用 |
| 声呐增益 | SONAR_GAIN | 当飞行器下面相对位置改变了,用于调整速度使飞机达到目标高度,从而改变目标高度。默认 = 0.200 |
| 声呐类型 | SONAR_TYPE | 设置声呐类型。默认 = XL-EZ0 |

| 参数_功能_影响 | 参数_名称 | 参数_说明 |
|---|---|---|
| 启用超简单模式 | SUPER_SIMPLE | 1=启用超简单模式。默认=0=禁用 |
| Telemetry Startup Delay(遥测启动延迟) | TELEM_DELAY | 长延时(单位:s)用于延时数传,以保护开机时 XBee bricking。默认=0 |
| Enable Accel based Throttle controller(启用基于 Accel 油门控制器) | THR_ACC_ENABLE | 这允许启用和禁用基于加速度计的油门控制器。如果禁用,将启用基于 velocity 的控制器。默认=启用 |
| Maximum Throttle(最大油门) | THR_MAX | 最大油门会被输入电机。默认=1 000 |
| Throttle Mid Position(中间油门) | THR_MID | 当油门推杆在中间位置,油门输出(0~1 000)。用于手动油门,而油门推杆回中后可保持接近悬停油门大小。默认=500 |
| Minimum Throttle(最小油门) | THR_MIN | 最小油门会被输入电机,维持旋转。默认=130 |
| 通道6调试 | TUNE | 发射器第6通道,选择控制哪个参数(一般说来是 PID gains)被调试。默认=CH6_NONE=禁用 |
| Waypoint Acceleration(航点加速度) | WPNAV_ACCEL | 定义了水平加速度,单位 cm/s²,在"自动"任务中。默认=250 |
| Loiter Horizontal Maximum Speed(悬停水平最大速度) | WPNAV_LOIT_SPEED | 定义了在悬停模式中,飞行器水平飞行的最大速度。默认=750 |
| Waypoint Radius(航点半径) | WP_RADIUS | 定义当超过航点时应该返回的距离,单位:m。默认=2 |
| Waypoint Horizontal Speed Target(朝目标水平速度) | WPNAV_SPEED | 定义了飞行器在 WP 任务中尝试保持水平速度,单位:cm/s。默认=500 |
| Waypoint Descent Speed Target(朝目标下降速度) | WPNAV_SPEED_DN | 定义了飞行器在 WP 任务中尝试保持上升速度,单位:cm/s。默认=500 |
| Waypoint Climb Speed Target(朝目标上升速度) | WPNAV_SPEED_UP | 定义了飞行器在 WP 任务中尝试保持下降速度,单位:cm/s。默认=250 |

# 任务 4.2 APM 飞控及其固件刷新

## 4.2.1 APM 飞控介绍

APM 是 ArduPilotMega 的缩写，APM 飞控是一款基于 Arduino 平台完全免费开源的自动驾驶控制器，可应用于固定翼、直升机、多旋翼、地面车辆等，还可以搭配多款功能强大的地面控制站软件（支持 Windows、Mac 和 Linux）使用，并通过地面站在线升级固件、调参。

APM 使用一套全双工的无线数据传输系统（采用 MAVLink 协议）在地面站与自驾仪之间建立起一条数据链，即可组成一套无人机自动控制系统。运用 ArduPilot 系统，能够低成本快速地进行小型无人机应用开发。

Arduino 是一个开放源代码的单芯片微电脑，它使用 Atmel AVR 单片机，采用基于开发源代码的软硬件平台，构建了开放源代码 simple I/O 接口板，并且具有使用类似 Java、C 语言的 Processing/Wiring 开发环境。

MAVLink 是 Micro Air Vehicle Link 的缩写，是一个用于小型无人机的通信协议。它是一个只有头文件信息的类型库列集，MAVLink 最早以 LGPL 协议在 2009 年发布，主要用于地面站与无人机之间通信，可以用来传递方向、GPS 位置、速度等信息。

### 1)性能特点

①免费的开源程序，支持多种载机。ArduPlane 模式支持固定翼飞机，Arducoper 模式支持直升机与多旋翼（包括三轴、四轴、六轴、八轴等），ArduRover 模式支持地面车辆。

②人性化的图形地面站控制软件，通过一根 Micro_USB 线或者一套无线数传连接，鼠标点击操作就可以进行设置和下载程序到控制板的 MCU 中，无须编程知识和下载线等其他硬件设备。但如果想更深入地了解 APM 的代码，可以使用 Arduino 来手动编程下载。

③多种免费地面站可选，包括 Mission Planner、HK GCS 等，还可以使用手机上的地面站软件。

④地面站的任务规划支持上百个三维航点的自主飞行设置，并且只需要通过鼠标在地图上点击操作就行，可实现任务规划、空中参数调整、视频显示、语音合成和查看飞行记录等。

⑤基于强大的 MAVLink 协议，支持双向遥测和实时传输命令。

⑥可实现自动起飞、自动降落、航点航线飞行、自动返航等多种自驾仪性能。

⑦完整支持 Xplane 和 Flight Gear 半硬件仿真。

### 2)硬件与接口

(1)硬件

APM 2.8 版硬件结构如图 4-18 所示，由以下部分组成，并留有其他扩展硬件接口：

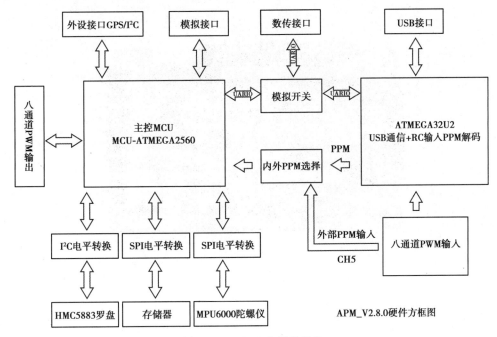

图 4-18　APM 2.8 硬件结构

①核心微控制单元(MCU)采用 ATMEL 8bit 的 ATMEGA2560。

②整合三轴陀螺仪与三轴加速度的六轴微机电系统(MEMS)传感器 MPU6000,配合三轴磁力计或 GPS 测得方向数据进行校正,实现方向余弦算法,计算出飞机姿态。

③高度测量采用高精度数字空气压力传感器 MS-5611,测量空气静压,用以换算为高度。

④三轴磁力计 HMC5883,测量飞机当前的航向(heading)。

⑤8 路 PWM 控制输入。

⑥11 路模拟传感器输入。

⑦11 路 PWM 输出(8 路电调电机+3 路云台增稳)。

⑧板载 16MB 的 AT45DB161D 存储器。

(2)可扩展选接设备

①GPS 模块可选 MTK3329 级支持 ublox 输出的 NEO-6M、7M、LEA-6H 等,测量飞机当前的经纬度、高度、航迹方向(track)、地速等信息。

②可屏蔽板载 PPM 解码功能,外接 PPM 解码板或外接 PPM 接收机。

③可屏蔽板载罗盘,通过 $I^2C$ 接口只用外置罗盘。

④可选接 OSD 模块,将无人机姿态、模式、速度、位置等重要数据叠加到图像上并实时回传。

⑤可选接空速、电流电压、超声波测距、光流定点等各类传感器。

⑥可扩展其他 UART、I2C、SPI 设备。

(3)接口

APM 2.8 版本正面接口如图 4-19 所示,包括:

①数传接口。

②模拟传感器接口。

③增稳云台输出接口。

图 4-19　APM 2.8 正面接口

④ATMEGA2560 SPI 在线编程接口,可用于光流传感器。

⑤USB 接口。

⑥遥控输入。

⑦功能选择跳线。

⑧GPS 接口。

⑨I2C 外接罗盘接口。

⑩ATMEGA32U2 SPI 在线编程接口。

⑪多功能可配置 MUX 接口,默认为 OSD 输出接口。

⑫电流电压传感器接口。

⑬电调供电选择跳线。

⑭电调输出接口。

APM 的输入 INPUTS 和输出 OUTPUTS 的端口有直针和弯针两种,外侧或下侧针为电源负"-",内侧或上侧针为信号"S",中排针为电源针"+",如图 4-20 所示,且端口的所有"+""-"极为并联方式,插线时要注意。

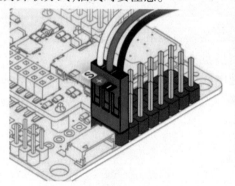

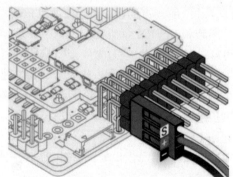

（a）直针接线方式　　　　　　　　（b）弯针接线方式

图 4-20　直针和弯针接线方式

APM 2.8 版本背面接口如图 4-21 所示,包括:

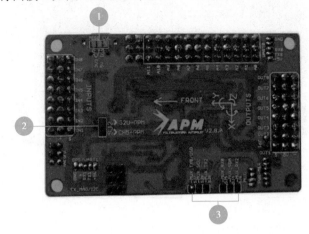

图 4-21　APM2.8 背面接口

①SPI 的 MISO 电压选择。
②PPM 输入选择。
③MUX 接口功能选择。

## 3)使用要求

(1)供电

APM 飞控为 5 V 供电,最高不要超过 5.5 V。

APM 板上的两片 0.5 A 自恢复保险只对 USB 接口、电调接口和 PM 电流电源传感器接口输入的 5 V 电源有效。推荐使用带 UBEC 的电调或者带 UBEC 输出的电流电压传感器进行供电,使用这两处接口供电,要将板上标记 JP1 的排针用一个 2.0 跳线帽插上。多个带 UBEC 输出电调都插上的话存在输出并联的情况,如果电调使用的是开关型稳压模块,那么建议只用一个电调的 UBEC 输出对 APM 供电,其他电调的正极线用挑针从 3P 杜邦头中挑出,而使用线性稳压模式的电调可以并联,不需要挑线。

(2)通信连接

不要同时使用数传和 USB 线连接调试 APM,因为 USB 接口的优先级高于数传接口,APM 会切断数传接口的通信功能,但仅有供电功能的 USB 线不在此限。

(3)减震

APM 板载的加速度传感器受震动影响,会产生不必要的动差,直接影响飞控姿态的计算,条件允许请尽量使用一个减震平台来安装 APM 主板。

(4)气压计遮光

APM 板载的高精气压计对温度的变化非常敏感,请尽量在气压计上覆盖一块黑色海绵用来遮光,如图 4-22 所示,以避免阳光直射的室外飞行环境下,光照热辐射对气压计的影响。覆盖海绵还可以避免飞行器自身气流对气压计的干扰。

图 4-22　气压计上覆盖黑色海绵

友情提示

对 APM 初级用户,建议分步完成 APM 的入门使用:

①安装地面站控制软件及驱动,熟悉地面站界面的各个菜单功能。

②仅连接 USB 线,学会固件的下载。

③连接接收机和 USB 线完成 APM 的遥控校准、加速度校准和罗盘校准。

④完成各类参数的设定。

⑤组装飞机,完成各类安全检查后试飞。

⑥PID 参数调整。

⑦APM 各类高阶应用。

### 4.2.2　固件刷新

固件(Firmware)就是数码产品最基础、最底层工作的软件,一般存储于设备中的带电可擦除只读存储器 EEPROM 或 FLASH 芯片中,可通过特定的刷新程序进行安装与升级。APM 飞控的性能及功能由内置的固件(Firmware)所决定,升级固件可以完善飞控的功能、增强稳定性、修补漏洞。初次进行 APM 固件刷新时的步骤如下:

(1)APM 与计算机 USB 连接

选用一根如图 4-23 所示的 Micro-USB 数据线,将 APM 飞控连接到计算机上的 USB 端口上(只连接 APM 飞控,其他暂不连接),让计算机给 APM 飞控加电,同时让计算机识别 APM 的串口,并分配 COM 端口。

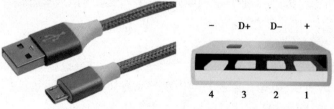

图 4-23　Micro-USB 数据线接口及信号定义

连接后 APM 加电,电源指示灯开始按顺序闪烁:红蓝快闪→红慢闪→红亮伴随蓝慢闪(此时接收 GPS 卫星数少于 5 个,若接上 GPS 且收星数在 5 个以上则蓝灯亮)。这里 APM 刷的是固定翼固件,红灯亮,如果刷的是多轴无人机固件则为红蓝慢闪。

确保计算机已经识别到 APM 的串口并分配 COM 端口号:右键"开始"→"设备管理器"→展开"端口",出现"Arduino Mega 2560(COMx)",x 为 COM 端口编号,如图 4-24 所示。

图 4-24　APM 的 COM 端口识别

**友情提示**

请不要用无线数传安装固件,虽然无线数传跟 USB 有着同样的通信功能,但它缺少 reset 信号,无法在刷固件的过程中给 2560 复位,会导致安装失败。

(2)打开 Mission Planner 地面站软件

如图 4-1 所示,打开地面站软件。

(3)APM 与 MP 通信连接

在 MP 主界面的右上方端口选择下拉框中选择对应的 COMx 端口;波特率选择 115 200,如图 4-25 所示。注意:请不要点击连接(CONNECT)按钮,因为固件刷新过程中程序会自行连接。如果已经连接了 APM,那么请点击断开连接,否则固件刷新过程中会弹出错误提示。

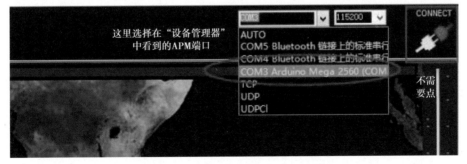

图 4-25　飞控与地面站的通信连接

(4)固件刷新

在主菜单栏点击"初始设置"选项,出现如图 4-26 所示界面。MP 提供两种方式升级安装固件:一种是手动模式(Install Firmware);另一种是向导模式(Wizard)。Wizard 向导模式会一步一步地以对话方式提示选择对应的飞控板、飞行模式等参数,虽然比较人性化,但是有个弊端,向导模式会在安装过程中检索端口,如果检索好端口后,因计算机性能的差异,端口没有有效释放的话,后续的固件烧入会提示不成功,使用向导模式升级安装固件出错概率比较大,建议使用手动模式。

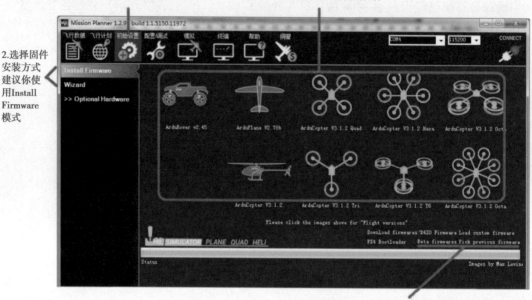

图 4-26　APM 固件刷新

点击 Install Firmware,窗口右侧会自动从网络下载最新的固件并以图形化显示固件名称以及固件对应的飞机模式,只需要在对应飞机模式的图片上点击(此处当然选固定翼),MP就会自动从网络上下载该固件,然后自动完成连接 APM→写入程序→校验程序→断开连接等一系列动作,完全无须人工干预。如果想使用一个历史版本的固件,那么请点击右下角 Beta firmware pick previous Firmware 处,点击后会出现一个下拉框,在下拉框里选择自己需要的固件就可以了。

(5)检验

固件安装提示"完成"后,点击右上角的连接按钮,可以实现 MP 对 APM 的数据下载与上传。连接后可查看 APM 实时运行姿态与数据,包括:

①顶行会在 MP 版本后面显示"ArduPlane 3.4.0",即刚刷新的固定翼固件版本。

②点击"飞行数据",晃动 APM 飞控,图像和数据会有明显变化。

③有些 APM 刷新后 OSD 没有数据,可点击"重新启动"即可。

# 任务4.3　APM 飞控校准

APM 固件刷新后,要作遥控器校准、加速度校准和罗盘(指南针)校准,如果不作,后续的解锁是不能进行的,MP 的 HUD 窗口上会不断弹出红色提示,如图 4-27 所示。图中,PreArm:RC not calibrated(遥控器没有校准);PreArm:INS not calibrated(加速度计没有校准);PreArm:Compass not calibrated(罗盘没有校准)。

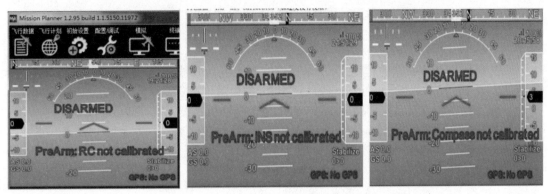

图 4-27　APM 飞控未校准弹出的各种红色提示

## 4.3.1　用 3DR 无线数传连接 APM 与 MP

APM 与 MP 连接是指实现数据下载与上传的互连,有用 Micro USB 线连接和 3DR 无线数传连接两种方法,前者上文已叙述,此处重点介绍数传连接操作。注意这两种连接同时进行时,USB 连接具有优先权,3DR 无线数传连接无效。

### 1)无线数传模块介绍

无线数传能代替 USB 线进行调参,还能实时取到飞控数据。在校正罗盘时,360°转动飞行器时 USB 线很容易缠绕机身,而用无线数传就没这个烦恼。在飞行时,通过无线数传能实时传输飞行数据到地面站,有利于监控、调试无人机和实现地面站控制无人机飞行。

3DR 无线数传是 APM 的一个数传模块,常见发射接收频率为 433 MHz,功率为 100 mW,有效距离为 500 m 左右。一种数传模块分为接 APM 飞控的 TTL 端(远端)和接计算机或者手机的 USB 端(近端)。TTL 端需要 TTL 转 USB 刷机小板,否则无法调试 TTL 端,如图 4-28(a)所示。另一种 V5 数传模块的远端和近端通用,如图 4-28(b)所示。

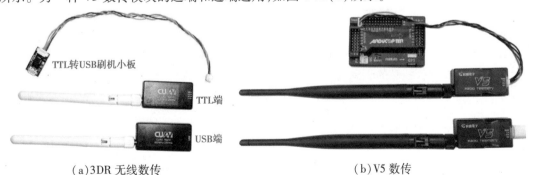

TTL转USB刷机小板

TTL端

USB端

（a）3DR 无线数传　　　　　　　　　　（b）V5 数传

图 4-28　3DR 无线数传组成

## 2）数传 COM 端口确认

对分 TTL 端和 USB 端的数传，USB 端的数传直接用 USB 线接上计算机，如图 4-29（a）所示，打开计算机"控制面板"的"设备管理器"，点开端口就可以看到 TTL 端用的 COM 端口号，如图 4-29（b）所示。TTL 端的数传需要把 TTL 转 USB 刷机小板的插口插到 TTL 端的接口上，再用 USB 线接上计算机，如图 4-29（c）所示，打开计算机"控制面板"的"设备管理器"，点开端口就可以看到 USB 刷机小板所用的端口号，如图 4-29（d）所示。

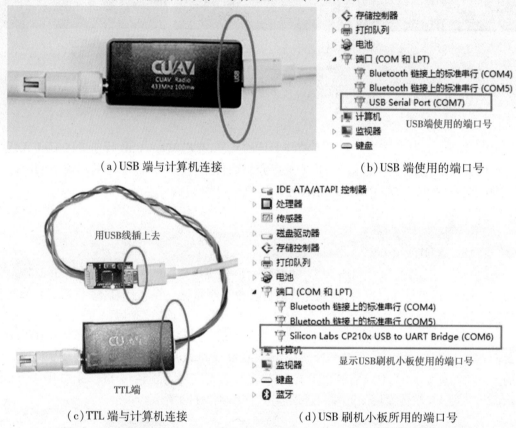

（a）USB 端与计算机连接　　　　　　　　（b）USB 端使用的端口号

（c）TTL 端与计算机连接　　　　　　　　（d）USB 刷机小板所用的端口号

图 4-29　3DR 无线数传与计算机连接与 COM 端口号显示

如果看不到 COM 端口号，可以看到有未知设备显示，以 V5 数传为例，如图 4-30（a）所示；网上搜索该未知设备型号的驱动，然后下载驱动并安装，安装后就会显示 COM 端口号，如图 4-30（b）所示。

## 3）数传配置

### （1）建立数传与 MP 通信

首先打开 MP 地面站软件，数传连上计算机 USB 口，选择界面右上角的数传端口，传输速率选 57 600，此时先不要连接，点击"初始设置"，点击"可选硬件"，选 Sik Radio，进入数传设置界面，如图 4-31 所示。

（a）未装驱动　　　　　　　　　　　（b）装驱动后

图 4-30　3DR 无线数传与计算机连接与 COM 端口号显示

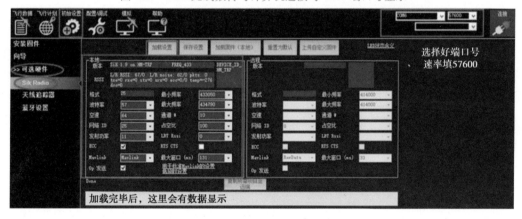

图 4-31　数传设置

（2）数传固件升级

先看下当前的版本，点"加载固件（本地）"按钮后 MP 会自动升级数传固件。等待一段时间后，直到进程条显示 Success 表示升级成功，再看下当前版本号并与之前的版本号进行比较，如图 4-32 所示。注意：数传的远端与近端的两个设备一个升级后，另一个也必须连接到 MP 上进行升级才能配对使用。

（3）数传设置

选择"加载设置"，然后进行修改。修改时，发射功率默认不是最大，如果希望传输距离远就调到最大。为防止多个数传使用时相互干扰，网络 ID 要更改。最大最小频率要更改，但是一对数传的值要相同，可以先修改左边的数据然后点击"复制到远端"。修改结束后点击"保存设置"。

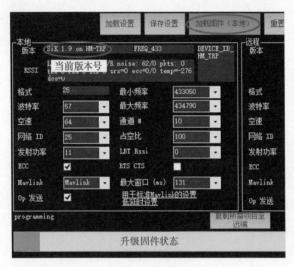 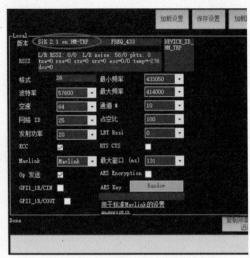

（a）固件升级前　　　　　　　　　（b）固件升级后

图 4-32　数传固件升级

　　原本不是一对的数传进行配对时，两个数传都上电，点击"加载设置"后点击"重置为默认"，两个数传就配对了，然后进行上述中的修改。波特率和占空比等其他值不要修改。修改结束之后保存就可正常连接使用了。

### 4）数传使用

　　将远端数传接线插入 APM 的"Telem"接口中，APM 上电。近端数传连上计算机后，选择 MP 界面右上角的数传端口，传输速率选 57 600，点击 MP 的连接，即可实现地面站和飞控通过数传通信使用。

## 4.3.2　遥控器校准

　　遥控器校准是将 APM 的输入通道量与遥控器的各发射通道匹配，使无人机操控更精准，有利于飞行模式、解锁、遥控器故障保护等设置。

### 1）设备准备

　　打开遥控器开关，将遥控器设置为"美国手"。
　　从无人机上拆下接收机，用通道线将接收机与 APM 的各输入（INPUTS）通道连接，如图 4-33 所示。由于固定翼默认飞行模式控制通道为 8 通道，因此要将接收机的 5 通道与 APM 的输入 8 通道连接。这里采用一线一通道的 PWM 接线方式，接线时可以每个通道都带电源线（电源插针是并联的），也可以只有一个通道带电源线，如图 4-34 所示。

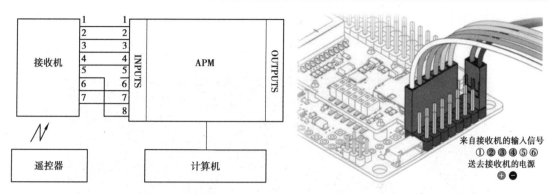

图 4-33　APM 与接收机连接　　　　　　图 4-34　APM 与接收机一路供电连接

用 Micro-USB 线将 APM 与计算机 MP 连接,此时计算机将 5 V 电通过 APM 供给接收机,在对好频的状态下可进行遥控器校准。

2)选择遥控器校准

如图 4-35 所示,顺序点击"初始设置"→"必要硬件"→"遥控器校准",此时右边窗口出现输入各通道的绿色条,绿色条的长短对应输入通道的 PWM 值。各通道与遥控器对应关系分别为:Roll 横侧(1 通道)、Pitch 俯仰(2 通道)、Throttle 油门(3 通道)、Yaw 偏航(4 通道)、Radio 8 飞行模式(5 通道)、Radio 6(6 通道)、Radio 7(7 通道)。

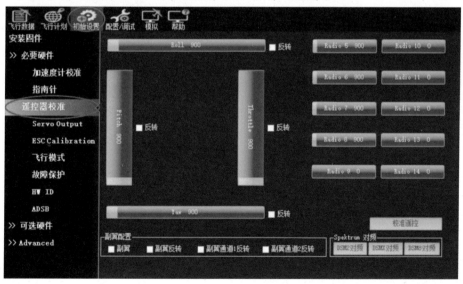

图 4-35　遥控器校准选择

3)校准遥控器

点击"校准遥控器"后会依次弹出两个提醒:

①确认遥控器已经打开和接收机已经通电并连接;确认电机没有通电或没有装桨。

②点击"OK"后摇动遥控器所有摇杆和开关到最大和最小位置,以便红色条标记最大和最小位置,如图4-36所示。

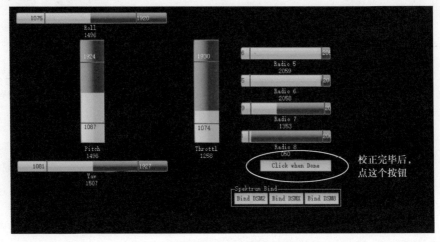

图4-36  校准遥控器过程

建议依顺序摇动各摇杆和开关,便于校准通道PWM的同时检查通道接线号和正反是否正确。各通道对应定义和正反见表4-2。

表4-2  各通道对应定义和正反情况表

| 摇杆通道号 | 通道定义 | 摇杆对应通道正反 |
|---|---|---|
| CH1 | Roll | 左倾=低 PWM;右倾=高 PWM |
| CH2 | Pitch | 下拉=高 PWM;上推=低 PWM |
| CH3 | Throttle | 小油门=低 PWM;大油门=高 PWM |
| CH4 | Yaw | 左转=低 PWM;右转=高 PWM |
| CH5 | Radio 5 | 未触发 |
| CH6 | Radio 6 | 任意(V1):左=低 PWM;右=高 PWM |
| CH7 | Radio 7 | 任意(K4):"0"=高 PWM;"2"=低 PWM |
| — | Radio 8 | 飞行模式(K2):"0"=高 PWM;"2"=低 PWM |

当所有通道最大和最小位置标记后,点击"Click when Done"保存,弹出校准结果窗口,显示 APM 输入通道的最大和最小 PWM 值,如图4-37所示。点击"OK"结束。遥控器校准的 PWM 值存储在 APM 的"RCx_MIN""RCx_MAX"参数中,x 为通道号,另有"RCx_TRIM""RCx_DZ"参数分别存储通道 PWM 中间值和最值偏差范围。

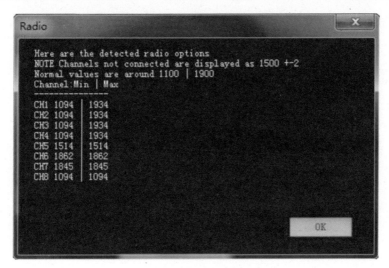

图 4-37　遥控器校准结果

**遥控器校准时的注意事项**

①如果摇动遥控器控制杆时校正条没反应,需要重新检查,检查内容包括接收机是否已经连接到飞控,接线是否有错,遥控器与接收机是否对好码等。

②如果控制杆的通道与校正条不一致时(如摇动油门杆时 Pitch 的校正条变化),请设置遥控器的左右手模式。

③校正时一定要注意遥控器控制杆摇动的方向与校正条的方向是否正确,如果不一致,需要调整遥控器舵机的相位,否则就算是校正好遥控器,也可能不能解锁,或者飞行器起飞就立即倾覆。例如,用乐迪 AT9 遥控器校正的时候发现,油门的方向与校正条相反,油门杆向上时校正条反而向下。此时应进入 AT9 菜单,找到"舵机相位",选择油门,设置为反相就可以了。

④APM 的第 5 通道用于切换飞行模式,需要校正第 5 通道,但每个遥控器设置第 5 通道用于飞行模式都有差别,需参考相关教程的说明来正确设置飞行模式。

## 4.3.3　加速度计校准

初始使用 APM,或者 APM 固件升级后,或者初始化全部参数后,都需要校准加速度计,如不校正则后续无法对 APM 解锁。

### 1)APM 方向识别

在校准加速度计时,需要按提示把 APM 置于不同的方位。方位是指以 APM 上 FORWARD 的箭头(机头方向)为参照,按如图 4-38 所示标出 6 个方位。在提示方位时,把对应的那面平放在平整的桌面或地面上。校准时,这个方位千万不要搞错。除了用 FORWARD 的箭头做参照外,可以用 USB 端口的方向再检查一次是否正确。

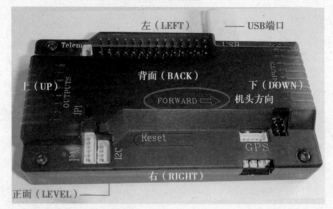

图 4-38　APM 飞控方位标志

2) 校准步骤

①接好 APM 的 USB 线,打开 MP,点击"CONNCET",确保 APM 与 MP 正常连接。

②在 MP 主界面,顺序点击"初始设置"→"必要硬件"→"加速度计校准",在右边校准窗口点击"校准加速度计"开始进入加速度计的校准操作,如果 30 s 内不操作,将自动退出校准并显示校准失败。

③按屏幕提示逐步完成 APM 在不同方位的校准,具体步骤如下:

a. 水平 LEVEL 位置校准:根据提示"Place APM level and press any key"将 APM 水平放置,点击任意键继续,加速度计完成水平位置校准,如图 4-39 所示。

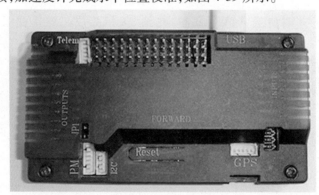

图 4-39　水平 level 位置校准

b. 左侧 LEFT 位置校准:根据提示"Place APM on its LEFT side and press any key"将 APM 左侧向下放置,点击任意键继续,加速度计完成左侧位置校准,如图 4-40 所示。

c. 右侧 RIGHT 位置校准:根据提示"Place APM on its RIGHT side and press any key"将 APM 右侧向下放置,点击任意键完成右侧位置校准,如图 4-41 所示。

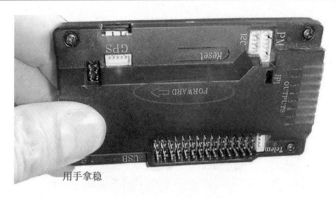

用手拿稳

图 4-40　左侧 LEFT 位置校准

用手压稳

留意USB方向

图 4-41　右侧 RIGHT 位置校准

d. 头下 DOWN 位置校准：根据提示"Place APM nose DOWN and press any key"将 APM 头朝下竖直放置，点击任意键完成头下位置校准，如图 4-42 所示。

e. 头上 UP 位置校准：根据提示"Place APM nose UP and press any key"将 APM 头朝上放置，点击任意键完成头上位置校准，如图 4-43 所示。

留意
USB位置

图 4-42　头下 nose down 位置校准

留意USB方向

图 4-43　头上 nose up 位置校准

f. 背面 BACK 位置校准:根据提示"Place APM on its BACK and press any key"将 APM 背向上放置,点击任意键完成背面位置校准,如图 4-44 所示。

图 4-44　背面 back 位置校准

g. 接着 MP 显示出校准成功的对话框,如图 4-45 所示。

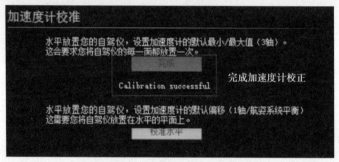

图 4-45　加速度计校准完成

### 3) 校准后检验

进入"飞机数据"界面,将 APM 放置在水平桌面上,检查 HUD 的仿真地平仪是否为零且水平。然后将 APM 左倾、右倾、抬头、低头,检查仿真地平仪变化是否正确。

在 APM 官方网站给出的教程中,加速度计校准是 APM 装在机架上后进行的,APM 装在机架上时的水平状态才是真正的水平,这时候校准的水平才是最准确的,而 APM 的水平状态在飞行时对飞行器影响最大。但在机架上校准时,除了水平方位外,其他方位的校准都不是很准确。保险起见,建议第一次校准加速度计时是单独对 APM 进行,待 APM 安装到机架上后再作一次加速度计的校准。飞行器一定要水平放置才能保证校正时水平状态的精确度。

### 4.3.4　罗盘校准

无人机使用的罗盘主要为电子罗盘,又分内罗盘和外罗盘,外罗盘可以有多个。内罗盘安装在飞控板上,容易受到飞控板上的电磁影响。为减小电磁干扰,无人机主要使用外罗盘,且一般将外罗盘安装在离飞控板、电源板、电机等较远的位置。为合理利用空间,外罗盘多与GPS安装在一起。与APM配套使用的GPS上也装有一个外接电子罗盘,该罗盘在使用时需要与APM连接到一起,连接后要进行罗盘校准。

### 1)内罗盘校准

APM飞控固件刷新后要进行内罗盘校准。在只能使用内罗盘,且内罗盘明显不准或改变飞行场地时都要进行内罗盘校准。

①接好APM的USB线,打开MP,点击"CONNCET",确保APM与MP正常连接。

②在MP主界面,顺序点击"初始设置"→"必要硬件"→"指南针",在右边校准窗口点击"内置罗盘"栏,再点击"现场校准",进入罗盘的校准操作,如图4-46所示。

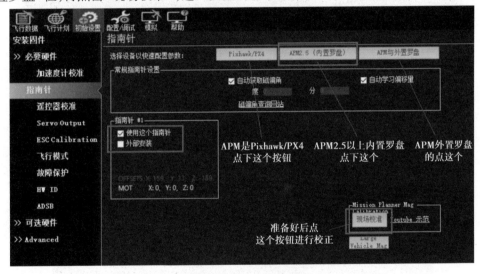

图4-46 内罗盘校准选择

罗盘测量的是磁北,并不是真正的地理北,而磁偏角则是磁北与真正地理北的夹角,每个地方的磁偏角都不同。在图4-46中,勾选"自动获取磁偏角"选项的意思就是自动选择磁偏角,可能会存在一定的误差但误差不大。当然,可以手工输入自己当地的磁偏角,让罗盘更准确。

③开始内罗盘校准。进入罗盘现场校准后会提示绕三轴转动,点击"确认",出现罗盘校准球形图和进程条。球形图中有红色、白色和彩色的点,红点表示罗盘芯片的方位,白点表示关键采样点,彩色点表示已测量的样点,如图4-47所示。将APM绕三轴转动(建议绕每个轴都旋转360°),点会跟着转动,红点经过白点位置,白点会变为彩色,彩色点会越来越多,组成一个球面。同时,进程条数字逐渐变大,表示已测量的样点越来越多。当白色点全部消失或测量样本点达到一定量时,如果在图4-46中已经勾选"自动学习偏移量"选项,则会自动退出进程窗口,否则需人工点击"Done"退出。测量样本点达到一定量就会提示校准成功,并给出三轴的磁偏量,磁偏量数字绿色表示有效,红色表示无效,如图4-48所示。

④检验。进入"飞行数据"界面,转动APM飞控,检查航向角是否正确。注意:罗盘校准和检验过程中,都要远离磁干扰。

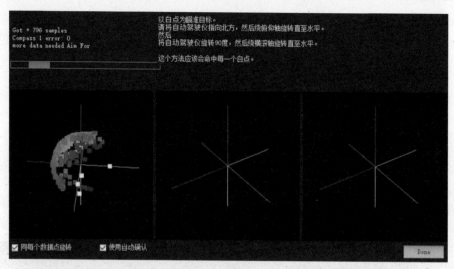

图 4-47　罗盘校准采样过程

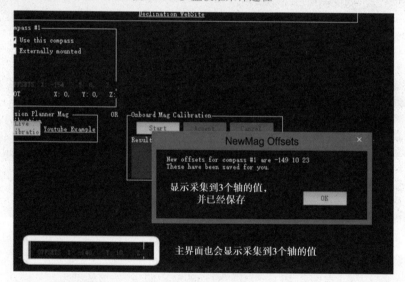

图 4-48　罗盘校准结果

图 4-49　外罗盘连接

## 2）外罗盘校准

### （1）外罗盘与 APM 连接

APM 断电后，将 GPS 两个接线头分别插到 I2C 外接罗盘接口和 GPS 接口上。拔下 JP2 跳线帽，如图 4-49 所示。注意：APM 插上 JP2 跳线帽则内罗盘有效，拔下则外罗盘有效。

### （2）连接 APM 和 MP

将 APM 重新上电后，连接 APM 和 MP。

（3）选择外罗盘校准

与内罗盘校准基本相同,顺序点击"初始设置"→"必要硬件"→"指南针",在右边校准窗口点击"外罗盘"栏,再点击"现场校准",进入罗盘的校准操作,如图4-50所示。

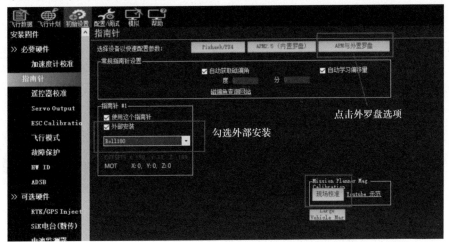

图4-50　外罗盘校准选择

（4）罗盘校准与检验

校准和检验时需转动GPS(因外罗盘安装在GPS板上),注意:为防止将GPS线转断,建议将GPS与APM连在一起转动。其他与内罗盘校准相同。

 友情提示

**罗盘校准注意事项**

①校正后罗盘 $X$、$Y$、$Z$ 三个值的开平方根之和( $X^2 + Y^2 + Z^2$ )如果大于500表示罗盘被干扰了,这时候需要重新校准一次。校准后还是大于500则需要检查飞控是否存在干扰源。校准不好强行飞行存在极大的隐患。

②在室内校准罗盘时,室内设备会对地磁产生干扰影响罗盘精度,建议在室外做一次。

③APM内置的罗盘很容易受到飞控内电子元件干扰,还有电池、接收机等的干扰,如果用外置罗盘精度会增加不少。

④飞行器重新布线、升级固件、添加或者换设备时,都需重新校准罗盘。

⑤很多"炸机"是由罗盘被干扰引起的,一定要重视罗盘的工作环境。

## 4.3.5　飞控电源模块配置

APM飞控在地面站调试时,可由计算机通过USB线为其供电;APM飞控在无人机上时,一般可用电调的BEC供电,但最好用电源模块从PM口供电,飞控板电路中有一个电源逆电压保护二极管和一个熔丝,只有电源从PM口接入时,这个保护电路才起作用,但随之带来的负面作用就是电源经过这两个元件之后会产生0.3~0.4 V的压降,如果用普通的5 V电源模块,那么APM上VCC的电压将达不到5 V,如果其他负荷(OSD、数传、接收机等)也从APM

飞控板直接取电,则 VCC 的电压将更低,有可能无法保证飞控板的正常工作。一般电源模块设计为5.3 V,可以完美为 APM 提供电源。另外,如果用地面站监测或飞行无人机,需要监测电池的电压、电流和电量等值时,则需要电源模块。

使用电源模块给 APM 供电时,需要在 MP 上配置对应参数。

### 1)电源模块与 APM 连接

将电源模块的 BEC 接头插入 APM 的 PM 接口上,黑线靠外;再将电池与电源模块输入端连接,通过电源模块给 APM 供电,注意 JP1 跳线帽要插上,如图4-51 所示。

### 2)APM 与 MP 连接

图 4-51   用电源模块给 APM 供电

用 USB 线连接好 APM 和地面站,打开 MP,点击"连接"按钮。

### 3)电源模块配置

顺序点击"初始设置"→"可选硬件"→"电池检测器",按如图4-52 所示进行修改。

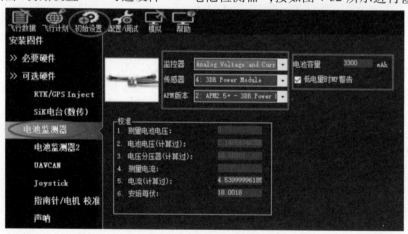

图 4-52   电池监测器设置

①"Analog Voltage and Current":表示同时检测电源电压和电流,并在监控器上显示。

②"3DR Power Module":表示电源模块传感器类型,此处要根据所购买电源模块型号进行设置,常见类型为3DR 或仿3DR,如不是或有不明可询问供应商。

③"APM2.5+-3DR Power Module":表示 APM 飞控的版本,本书采用2.8 版的 APM,选此项。

④"电池容量":根据所用电池实际容量填入,由于旧电池容量往往存在容量不足的虚高情况,因此该值一般误差较大。

⑤"低电压时 MP 警告":如果需要在电池低压时得到 MP 的提醒,勾下此选择框,会弹出

一个对话框,可以自己修改低压的提醒语句,{batv}是电池当前电压,{batp}是电池当前电压百分比,除了这两个外,其他字样都可以修改。如图4-53所示两个对话框分别输入告警电压和告警电压百分比,告警电压一般填入电池标称值;告警电压百分比一般填入20(表示20%)。

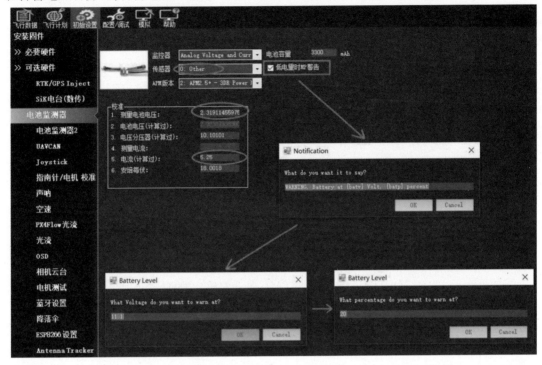

图4-53　电源低电压警告设置

⑥保存后,传感器会变成"Other"是正常的。如果电压电流不准,可以用万用表测量实际值后填入,可以使监测更准确。

4)检验

进入"飞行数据"界面,检查HUD窗口的左下角,会显示修改后的电池电压、电流和容量百分比。如果各值低于警告设定值,会以红色显示,如图4-54所示。

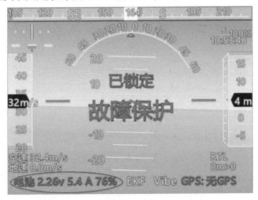

图4-54　电池电压、电流和容量显示

# 任务 4.4 飞行模式设置

## 4.4.1 固定翼飞行模式

APM 飞控能以多种方式控制无人机飞行,其控制方式又称飞行模式。飞行模式可以通过遥控器模式通道控制,也可以通过 GCS 地面站进行发送命令更改。遥控器和地面站都可以控制飞行模式,通常以最后一个命令为准。

### 1)MANUAL 手动模式

在此飞行模式下,遥控器直接控制飞行器,飞控不作控制信号处理,飞控将接收机输入的信号直接传送到输出端。除以下情况外:

①触发了故障保护或地理围栏,并且飞控接管飞行器。

②如果启动 VTAIL_OUTPUT 选项,则 VTAIL 混合器输出到 V 尾。

③如果启用 ELEVON_OUTPUT 选项,则 ELEVON 混合器输出到副翼。

手动模式下,遥控器对无人机的姿态控制是速度控制,即摇杆量与舵机量对应,舵机量的大小决定无人机姿态变化的速度快慢,而无人机姿态变化量等于姿态变化速度乘以时间。由此可知,手动模式飞行就是上一个项目中学习的固定翼航模在视距内的飞行,飞机姿态变化快、幅度大,摇杆总处于摇动状态,对于操纵者来说难度大。

### 2)STABILIZE 简单增稳模式

在此飞行模式下,飞控根据加速度计信号(陀螺提供负反馈信号)对飞机进行简单的姿态增稳,即如果松开遥控器的 1#、2#通道摇杆(自动回中),无人机会尽量维持自动平飞。简单增稳模式下的各舵面摇杆操纵动作较航模稍有变化。

(1)油门

增稳模式下的油门受到参数 THR_MIN 和 THR_MAX 设置的限制,油门大小决定无人机的空速,进一步决定无人机的高度变化。当油门减小时,无人机空速减少,无人机保持平飞状态而降高;油门增大时,无人机空速增加,将会保持平飞状态而爬高。油门配合升降舵操控,无人机的高度会变得更快。

(2)方向

在增稳模式下,无人机的方向舵采用协调混控的方式,即方向舵根据方向通道和横侧通道信号量之和变化,其中横侧通道对方向舵的影响由比例参数 KFF_RDDRMIX 决定(默认为 0.5),其控制原理如图 4-55 所示。

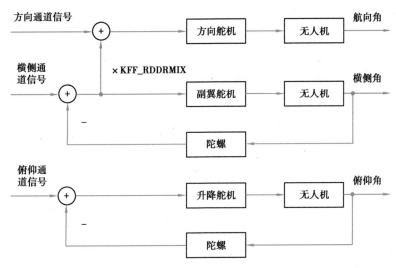

图 4-55　STABILIZE 模式下的姿态控制原理

（3）升降与副翼

在增稳模式下,遥控器对无人机的横侧和俯仰姿态控制是位置控制,即摇杆量与横侧角和俯仰角对应。无人机姿态变化慢、操纵直观性好,操纵难度较航模稍小。

（4）几点说明

①STABILIZE 平飞只是横侧和俯仰姿态受控制,并不能定高度和定航向飞行。

②自动平飞是有条件的,需要无人机组装后机体(含舵面)、电气设备、飞控系统、质量重心等均符合要求,否则无人机仍然不能平稳飞行,甚至炸机。

③该模式飞行,无人机的倾斜与转圈等机动性会变差。

### 3）FBWA（FLY BY WIRE_A）线控 A 增稳模式

这是新手练习的最佳模式,与 STABILIZE 模式基本相同,不同点是固定翼横滚角度受参数 LIM_ROLL_CD 限制,俯仰角度受参数 LIM_PITCH_MAX、LIM_PITCH_MIN 限制。默认情况下,这 3 个角度都相对比较小,分别为 45°、20°、-25°,新手操作时,哪怕横侧和俯仰摇杆达到极限,无人机仍以较小的姿态角动作。

但是,该模式飞行,无人机各舵面对飞机控制能力有限,当天气较差或飞行环境复杂时,无人机反而更容易炸机。

### 4）FBWB（FLY BY WIRE_B）线控 B 增稳模式

该模式类似于 FBWA 模式,但增加了定高控制。高精度气压高度计测量无人机高度变化量 $\Delta H$,飞控根据 $\Delta H$ 控制升降舵反向动作,保持无人机定高,如图 4-56 所示。通过操纵升降摇杆可改变无人机高度,杆量越大无人机高度变化越快,但最大爬升率由参数 FBWB_CLIMB_RATE 指定,默认为 2 m/s。参数 FBWB_ELEV_REV 的默认值是向后拉摇杆控制无人机爬升,如果设置为 1,则动作会相反。放开升降摇杆(摇杆回中)后飞控保持目前的高度飞行。

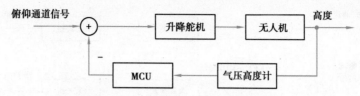

图 4-56　FBWB 模式下的高度控制原理

无人机如果装了空速计,则空速受 ARSPD_FBW_MIN 和 ARSPD_FBW_MAX 限制,油门最低时飞机将尝试以 ARSPD_FBW_MIN 飞行,最高时尝试以 ARSPD_FBW_MAX 飞行。如果没有装空速计,油门将调整输出量以确保速度达到定高飞行要求所需。

该模式下,需要 GPS 速度数据进行加速度计校准。

### 5）CRUISE 巡航模式

该模式与 FBWB 类似,自动控制高度、速度和方向,增加了航向锁定功能,适合远距离飞行。

实际飞行中,如果无人机有副翼或方向通道输入,就会像 FBWB 一样飞行。当副翼和方向通道超过 0.5 s 无输入时,它会在当前的位置设置一个内部航点,然后向前 1 km 处投射一个目标航点(注意:需要 GPS 锁定功能,且地面速度 3 m/s 以上),并自动控制副翼和方向舵,使无人机朝着目标航点飞行。飞行中不断更新目标航点,使其始终位于前方 1 km 处。巡航模式具备抗侧风等外界干扰的功能。

### 6）AUTOTUNE 调参模式

无人机要想稳定、准确飞行,获得一套良好的 ROLL、PITCH 调参值很关键。AUTOTUNE 模式与 FBWA 的飞行方式相同,但是在该模式下飞控可以自动学习 ROLL、PITCH 的关键调参值。在无人机飞行过程中,飞手切换飞行模式到 AUTOTUNE,飞控启动自动调参学习程序,然后在飞行时,飞手需要尽可能大幅度地打杆,使无人机姿态急剧变化,以便程序能够得到无人机的响应参数。每 10 s 程序保存一次参数。随着调参的进行,无人机的响应会越来越好,一般做 20 个以上快速滚转动作和 20 个以上快速俯仰动作,才能得到比较好的调参值,尽可能长时间保持在 AUTOTUNE 模式下飞行,直到无人机飞行良好。当切换出 AUTOTUNE 模式时,最后保存的参数被存储下来。

注意:AUTOTUNE 模式飞行时要确保飞行区域足够大。

### 7）LOITER 定点模式

在该飞行模式下,无人机开始以 GPS 确定的当前位置为圆心定点绕圈等高飞行,半径由参数 WP_LOITER_RAD 设定,当参数为正时无人机顺时针绕圈,为负时逆时针绕圈,绕圈时横侧角不能超过 LIM_ROLL_CD 限制值。

当开启 STICK_MIXING 设置后,在 LOITER 飞行中可以操纵副翼、升降舵和方向舵改变飞机姿态,实现使用遥控器与飞控自主控制混合操控无人机,此时飞行模式跟 FBWA 相似。

## 8)CIRCLE 绕圈模式

该模式与 LOITER 类似,但无人机不能像 LOITER 一样保持固定位置,称为游荡式绕圈。该模式主要作为故障保护方式:当失控保护触发时进入该模式,默认情况下 5 s( 老版本是 20 s)后切换到 RTL。由于不需要定位,所以不需要 GPS。绕圈倾斜角被设定为 LIM_ROLL_CD 除以 3,以确保即使没有用于加速度计校准的 GPS 速度数据,舵面仍然保持稳定。CIRCLE 模式绕圈圆半径非常大。绕圈模式高度保持在开始盘旋的高度,且操纵油门和俯仰可改变绕圈高度。

## 9)AUTO 自动模式

根据地面站规划的任务航线( 由许多 GPS 定位的航点顺序连接构成)飞行,当航线结束,只要不是无限航线( 如 LOITER),无人机将转入 RTL 模式。

与 LOITER 模式一样,可以使用摇杆与飞控自主控制混合控制无人机。

## 10)RTL( Return To Launch ) 自动返航模式

在 RTL 模式下,飞机将自动返回到 Home 点( 家),飞行高度由参数 ALT_HOLD_RTL 设定。当参数为正时,无人机将以不低于参数的高度返回;当参数为负时,无人机保持当前高度返回。回到 Home 点后转入 LOITER 飞行,直到手动控制或者燃料用尽。关于 Home 点,它是 GPS 工作后第一个锁定的点,一般就是无人机上电后 GPS 锁定点,当然可以将 Home 点移动到起飞点。

与 LOITER 模式一样,可以使用摇杆与飞控自主控制混合控制无人机。

## 11)TAKEOFF 自动起飞模式

自动起飞仅由任务控制脚本设置。起飞任务指定起飞俯仰角和目标高度。起飞时将使用由参数 THR_MAX 设置的最大油门。起飞高度达到指定的目标高度时,起飞任务被视为完成。

起飞前,要注意使无人机迎风,并与跑道对齐。无人机在起飞过程中将试图保持起飞开始时的航向。要为自动起飞启用和正确配置罗盘,用 GPS 航向起飞可能导致航向控制不良。

## 12)LAND 自动降落模式

自动降落仅由任务控制脚本设置。油门和高度由飞控控制。在从目标高度下滑至 LAND_FLARE_ALT 高度时,或从目标着陆点下滑 LAND_FLARE_SEC 秒时,无人机将会"拉平"到

LAND_PITCH_CD 仰角,然后保持该仰角直到触地。

### 13）GUIDED 引导模式

无人机在 AUTO、RTL 等飞行中,当想要无人机飞到地图上航线外的某个点时,使用引导模式。大多数地面控制站都支持"飞行至此"功能,即点击地图上的一个点,无人机将飞往该位置游荡。

GUIDED 模式的另一个主要用途是在地理围栏中。当地理围栏被攻破时,飞机将进入引导模式,并且前往预定义的地理围栏返回点,在那里按 LOITER 模式飞行。

## 4.4.2 飞行模式特点

各种飞行模式的特点见表4-3。表中自动控制是指由飞控自动实现无人机姿态稳定、速度、油门、高度等控制方式的飞行,不同于自动飞行模式"AUTO"。表中有限增稳是指飞控只控制无人机的姿态稳定和部分参数的飞行。

表 4-3  固定翼无人机飞行模式特点

| 序号 | 模式 | Roll 控制方式 | Pitch 控制方式 | Throttle 控制方式 | 是否需要 GPS | 是否需要遥控 |
|------|------|------|------|------|------|------|
| 1 | MANUAL | 手控 | 手控 | 手控 | | Y |
| 2 | STABILIZE | 增稳控制 | 增稳控制 | 手控 | | Y |
| 3 | FBWA | 有限增稳 | 有限增稳 | 手控 | | Y |
| 4 | FBWB | 有限增稳 | 自动控制 | 控制速度 | Y | Y |
| 5 | CRUISE | 自动控制 | 自动控制 | 控制速度 | Y | Y |
| 6 | AUTOTUNE | 有限增稳 | 有限增稳 | 手控 | | Y |
| 7 | LOITER | 自动控制 | 自动控制 | 自动控制 | Y | |
| 8 | CIRCLE | 自动控制 | 自动控制 | 自动控制 | | |
| 9 | AUTO | 自动控制 | 自动控制 | 自动控制 | Y | |
| 10 | RTL | 自动控制 | 自动控制 | 自动控制 | Y | |
| 11 | TAKEOFF | 自动控制 | 自动控制 | 自动控制 | Y | |
| 12 | LAND | 自动控制 | 自动控制 | 自动控制 | Y | |
| 13 | GUIDED | 自动控制 | 自动控制 | 自动控制 | Y | |

### 4.4.3　WFT07遥控器飞行模式设置

以WFT07遥控器设备、2.8版APM飞控、1.3.75版MP讲述飞行模式设置。

在上一任务"遥控器校准"后,直接点击MP的"初始设置"→"必要硬件"→"飞行模式",或者点击MP的"配置/调试"→"飞行模式",可以看到飞行模式设置窗口,如图4-57所示。

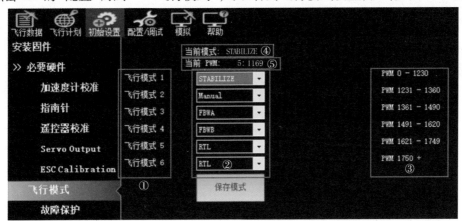

图4-57　飞行模式设置窗口

图中:①号框处为飞行模式编号,有Model 1—6六个编号;②号框处为飞行模式设置,选中下拉菜单,可为对应模式编号设置飞行模式;③号框处为飞行模式编号对应的PWM范围,Model 1—6分别为0—1 230、1 231—1 360、1 361—1 490、1 491—1 620、1 621—1 749、1 750+;④号框处为当前的飞行模式;⑤号框处为飞行模式通道在APM中设定的通道号和当前飞行模式编号的PWM值。

当拨动WFT07遥控器的K2开关位于"0""1""2"位,可以看到绿色标分别在Model 6、Model 4、Model 1三处跳动,如当绿色标位于Model 1时,④号框当前模式显示为当前飞行模式1"Stabilize",⑤号框当前PWM显示的"5"为飞行模式通道占用APM通道5,"1 169"为飞行模式1设定的PWM值。

#### 1)遥控器3种飞行模式的设置

遥控器3种飞行模式的设置比较简单,只要按照"遥控器校准"任务,连接好接收机与APM之间的PWM线,3种飞行模式编号就自动设定为6#、4#和1#了。再将各编号菜单内的飞行模式选定为想要的就可以了,见表4-4。

表4-4　遥控器3种飞行模式的设置方法一

| K2开关 | 飞行模式编号 | 飞行模式 |
|---|---|---|
| 0 | Model 6 | Manual |

续表

| K2 开关 | 飞行模式编号 | 飞行模式 |
| --- | --- | --- |
| 1 | Model 4 | Stabilize |
| 2 | Model 1 | FBWA |

前面说过,固定翼默认的 APM 飞行模式通道为 8,但图中显示 5,怎么回事呢? 实际上是作了飞行模式通道号修改。方法如下:

①硬件修改:将接收机 5 通道连接到 APM 的输入端的 5 通道。

②软件修改:在 MP 的"配置/调试"→"全部参数表"中搜索"FLTMODE_CH",将默认的值"8"改为"5",点击"写入参数"。需要注意的是,FLTMODE_CH 用于设定飞行模式占用的通道号。多旋翼默认为"5",固定翼默认为"8"。修改此数字时不能占用已使用的通道,否则会造成通道混乱。

上面飞行模式的设置中 K2 开关位置和飞行模式编号也可以反过来,方法为:将遥控器的"参数设置"→"正反设置"中的第 5 通道的"正"改为"逆";再将飞行模式窗口中各编号菜单内的飞行模式选定为想要的。这样就变成设置方法二了,与设置方法一效果一样,见表 4-5。

表 4-5　遥控器 3 种飞行模式的设置方法二

| K2 开关 | 飞行模式编号 | 飞行模式 |
| --- | --- | --- |
| 0 | Model 1 | Manual |
| 1 | Model 4 | Stabilize |
| 2 | Model 6 | FBWA |

## 2)遥控器 6 种飞行模式的设置

图 4-58　两挡和三挡开关联合设置 6 种飞行模式

APM 最多可以设置 6 种飞行模式,但 K2 开关只有"0""1""2"三个状态位,可将一个两挡开关联合三挡开关进行设置,就可以实现遥控器 6 种飞行模式的设置。联合 K2 和 K3 开关来进行设置(K3 开关只有"0""2"两个挡位):当 K3 开关拨上("0"位)时,K2 开关的 0/1/2 挡,分别对应飞行模式 5/3/1;当 K3 开关拨下("2"位)时,K2 开关的 0/1/2 挡,分别对应飞行模式 6/4/2。挡位设置关系如图 4-58 所示。

通道 PWM 的设定方法为:当输入的 PWM 值分别为 0—1 230、1 231—1 360、1 361—1 490、1 491—1 620、1 621—1 749、1 750+这 6 个区间时,每个区间的值就可以设定一个对应

的飞行模式,推荐 6 个 PWM 值为 1 165、1 295、1 425、1555、1 685、1 815(恰好在各区间的正中间,且间隔一致为 130)。具体步骤如下:

(1)拨 K3 开关在上方,进行可编程混控 1 设置

①顺序进入遥控器菜单"参数设置"→"高级设置"→"可编程混控 1",如图 4-59 所示。

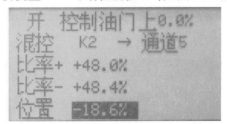

图 4-59　拨 K3 开关在上方,进行可编程混控 1 设置

②改"控制方式"为"油门上 0.0%","禁用"为"开"。改后该设置的意思是:当油门在 0.0% 以上时,可编程混控 1 始终打开。

③改混控方式为 K2→通道 5,该设置的意思是:将 K2 开关控制的混控 1 效果加到通道 5上(遥控器的飞行模式通道)。

④拨 K2 于"1",调"位置",使飞行模式窗口中"当前 PWM"为 1 425 左右。

⑤拨 K2 于"0",调"比率+",使飞行模式窗口中"当前 PWM"为 1 685 左右。

⑥拨 K2 于"2",调"比率-",使飞行模式窗口中"当前 PWM"为 1 165 左右。

设置完后,拨 K2 开关于"0""1""2",飞行模式对应编号 5#、3#、1#。需要说明的是,这种编号对应是通道正向设置,即遥控器中"正反设置"第 5 通道为正。

飞行模式窗口中"当前 PWM"是以数字表示的,遥控器上是以百分数表示的,实际上是一个数。在 WFT07 遥控器校准时,第 5 通道 PWM 最大约 2 018、中间约 1 518、最小约 1 018,最大最小两个行程距中间宽度为 500,则

PWM 为 1 425 对应的百分数约为 $\frac{1\ 425-1\ 518}{500}\times100\%=-18.6\%$ ;

PWM 为 1 685 对应的百分数约为 $\frac{2\ 018-(1\ 518-1\ 425)-1\ 685}{2\ 018-1\ 518}\times100\%=+48.0\%$ ;

PWM 为 1 165 对应的百分数约为 $\frac{1\ 165-[1\ 018-(1\ 518-1\ 425)]}{1\ 518-1\ 018}\times100\%=+48.4\%$ 。

(2)拨 K3 开关在下方,进行可编程混控 2 设置

①顺序进入遥控器菜单"参数设置"→"高级设置"→"可编程混控 2",如图 4-60 所示。

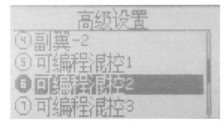

图 4-60　拨 K3 开关在下方,进行可编程混控 2 设置

②改"控制方式"为"K3","禁用"为"开/关"。改后该设置的意思是:当 K3 在"2"位时,可编程混控 2 打开;当 K3 在"0"位时,可编程混控 2 关闭。

③改混控方式为 K3→通道 5,该设置的意思是:将 K3 开关控制的混控 2 效果加到通道 5 上(遥控器的飞行模式通道)。

④拨 K2 于"1",调"位置",使飞行模式窗口中"当前 PWM"为 1 555 左右,对应的百分数为 $\frac{1\ 555-1\ 425}{500} \times 100\% = +26.0\%$。

⑤拨 K2 于"0",不用调"比率+",飞行模式窗口中"当前 PWM"自动变为 1 815 左右。

⑥拨 K2 于"2",不用调"比率−",飞行模式窗口中"当前 PWM"自动变为 1 295 左右。

设置完后,拨 K2 开关于"0""1""2",飞行模式对应编号 6#、4#、2#。

(3)改飞行模式

将飞行模式窗口中飞行模式编号 6—1 分别改为想要的飞行模式,见表4-6,然后点击"保存模式"。

表 4-6　遥控器 6 种飞行模式的设置方法一

| K2 开关 | K3 开关 | 飞行模式编号 | PWM 值 | 飞行模式 |
|---|---|---|---|---|
| 0 | 2 | Model 6 | 1 815 | RTL |
| 1 | 2 | Model 4 | 1 555 | AUTO |
| 2 | 2 | Model 2 | 1 295 | Loiter |
| 0 | 0 | Model 5 | 1 685 | Manual |
| 1 | 0 | Model 3 | 1 425 | Stabilize |
| 2 | 0 | Model 1 | 1 165 | FBWA |

(4)检验

对照飞行模式窗口,顺序拨动 K2 和 K3 开关,检查飞行模式切换是否正确。

表4-6 是通道 5 为"正"时的遥控器 6 种飞行模式的设置。如果在设置开始将通道 5 改为"逆",再进行混控 1 和 2 的设置,可得到遥控器 6 种飞行模式的设置方法二,见表4-7。遥控器 6 种飞行模式设置好后,飞行时要记清楚各开关开启哪种飞行模式,否则容易造成无人机飞行慌乱或炸机。

表 4-7　遥控器 6 种飞行模式的设置方法二

| K2 开关 | K3 开关 | 飞行模式编号 | PWM 值 | 飞行模式 |
|---|---|---|---|---|
| 2 | 2 | Model 6 | 1 815 | RTL |
| 1 | 2 | Model 4 | 1 555 | AUTO |
| 0 | 2 | Model 2 | 1 295 | Loiter |
| 2 | 0 | Model 5 | 1 685 | Manual |
| 1 | 0 | Model 3 | 1 425 | Stabilize |
| 0 | 0 | Model 1 | 1 165 | FBWA |

## 4.4.4　FUTABA 遥控器飞行模式设置

以 FUTABA 14SG 遥控器设备（R7008SB 接收机）、2.8 版 APM 飞控、1.3.75 版 MP 讲述 6 种飞行模式的设置。

### 1）主开关+混控设置方法

设置思路：三挡开关 SA 为主控开关（有"0""1""2"三个挡位），二挡开关 SF 为混控开关（有"0""2"两个挡位），两个开关的联合控制飞控模式关系见表 4-8。

表 4-8　FUTABA14SG 遥控器主混控设置飞行模式方式

| 飞行模式编号 | CTRL 开关 | MIX 开关 |
|---|---|---|
| 1 | SA = 0 | SF = 0 |
| 3 | SA = 1 | SF = 0 |
| 5 | SA = 2 | SF = 0 |
| 2 | SA = 0 | SF = 2 |
| 4 | SA = 1 | SF = 2 |
| 6 | SA = 2 | SF = 2 |

（1）SF 开关在"0"时的设置

主界面下双击"LNK"，进入"LINKAGE MENU"→"FUNCTION"，设置主模式开关在 SA 上，如图 4-61 所示（遥控接收机第 5 通道接 APM 的 Inputs 通道 5）。

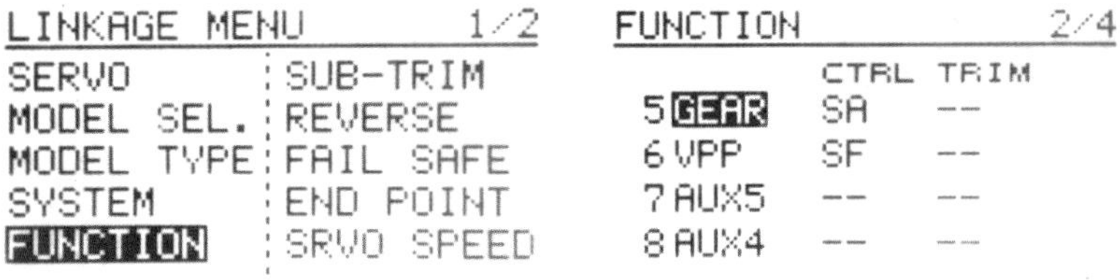

图 4-61　进入"FUNCTION"操作

按"EIXT"退出"FUNCTION"，进入"LINKAGE MENU"→"END POINT"，将 5 通道 GEAR 按照如图 4-62 所示数值修改（实际中需要微调）。

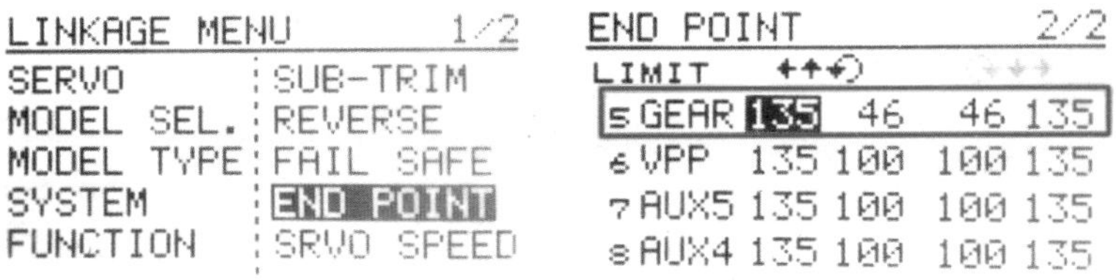

图 4-62　进入"END POINT"操作

第 2 个数(46)对应 SA=0 时的通道 PWM=1 258;第 3 个数(46)对应 SA=2 时的通道 PWM=1 778;SA=1 时,当前 PWM=1 518。

原理:FUTABA 14SG 遥控器通道发送的 PWM 最大值约为 1 938、中值约为 1 518、最小值约为 1 098;全值范围分为上下两个 100% 区间,每个区间变化范围为 420。通道的 PWM 行程量用比率 TRAVEL(用 $t$ 表示)调整,则 SA 的行程量调整可按下式计算:

SA=0 时,PWM=1 518−420×$t$

SA=1 时,PWM=1 518

SA=2 时,PWM=1 518+420×$t$

经过计算设定 $t$=46%,可以得到 3 个 PWM 值 1 258、1 518、1 788,这 3 个值间隔 260,且均匀地落在飞行模式 1—6 的 0—1 230、1231—1 360、1 361—1 490、1 491—1 620、1 621—1 749、1 750+区间的第 2、4、6 区间内,即设置出了第 2、4、6 个飞行模式。

(2)SF 开关在"2"时的设置(SF 为两挡开关,只有"0""2"位置)

按"EXIT"退回主界面,双击"MOL"进入"MODEL MENU",选择"PROG. MIX"进入,选择第 1 个程序混控进入,如图 4-63 所示。

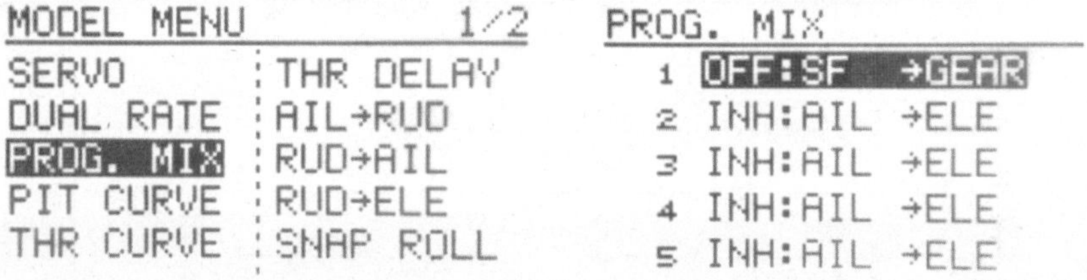

MODEL MENU 1/2
SERVO
DUAL RATE
PROG. MIX
PIT CURVE
THR CURVE
THR DELAY
AIL→RUD
RUD→AIL
RUD→ELE
SNAP ROLL
PROG. MIX
1 OFF:SF →GEAR
2 INH:AIL →ELE
3 INH:AIL →ELE
4 INH:AIL →ELE
5 INH:AIL →ELE

图 4-63　进入"PROG. MIX"操作

进入列表 1 里有两页,先设置第 2 页:

将 MASTER 设为"SF",SLAVE 设为"GEAR"(固定翼的起落架通道,也是第 5 通道)。

将 SF 的"INH"改为"ON/OFF",并进入"SF"内调整,SF=2 时飞行模式对应 2、4、6,如图 4-64 所示。

PROG. MIX 2/2
#1 ACT OFF SF
LINK
MASTER SF
SLAVE GEAR OFF
PROG. MIX 2/2
#1 ACT OFF SF
LINK
MASTER SF
SLAVE GEAR OFF
ON/OFF
SF ON
OFF
ALTERNATE OFF
PROG. MIX 1/2
#1
OFF
SF
GEAR
+0
+0
OFFS
+0
LINEAR +50

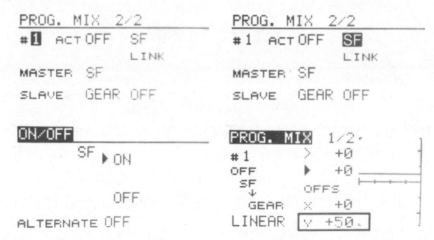

图 4-64　进入"PROG. MIX"页面内操作

再设置第 1 页,SF=0 和 SA=1 位时改 Y=+50(在前面"SF 开关在'0'时的设置"中,已将间隔调为 260),使当前 PWM 由 1 518 变为 1 388(减小 130),对应为第 3 个飞行模式。

现在可得到表 4-8 所希望的 6 个飞行模式了。

### 2)主开关+微调开关设置方法

①进入"LINKAGE MENU"→"FUNCTION",改 5 通道的 CTRL 为 SF、TRIM 为 SA,如图 4-65 所示。

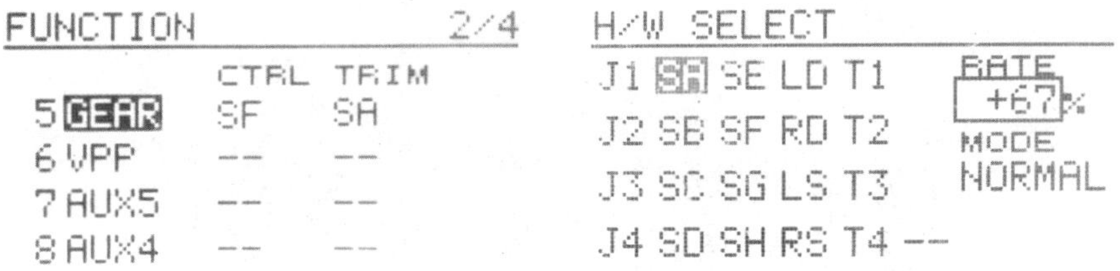

```
FUNCTION              2/4        H/W SELECT
          CTRL  TRIM             J1 SA SE LD T1     RATE
  5 GEAR  SF    SA               J2 SB SF RD T2     +67%
  6 VPP   --    --               J3 SC SG LS T3     MODE
  7 AUX5  --    --               J4 SD SH RS T4 --  NORMAL
  8 AUX4  --    --
```

图 4-65　设置飞行模式通道的主开关和微调开关

②进入 SA 内设置,将 SA 的 rate 改为 67%(按地面站数据调整)。

③进入"LINKAGE MENU"→"END POINT",改 5 通道的值为 135　46　46　135。

原理:FUTABA 14SG 遥控器通道发送的 PWM 中值约为 1 518,上下两个区间变化范围为 420。主开关控制的 PWM 比率用 TRAVEL(用 $t$ 表示)设定,微调开关的变化比率用 RATE(用 $r$ 表示)设定。主开关+微调开关控制输出的 PWM 值满足以下系列式:

SF=0、SA=1 时,PWM=1 518−420×$t$

SF=0、SA=0 时,PWM=1 518−420×$t$−420×$t$×$r$

SF=0、SA=2 时,PWM=1 518−420×$t$+420×$t$×$r$

SF=2、SA=1 时,PWM=1 518+420×$t$

SF=2、SA=0 时,PWM=1 518+420×$t$−420×$t$×$r$

SF=2、SA=2 时,PWM=1 518+420×$t$+420×$t$×$r$

经过计算设定 $t$=46%、$r$=67%,可以得到 6 个 PWM 值 1 197、1 327、1 456、1 584、1 713、1 843,这 6 个值均匀地落在飞行模式 1—6 的 0—1 230、1 231—1 360、1 361—1 490、1 491—1 620、1 621—1 749、1 750+区间内,可以设置出 6 个飞行模式。

上述飞行模式设置中,如果用三挡开关(如 SD)替换 SF,SD 的中间位"1"对应 PWM=1 518 不可调,不能用于 6 种飞行模式的设置。

# 任务 4.5　APM 飞控机上安装与解锁/锁定

完成 Mission Planner 地面站系统安装、APM 飞控固件刷新和设备校准、飞行模式设置等相关工作后,继续飞控机上安装与全系统联合调试等操作,为固定翼无人机开展飞行测试进行最后的准备。在上一个项目中,电机、电调和舵机均已安装到飞机上,这里只安装 APM 飞控、GPS 和接收机,实现最小遥控系统,下一个项目将安装数传和空速传感器等,固定翼全套

APM 飞控系统连接关系如图 4-66 所示。

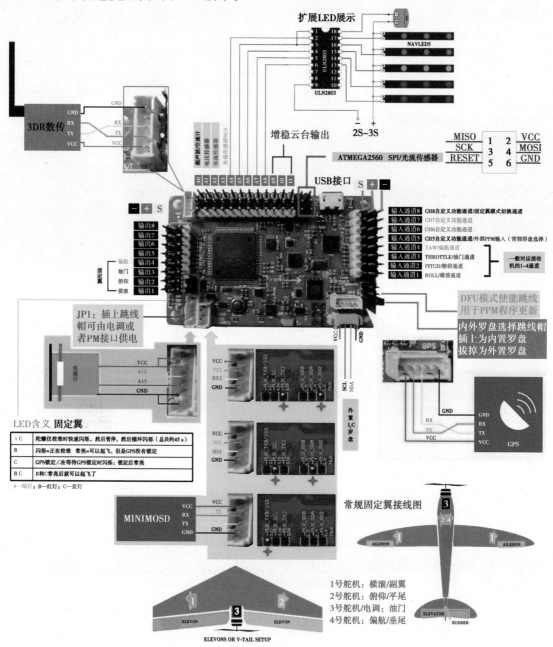

图 4-66　APM 2.8 接口定义说明（固定翼）

## 4.5.1　APM 安装与检查

以新微风航模为固定翼机体,将舵机线、GPS 线与 APM 飞控正确连接后,将 APM 飞控安装到无人机的第3舱,安装完成后进一步开展检查工作。

### 1)安装

①以第3舱前隔框为基准,在机身左侧与APM的Micro-USB口对应位置挖出略大的孔,便于后续飞控调参时连接Micro-USB接口。

②将接收机与APM的INPUTS口连接,连接方法同前。

③用烙铁在机翼中轴、中翼舵机略后位置烫穿一个圆孔,将GPS线穿过圆孔连接到APM上,GPS用双面胶粘贴于机翼背部,注意GPS箭头沿中轴线指向机头前方。

④将舵机线、电调BEC线与APM的OUTPUTS口连接,连接关系为:1通—机翼舵机,2通—升降舵机,3通—BEC,4通—方向舵机。

⑤将电源模块的BEC接头插入APM的PM接口,电源模块的输出端与电调的输入端连接。若采用电源模块供电,进行此步,否则跳过。

⑥将APM飞控底部贴上双面贴,粘在第3舱底部,注意APM箭头与机身平行且指向机头;接收机粘到机舱内侧壁上。此步APM用缓冲座粘于机舱底部也可以。

### 2)检查

①打开遥控器电源开关,油门最小、微调归零,并将飞行模式开关置于"Manual"或"Stabilize"位置。

②打开MP地面站,将APM与MP连接,对频,若已对频直接跳过。

③飞机上电:若有电源模块,将电池与电源模块输入端连接;若没有电源模块,直接将电池与电调输入端连接(飞机上电前一定先开遥控器)。

④按下述顺序操纵遥控器各摇杆和开关,检查通道和舵面方向是否正常:

a.副翼摇杆:左打—左副翼上偏右副翼下偏,右打—右副翼上偏左副翼下偏。

b.升降摇杆:上推—升降舵上偏,下拉—升降舵下偏。

c.油门摇杆:推油门杆,电机不转(此时飞控还没有解锁)。

d.方向摇杆:左打—方向舵左偏,右打—方向舵右偏。

如果通道不对,说明线接错了,重新检查并改正;如果舵面偏转方向不对,进入遥控器的"正反设置",将错误通道的"正"改为"逆",或将"逆"改为"正",此步不能改飞控的"反向"。

⑤检查飞行模式是否正常:扳动飞行模式开关,MP上飞行模式跟随变动,且无人机舵面会有轻微动作。如果MP上飞行模式不跟随变动,说明飞行模式通道接线不对或"FLTMODE_CH"参数设置不对。

⑥在Manual飞行模式下,检查各舵面是否在中位,如果不对则调整。最好不要调遥控器的微调,以免影响舵机行程量。

⑦检查完毕后系统断电。

### 4.5.2 解锁/锁定

#### 1)锁定目的

多数无人机都会设置解锁 ARMED(未解锁称为锁定 DISARMED),飞控解锁主要是解开输出到电机的信号,即在飞机解锁之前,电机将无法启动(即油门控制无效)。设置解锁/锁定主要是防止两种意外情况出现:

①当飞行员没有准备好飞行时,防止电机转动(一个安全功能)。

②在飞控完全配置好并准备飞行之前,防止起飞。

需要提醒的是,飞控解锁/锁定不同于遥控器的"油门锁定设置"。前者控制的是飞控第3输出通道的信号;后者控制的是遥控器的第3发射通道的信号。

#### 2)参数设置

与解锁/锁定相关的参数有3个,可在"全部参数表"中设置。

(1)ARMING_REQUIRE

是否设置锁定/解锁,1、2 设置,0 不设置(即无人机上电推油门电机可以转动),默认设置为1。

①设为 1 时,在飞控锁定状态下,飞控的油门输出通道仍然输出最小 PWM 值。这种情况下,如果没有作遥控器校准,有可能最小油门 PWM 高于电机起转 PWM,造成飞控虽未解锁,但电机仍然转动。

②设为 2 时,在飞控锁定状态下,没有 PWM 信号发送出油门通道,此时有些电调会发出蜂鸣声,提示没有 PWM 信号。

(2)ARMING_CHECK

解锁之前是否检查重要参数,默认为1。检查项包括:

①1,为全检查且全部参数检查通过才能解锁。

②0,为全不检查。

③其他,为部分检查,数值与选择的检查项目对应。

④如果启用了 AHRS_EKF_USE,则启用解锁检查很重要。没有解锁检查,可能会出现EKF(用扩展卡尔曼滤波器进行 IMU 姿态解算的方法)失效导致飞行异常甚至炸机。

APM 检查的全部项目如下:

①验证遥控器校准已执行。

②验证加速度计校准已执行。

③验证罗盘是健康的并且能正常通信。

④验证罗盘校准已经执行。

⑤验证适当的罗盘磁场强度(APM 约 330,PX4/Pixhawk 约 530)。

⑥验证气压高度计是健康的并且能正常通信。

⑦如果是在启用了电子围栏或是在悬停模式解锁,安全检查会确认。

a. GPS 已定位。

b. GPS 的 HDOP(水平精度因子)<2.0(可使用"GPS_HDOP_GOOD"选项进行参数配置)。

c. 地速小于 50 cm/s。

⑧APM 会验证飞控板电压为 4.5~5.5 V。

⑨验证通道 7 和通道 8 没有设置控制同一个功能。

⑩如果遥控故障保护已激活,检查油门通道最小值不低于 FS_THR_VALUE。

⑪检查 ANGLE_MAX 参数(即在大多数模式下飞行器可以倾斜的最大角度)大于 10°,并小于 80°。

⑫检查遥控的 Roll、Pitch、Throttle 和 Yaw 的最小值小于 1 300 且最大值大于 1 700。

(3)ARMING_RUDDER

该参数设置飞控解锁和上锁的方向摇杆操纵方式,默认值是 1。

①1,可以用"油门最小+方向最右"打杆解锁。这里油门最小是将油门杆置于最低位,其实质是油门 PWM 接近最小 PWM(相差值在 RC3_DZ 以内);同理,方向最右是方向 PWM 接近最大 PWM(相差值在 RC4_DZ 以内)。

②2,可以用"油门最小+方向最右"打杆解锁,还可用"油门最小+方向最左"打杆上锁(APM 固定翼没有此项功能,多旋翼才有)。

③0,遥控器不能上锁/解锁,只能通过地面站进行上锁/解锁。

3)解锁/锁定操作

(1)用遥控器解锁

方向杆打到最右,同时油门杆打到最低保持 3 s,解锁成功,如图 4-67(a)所示。

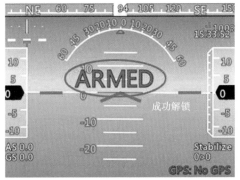 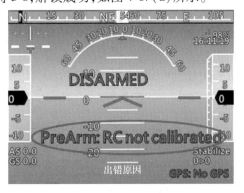

（a）解锁成功　　　　　　　　　　　（b）解锁不成功及原因

图 4-67　解锁成功与不成功

（2）用地面站解锁/锁定

按下地面站上的"解锁/锁定"按键，按一次解锁，再按为锁定，如此循环。

### 4）解锁不成功原因

第一次解锁，要接上 MP 看着 HUD 的提示，如果 HUD 提示如图 4-67（b）所示，则表明解锁不成功，可能出现的提示及原因如下：

①RC not calibrated：没有成功进行校正遥控器，需要校正遥控器。

②Compass not calibrated：没有成功进行校正罗盘，需要校正罗盘。

③Compass not healthy：罗盘硬件出现故障，可能是飞控损坏或者外置罗盘损坏。

④Compass offsets too high：罗盘 3 个轴校正后的数据太高。校正后罗盘 $X$、$Y$、$Z$ 三个值的开平方根之和（$X^2 + Y^2 + Z^2$）大于 500 表示罗盘被干扰了，需要再进行一次校正罗盘。建议尽量使用外置的罗盘避开 APM 飞控内部的各种干扰。

⑤Check mag field：飞行器周围的磁场强度存在干扰，需要再进行一次校正罗盘，或者换个飞行地点。

⑥Compasses inconsistent：内置和外置罗盘安装时指向的方向不相同（大于 45°），需要修改 compass_orient 参数。

⑦GPS Glitch：GPS 出现故障，可能是 GPS 损坏。

⑧Need 3D Fix：GPS 没有定位，如果设置电子围栏或是在悬停模式解锁，一定要进行成功定位后才能解锁。

⑨Bad Velocity：地速大于 50 cm/s。

⑩High GPS HDOP：GPS 的 HDOP（水平精度因子）<2.0（可使用 GPS_HDOP_GOOD 参数配置）。如果设置电子围栏或是在悬停模式解锁，HDOP 的精度没达标不能解锁。

⑪Baro not healthy：气压计出现故障，可能是气压计损坏。

⑫Alt disparity：气压计读数有差异。

⑬INS not calibrated：加速计没有校正，需要校正加速计。

⑭Accels not healthy：加速计出现故障，可能是加速计损坏。

⑮Accels inconsistent：加速计出现读数不一致。

⑯Gyros not healthy：陀螺仪出现故障。

⑰Gyro cal failed：陀螺仪校正出错。

⑱Gyros inconsistent：两个陀螺仪读数不一致。

⑲Check Board Voltage：给飞控供电的电压不在 4.5 ~ 5.5 V，可能是飞控给太多电子设备供电，造成飞控电压太低。

⑳飞行器放置的位置不水平。

㉑APM 刷固定翼固件时只有处于 Manual、Stabilize、FBWA 这几种模式时才能解锁，一般情况下建议从 Stabilize 模式解锁。

# 任务4.6　失控保护

## 4.6.1　遥控器失控保护

### 1)定义

无人机视距内飞行时,其飞行距离的远近由遥控器的通信距离决定,即遥控距离,大约为500 m,有些遥控器可以设置射频功率大小,可以对遥控距离进行调节。一旦无人机飞行超出遥控距离,如果没有通信距离更远的地面站接管,无人机就可能朝着更远的距离一直飞行,直到能量耗尽坠毁。为防止意外,遥控器操纵飞行时要对飞控进行遥控器失控保护设置,告诉飞控在遥控器失控时如何进行后续飞行控制。

### 2)触发条件

触发遥控器失控保护的情况有以下3种:
①无人机飞出了遥控器的通信距离,接收机上接收的遥控信号过于微弱。
②遥控器关机,接收机上接收不到任何遥控信号。
③接收机故障,不能接收遥控信号。

### 3)设置原理

遥控器失控保护设置的原理实际上就是在飞控内设置一种或几种针对遥控器失控后的应急方案。当接收机接收不到发射机过来的信号时,接收机的第3通道会发送一个比最低PWM值还低的信号,即非正常的油门信号,PWM有一定的波动范围,为防止PWM波动造成飞控"误会",飞控设定了一个阈值,最低油门PWM一般为1 016左右,默认为950,即飞控收到第3通道比950更低的时候,就认为遥控器已经失控,从而切换对应的保护模式。

遥控器失控保护触发时,接收机发出的失控信号<阈值(950)<1 016。一般情况下,失控信号比阈值低10以上即可,但不要低于910,因为有些接收机信号过低,飞控会误认为最大。对飞控的遥控器失控保护设置,不同于遥控器上设置的失控保护。

### 4)设置方法

(1)准备
连接地面站、APM飞控和接收机,遥控器开机且与接收机完成对频。

（2）设置

①进入 MP 的"初始设置"→"必要硬件"→"失控保护"，勾选"电台"下的"故障保护 PWM"，检查或调整油门阈值为合适值。低版本的 MP 有失控保护措施设置，高版本没有。注意观察"Radio 3"下面的 PWM。

②检查油门，摇杆最低位，油门微调为零。

③进入遥控器的"参数设置"→"高级设置"→"失控设置"，移动图标到"油门"，通过油门微调，使"Radio 3"下面的 PWM 比油门阈值低 10 以上，但大于 910，如图 4-68 所示；然后按确认，使该值保存到接收机里，同时遥控器上显示失控设置的油门 PWM 百分比约为 $\frac{961-1\,018}{1\,000}\times 100\% = -5.7\%$。

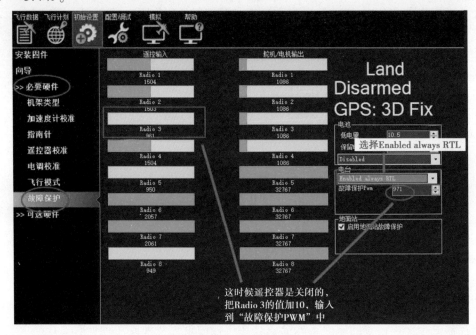

图 4-68　失控保护设置

④退出遥控器参数设置，使油门微调恢复到零。

5）验证

①开自稳模式或手动模式。不同飞行模式下的失控保护会有不同的措施，不会都是 RTL。

②关闭遥控器，第 3 通道应变为设定失控信号（961），飞行模式切换到 Circle，5 s 后变为 RTL；改变飞行模式，无法改变 RTL。

③打开遥控器，RTL 不变，但改变一下飞行模式，RTL 模式退出，表示失控保护设置成功。

6)飞控应对遥控器失控保护的处置

①没有任何操作：如果飞控还未解锁，飞控感知不到失效。

②电机上锁：在自稳模式或者特技模式，而且油门为最低值时。

③RTL 返航或者 AUTO 自动继续飞行：如果在飞行中，GPS 锁定而且离"家"超过 2 m。

④降落：如果 GPS 为锁定或者离 Home 点在 2 m 内，且 FS_THR_ENABLE 参数被设置为 Enabled Always Land(总是降落)。

### 4.6.2　电池保护设置

1)定义

设置一个阈值电压或者保留电量值，当电压低于阈值时，让飞控自动执行 RTL 或者降落操作。使用电池低压保护，必须使用一个电压电流传感器才能设置和起效。

2)触发条件

如果正确设置了电池故障保护，启动条件如下：

①电压低于设置值，超过 10 s。

②剩余容量低于设置保留值。

3)设置方法

在 MP 的"初始设置"→"必要硬件"→"故障保护"的"电池"中设置。

①在"低电量"中设置电池低电压阈值(根据电池电压进行设置，如 3S 可设置 10.5~10.8 V)，该设置对应 FS_BATT_VOLTAGE 参数。

②在"保留电量 mAh"中设置剩余电池容量多少时激发电池故障保护。一般设置为总容量的 20%，如电池容量是 2 600 mAh，20% 的容量是 520 mAH。低于这个设置的电池容量就会激发电池故障保护，该设置对应 FS_BATT_MAH 参数。如果输入 0 将忽略这个参数(不建议使用该设置，因为电池的电量检测很不准确)。

③设置切换的模式，如 RTL 返航或者 LAND 降落。

④设置建议：

a. 一定要准确设置好电源模块的电压和电量参数，否则会激发出错误的电池故障保护。如果换不同电压或者容量电池后，务必要重新修改以上两个值。

b. 电池故障保护只有在自动(AUTO)飞行模式下才有可能自动返航，其他飞行模式都是立即降落,有一定的使用风险。通过 OSD、地面站、电压告警 BB 响等人工监控的方式判断电池状态,作对应的处理是最可靠的,要谨慎使用电池故障保护功能。

### 4)触发后处置

①什么都不会发生:如果飞控没有解锁。
②自动上锁:如果在增稳模式或者特技模式,油门为最低值。
③返航:如果在自动模式,已获得 GPS 锁定,且离"家"距离 2 m 以上。
④降落:在所有其他情况下。

## 4.6.3 地面站失控保护

### 1)定义

在飞行过程中如果无人机丢失与无线数传的通信超过 FS_LONG_TIMEOUT 参数设置的时间,启动地面站(Ground Control Station,GCS)失控保护处置。

### 2)触发条件

①地面站与飞控超过数传距离。
②地面站死机故障。
③数传近端与地面站断开连接,或远端与飞控断开连接,或天线断开连接。

### 3)设置方法

①在 MP 的"初始设置"→"必要硬件"→"故障保护"的"地面站"中勾选"启动地面站故障保护""短故障保护""长故障保护"。
②在"配置/调试"的"全部参数表"中设置 FS_GCS_ENABL 参数。
a. 0:是禁用 GCS 保护。
b. 1:丢失 GCS 后,启动 GCS 失控保护,当勾选"启动地面站故障保护"后该参数自动变为 1。
c. 2:丢失 GCS 或因噪声造成无线数传信号不更新时,启动 GCS 失控保护。
d. 3:当前模式为 AUTO 时,继续完成飞行任务计划,否则执行 RTL 返航模式。

### 4)触发后处置

①在"配置/调试"的"全部参数表"中设置 FS_SHORT_TIMEOUT 和 FS_SHORT_ACTN 参

数:FS_SHORT_TIMEOUT 参数启动短时间失控保护,FS_SHORT_ACTN 参数设置短时间失控保护处置。

　　a. FS_SHORT_TIMEOUT:默认为 1.5 s,可在 1~100 s 内修改。

　　b. FS_SHORT_ACTN:

●0:自动控制飞行方式下无变化,非自动控制飞行方式下变为 CIRCLE 模式。

●1:失控时改为 CIRCLE 飞行模式。

●2:失控时改为 FBWA 飞行模式。

●3:无作用。

　　②在"配置/调试"的"全部参数表"中设置 FS_LONG_TIMEOUT 和 FS_LONG_ACTN 参数:FS_LONG_TIMEOUT 参数启动长时间失控保护,FS_LONG_ACTN 参数设置长时间失控保护处置。

　　a. FS_LONG_TIMEOUT:默认为 5 s,可在 1~300 s 内修改。

　　b. FS_LONG_ACTN:

●0:自动飞行模式下继续,其他飞行模式 RTL。

●1:失控时改为 RTL。

●2:失控时改为 FBWA 飞行模式。

●3:开伞。

　　③如果触发了 GCS 失控保护后,GCS 又重新连接上了,这不会清除故障保护,还需继续失控后的飞行模式(如 RTL),如果想夺回飞机控制权,需要手动切换到想要的模式。

# 项目小结

　　(1)本项目以在航模中加入自主控制为主体思路,阐述了一套最简结构的固定翼无人机自主飞行控制系统的功能组成及实现途径。通过与航模的比对学习,相信读者对无人机的制导、导航、控制及操纵有了更深入和更清晰的了解。

　　(2)本项目中选用的 MP 地面站和 APM 飞控是在业界已研究多年且应用相当成熟的产品,可参考的资料很多,在职业教育专业实训教学中一直在使用。当然,相对它们强大的功能来说,本项目所述可能还不到其冰山一角,下一个项目中要学习其在垂直起降固定翼中的应用,期待读者进一步探索其在旋翼机中的装调与试飞,以便对 MP 和 APM 有更加透彻的掌握。

　　(3)利用地面站软件对飞控进行设备校准和参数调试是一件很技术的活儿,尤其是对开源飞控。三思而后行、理解了再做是必须具备的技术素养和职业品质。装调完成后,只有通过不断的试飞才能验证各参数调整的正确性。关于飞行测试的相关内容可参考上一个项目,而超视距自主飞行训练在下一个项目中将有具体体现。

　　(4)安全永远是第一位的。各种失控保护正是确保无人机安全飞行的重要技术手段。遥控器失控、电池电压过低、地面站失联等都是飞行安全之大忌。不仅要科学地进行失控保护设置,还要在失控发生后的第一时间内采取正确的应急处置预案,才能最大限度地降低事故率,确保人身和财产安全。

# 习题

## 一、选择题（概念记忆）

1. 属于无人机飞控子系统功能的是（    ）。
A. 无人机姿态稳定与控制　　　　　　　B. 导航控制
C. 任务信息收集　　　　　　　　　　　D. 情报分发

2. 不应属于无人机飞控计算机任务范畴的是（    ）。
A. 数据中继　　　　　　　　　　　　　B. 姿态稳定
C. 姿态控制　　　　　　　　　　　　　D. 自主飞行控制

3. 导航子系统功能是向无人机提供相对于所选定的参考坐标系的（    ）引导确定航线安全、准时、准确地飞行。
A. 位置、速度、飞行姿态　　　　　　　B. 高度、速度、飞行姿态
C. 俯仰、滚转、偏航　　　　　　　　　D. 高度、速度、方向

4. 飞行控制是指采用（    ）对无人机在空中整个飞行过程的控制。
A. 遥感方式　　　　　　　　　　　　　B. 遥测方式
C. 遥控方式　　　　　　　　　　　　　D. 中继方式

5. （    ）的主要功能是根据飞控计算机指令，按规定的静态和动态要求，通过对无人机各控制舵面和发动机节风门等的控制，实现对无人机的飞行控制。
A. 电源　　　　　　　　　　　　　　　B. 伺服执行机构
C. 数据链　　　　　　　　　　　　　　D. GPS

6. （    ）是无人机完成起飞、空中飞行、执行任务、返场回收等整个飞行过程的核心系统，对无人机实现全权控制与管理，该子系统之于无人机相当于驾驶员之于有人机，是无人机执行任务的关键。
A. 飞控计算机　　　　　　　　　　　　B. 飞控子系统
C. 导航子系统　　　　　　　　　　　　D. 发射与回收系统

7. 用于起降的遥控器菜单中 FAIL SAFE 由（    ）功能设定。
A. 模式转换　　　　　　　　　　　　　B. 模型选择
C. 失控保护　　　　　　　　　　　　　D. 通道选择

8. 设置遥控器的某一开关为飞行模式的切换，主要通过（    ）功能菜单实现。
A. Condition　　　　B. Function　　　　C. End Point　　　　D. System

9. 地面站链路属于（    ）链路。
A. 上行　　　　　　　B. 下行　　　　　　C. 上下行　　　　　　D. 中继

10.起飞前无人机、遥控器、地面站正确安全的通电顺序应该是(　　)。

A.遥控器、无人机、地面站　　　　　　B.地面站、遥控器、无人机

C.无人机、地面站、遥控器　　　　　　D.地面站、无人机、遥控器

## 二、填空题(概念记忆)

1.导航控制系统是无人机系统中最核心的子系统。它主要解决 3 个问题:一是导航;二是制导;三是_____。

2.RC not calibrated 表示_____ 没有校准,INS not calibrated 表示_____没有校准,Compass not calibrated 表示_____没有校准。

3.在纯手动飞行模式中,飞控不作控制信号处理,直接将接收机的输入信号传送给伺服机构,即遥控器的摇杆与_____ 相对应。

4.巡航飞行模式时,除自动控制高度、速度和方向,还增加了_____功能,适合远距离飞行。

5.常见的失控保护有_____、电池电压保护和_____。

6.APM 飞控硬件结构中的三轴磁力计是用来测量飞机当前_____的。

7.无线数传模块的功能是上行发送_____,下行接收_____。

## 三、简答题(知识点理解)

1.地面站要想控制无人机视距外飞行,需要实现哪些功能?

2.写出 Mission Planner 地面站各主界面对应的功能。

3.飞控的固件是什么?哪些情况下要进行飞控固件刷新?

4.为什么有些时候要为飞控配置独立的电源模块? 写出配置步骤。

5.解释固定翼常见飞行模式的含义。

6.APM 飞控有哪些接口? 各接口可连接什么设备?

7.哪些情况下会触发失控保护?

8.说出无人机进行锁定/解锁设置的目的。如何进行 APM 飞控锁定/解锁设置?

## 四、操作题(实训跟踪)

回顾本项目中的实训内容,结合自己操作实践,用简洁文字填写表 4-9。

表 4-9　飞控软件安装与校准操作步骤表

| 装调模块 | 工作内容 | 操作步骤 |
|---|---|---|
| 软硬件安装 | Mission Planner 地面站软件安装 | |
| | APM 飞控机上安装 | |
| | 数传配置 | |
| 飞控校准 | 加速度校准 | |
| | 磁罗盘校准 | |
| | 遥控器校准 | |
| 失控保护 | 遥控器 | |
| | 电池 | |
| | 地面站 | |

项目 5　　垂直起降固定翼超视距飞行

在业界,垂直起降固定翼无人机常简称为"垂起固定翼",或更直接地称为"垂起",它能够像直升机那样原地垂直起降,并能以固定翼方式巡航前飞。与传统直升机相比,垂起固定翼具有前飞速度快、航程远、航时长等显著优势,能够定点起降和悬停,对机场跑道没有依赖,垂起固定翼的任务能力显著地增强了。

近年来,随着无人机在军事、民用领域的用途越来越广泛,对无人机起降方式的要求也越来越多样化。垂起固定翼具有对起降场地要求低、机动性好、巡航速度高、航时长等显著优势,不仅是目前无人机领域的热点研究机型,而且在搭配高清摄影系统,可从"上帝视角"俯瞰任务区域,并由此在侦察监视、城市公共服务、交通监管、大面积测绘、油田管道或森林巡检等军、警、民用领域,获得了非常广阔的应用前景。

本项目在前述各项目所学传统固定翼的基础上,利用垂起固定翼的垂直起降优势,克服院校训练场地限制,以超视距飞行训练为重点,进一步领略垂起固定翼的独特魅力。

 知识目标

(1)了解垂起固定翼的基本概念。
(2)掌握特定机型垂起固定翼组装与飞行前检测调试的方法。
(3)学会垂起固定翼超视距飞行。

 学习目标

(1)了解垂起固定翼起降方式的各种类型。
(2)掌握特定机型垂起固定翼组装步骤、装配工艺和检测调试的正确方法。
(3)严格安全操作规程,完成垂起固定翼超视距飞行实施。

 素质目标

(1)伴随垂起固定翼装调与飞行实施,透彻领悟无人机"结构全系统、作业全流程"的工作理念。
(2)在全流程飞行作业中养成严谨细致、求真务实的工作作风。
(3)强化安全意识形成,确保超视距飞行的全程安全。

# 任务 5.1　垂直起降固定翼概念解读

## 5.1.1　垂直起降技术及其发展

众所周知,传统固定翼飞机的飞行分为 3 个主要阶段,即起飞、平飞和降落,其中飞机实现起飞和降落的方式几乎全部采用轮式滑跑起降,必须要有机场跑道辅助飞机的起飞和降落。第二次世界大战及中东战争期间,直接对敌方机场的袭击和破坏让人们感受到了需要跑道的滑跑式飞机的不足,由此催生了固定翼飞机的垂直起降技术。

顾名思义,垂直起降技术就是指固定翼飞机可以不用借助跑道而在原地就能垂直起飞和着陆的技术。采用垂直起降技术的固定翼飞机减少或基本摆脱了对跑道的依赖,且只需要很小的平地就可以拔地而起和垂直着陆,不仅省去了昂贵的机场建设费用,而且在战争中飞机可以分散配置,便于灵活出击、转移和伪装隐蔽,不易被敌方发现,出勤率大幅提高,具备对敌方打击的突然性,大大提高了飞机的战场生存率。

垂直起降的概念最初由德国提出,第二次世界大战后德国在空中的绝对领导权逐渐丧失,但为了应对盟军的空中轰炸,德军迫切需要一种能够进行随时出击的、具备一定隐蔽性的防御型战斗机,垂直起降拦截机成为德国的主要研发方向,并成功研制出巴赫姆 Ba 349 火箭动力截击机,其复制品如图 5-1 所示。它依靠发射架实现垂直起飞,短时滞空作战后,飞机解体,由降落伞回收发动机部分。尽管从技术角度看,该机是相当简

图 5-1　Ba 349A-1 复制品

陋的,距离理想的垂直起降概念有很大的差距,且最终没有投入使用,但该机却掀开了人类固定翼飞机垂直起降的新篇章。

第二次世界大战结束后,冷战方兴未艾,发动机和飞机技术取得巨大进步,垂直起降飞机在技术上似乎具备了可行性。于是,欧美国家开始着手垂直起降固定翼飞机的可行性研究。1954年,美国康维尔公司成功研发 XFY-1 型战斗机,这是世界上第一架在试验中做到垂直起飞、水平飞行和尾部着陆的涡轮螺旋桨尾翼支撑的垂直起降飞机,如图 5-2 所示。

然而,受限于当时的技术条件和制造工艺,包括火箭、喷气及螺旋桨驱动的垂直起飞飞机都没能证明其在实际的使用过程中具有服役的可能性。究其原因在于,这些垂直起降飞机的机体气动设计严重破坏了飞机在平飞状态下的飞行性能,并且,飞行员在返回地面时的操作性非常差。起飞时尚且可行,着陆时,飞行

图 5-2　康维尔 XFY-1 型战斗机

员将"背朝黄土面朝天"倒着坐下去。这等于要求飞行员在看不到参照物的情况下将飞机降落到一个指定地点,难度之大可想而知。

世界上真正在垂直起降战斗机领域实现突破的是英国。1957 年,英国的布里斯托尔航空发动机公司与克尔韦伯合作推出一个全新的推力矢量构型技术方案,并在该技术方案的基础上成功研制了飞马发动机。该型发动机可以通过改变发动机喷口方向,产生矢量推力,满足起降和巡航时不同推力方向的要求。当喷口向下时,产生的推力可使飞机垂直上升;当喷口向后时,产生的推力推动飞机前进。飞行员通过调整喷口的方向和角度,便可改变飞机的飞行姿态。

1960—1961 年,加装了飞马发动机的 P1127 型垂直起降战斗机由英国霍克飞机公司和布里斯托尔航空发动机公司联合研制成功,并先后进行了气流悬停、自由悬停、常规试飞、悬停到向前飞行的全过程飞行试验。1962 年年初,美国、英国和德国决定一起对 P1127 进行改进设计并对其服役的可能性进行评估。1964 年,改进型 P1127 重新命名为"茶隼",如图 5-3 所示;1966 年,改进型"茶隼"加入一线部队,正式命名为"鹞"式垂直起降战斗机;1969 年,"鹞"式开始装备英国。

"鹞"式垂直起降战斗机机身中部安装有一台"飞马"式推力转向发动机,前后两对可旋转喷口分别位于机身两侧,相对机身重心保持对称。发动机从进气道吸入的空气一部分通过前面的两个可旋转喷口喷出,另一部分经过燃烧室和涡轮从后面的两个可旋转喷口喷出,4 个喷口喷出的气流共同产生供飞机垂直起降、空中悬停和水平飞行的动力,如图 5-4 所示。

图 5-3 "P1127 茶隼"原型机　　　　图 5-4　发动机喷口向下正处于垂直状态的"鹞"式战机

"鹞"式垂直起降战斗机曾在 1982 年英国和阿根廷爆发的马岛战争中大放光彩,但辉煌战绩仍难掩其自身的种种缺陷。首先,"鹞"式战斗机作战半径有限,尤其在垂直起飞时,燃料耗费过多,致使其只有 92 km 的作战范围。后来一般采用短距离滑跑起飞,任务结束后再垂直降落到航母上。其次,载弹量只有 2 271 kg,并且在满载的情况下无法垂直起飞。再次,垂直起降飞机的操作过于复杂,导致操作事故频发,如英国在马岛战争时就有 5 架战机因操作失误而坠毁。最后,为保证发动机喷口在飞机中央,机体设计时没有考虑超音速飞行的要求,"鹞"式战斗机无法进行超音速飞行,总体作战效率不高。

就在"鹞"式原型机加紧研制的同时,世界上其他国家紧跟垂直起降技术的发展潮流,纷纷推出各种机型,如法国的幻影ⅢV(注:"V"不是罗马数字,而是英文字母,表示 Vertical 垂直的意思)、德国的 VJ-101 和 VAK 191、苏联的雅克-38、雅克-141 等。

VJ-101 原型样机使用倾转式发动机,其外形很像 F-104。全机共使用 6 台发动机,两台并列位于驾驶舱后方,专用于产生垂直升力,另外两翼尖各有一具内装两台发动机的旋转式发动机吊舱。垂直起降时发动机吊舱为垂直方向,与驾驶舱后方的两台发动机共同提供垂直推力,巡航飞行时发动机吊舱旋转呈水平方向,提供水平推力,如图5-5所示。尽管VJ-101的首次飞行测试时间要早于英国的"鹞"式战机,但其垂直起降所需的发动机推力大且体型大,导致飞行时气动阻力过大,航程、载重都不尽如人意,加上起飞时高温气体灼烧地面会给机场跑道带来巨大损伤,使得其研发计划在后期不得不终止。

雅克-38是苏联雅科夫列夫实验设计局为其海军研制的舰载垂直起降战斗机,主要用于对地面和海面目标实施低空攻击,并具有一定的舰队防空能力,其原型机是20世纪60年代末开始研制的雅克-36验证机。雅克-38全机有3部发动机用来提供上升和前进的动力,分别是机尾的推进/升举发动机和在驾驶舱后方的两台升举发动机,如图5-6所示。雅克-38几乎带有所有垂直起降战斗机的缺点,如仅2 000 kg载弹量、100 km作战半径和有限的机载电子设备,无法进行超音速飞行等。针对雅克-38暴露的一系列问题,苏联在1975年改进设计出了雅克-141,在沿用雅克-38垂直升降系统设计的同时,主发动机改为可向下转动达110°的喷管,并对进气口进行改进设计,这使雅克-141最快速度可达音速的1.7倍,成为第一种超音速垂直升降战机。可惜雅克-141生不逢时,虽试飞成功却赶上苏联解体,军购急剧缩水,最终在1991年被迫终止。

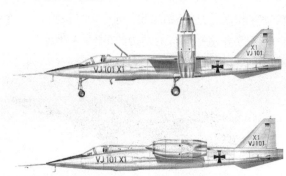

图5-5　VJ-101原型样机

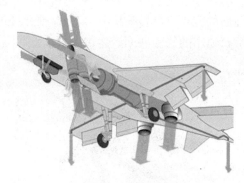

图5-6　雅克-38的动力解剖图示

图5-7　F-35B舰载战斗机

20世纪80年代末,美国提出"先进短距起飞/垂直降落飞机(AS/TOVL)"计划,该计划在20世纪90年代初发展成为"联合攻击战斗机(Joint Strike Fighter,JSF)"计划,在多个参与竞选方案中,美国洛马公司的X-35B因技术成熟、通用性程度高脱颖而出,得到进一步发展,最终成为著名的F-35B舰载战斗机,如图5-7所示。

F-35B推进系统(F135-PW-600发动机)由F119-614发动机、轴驱动升力风扇、三轴承旋转轴对称主喷管和滚转喷管组成,如图5-8所示。升力风扇垂直安装在座舱后,由主发动机前延伸出驱动轴通过离合器驱动。三轴承旋转轴对称主喷管可在2.5 s内从0°旋转到95°,并可左右偏转10°。滚转喷管从主发动机外涵引气。飞机起降时,尾部的三轴承推力矢量喷管偏转至垂直向下,产生83 100 N的向上推力,升力风扇也产生

83 100 N 的向上推力,两者互相合成来抬升飞机。两侧机翼上的滚转姿态控制的喷管还可提供 14 600 N 额外升力。巡航状态时,风扇停止工作,三轴承推力矢量喷管转为水平,主发动机提供水平推力。

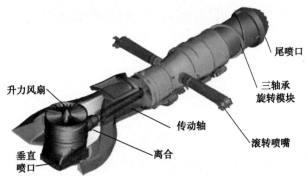

升力风扇
垂直喷口
传动轴
离合
尾喷口
三轴承旋转模块
滚转喷嘴

图 5-8　F-35B 推进系统示意图

F-35B 战斗机属于第五代战斗机,除了具有垂直起降功能外还具有突出的隐身能力和机动能力,可实现超音速巡航,是目前世界上最先进的垂直起降战斗机。2012 年,F-35B 战斗机已具备作战能力,首次交付美国海军陆战队服役。2015 年 7 月初,F-35B 战斗机成为美国及其盟友的主力战斗机。

总体来说,固定翼飞机垂直起降技术的发展过程可归纳如下:先是竖立飞机,接着是竖立发动机,然后是偏转发动机,最后是偏转推力。经过 70 多年的探索研究,各类垂直起降战斗机的研发产品不计其数,但是最终得到实际应用的却为数不多。主要是垂直起降的有人驾驶飞机功能原理十分复杂,导致控制和设计都非常困难,理念的落实频频受阻。

所幸的是,在长期研发过程中所积累的技术和经验被成功移植到无人机中。无人机因不载人而无须考虑飞行人员生理极限的特点,使得因科技发展而日趋成熟的垂直起降技术能够帮助无人机完成更为灵活的飞行任务,并由此催生垂直起降固定翼无人机在无人机领域的异军突起。垂直起降固定翼无人机兼具旋翼机和传统固定翼飞机的共同优势,能够在有限的场地内实现灵活的起降,也可以达到快速飞行的目的,同时在悬停作业上表现优异。随着技术的发展进步,多个国家已经将垂直起降无人机技术应用在军事侦察等其他特殊任务环境之下,这必将导致世界各国对无人机的战略战局布置变得更为灵活。

## 5.1.2　垂起固定翼的定义与特点

### 1) 基本定义

因起步较晚,垂直起降固定翼无人机目前尚无描述准确且被业界广泛看好的定义。这里,根据中国民用航空局飞行标准司 2018 年 8 月 31 日颁发的《民用无人机驾驶员管理规定》,将垂直起降固定翼无人机定义为:一种重于空气的无人机,垂直起降时由与直升机、多旋翼类似起降方式或直接推力等方式实现,水平飞行时由固定翼飞行方式实现,且垂直起降与水平飞行方式可在空中自由转换。在目前的行业应用中,垂直起降固定翼无人机多采用固定翼巡航飞行方式遂行作业任务,仅在起降阶段使用垂直起降技术,有文献将该类无人机称为复合固定翼。为行文方便,本书使用"垂起固定翼"的名称对该类无人机进行描述。

## 2)主要性能指标

可以通过以下几个指标来描述或比较一架垂起固定翼的性能优劣。

(1)平飞速度

一般的垂直起降飞机,如直升机,在平飞速度上比不上固定翼飞机。事实上,提高直升机的平飞速度上限一直是令科学家头疼的问题。好的垂直起降无人机,应该具备较高的平飞速度。

(2)续航能力

二三十分钟的续航时间一直使风靡的多旋翼无人机广受诟病,垂直起降无人机的续航能力,关系它的飞行半径等重要指标,甚至直接决定了其应用场景。

(3)载重能力

飞行器只是个平台,它能够搭载什么样的有效载荷,才是用户关心的问题。尽管无人直升机复杂笨重,但是其载重能力很强,这一点是新型的垂直起降无人机无法企及的。载重能力关系有效载荷的种类,决定了无人机的功能。

(4)悬停效率

好的垂直起降无人机在悬停时,耗能小,可以长时间保持悬停状态。

## 3)应用前景分析

相对常规固定翼,垂起固定翼最直接的优势在于起飞快速,且无须依赖机场跑道,这在军事应用领域显得尤为实惠。例如,在有限的战舰甲板上部署尽可能多的舰载垂起固定翼,对起降条件有着更好的适应性。美国空军正关注比常规使用更小的无人机系统,并且美国各军种都对具有垂直起降能力的无人机系统产生兴趣,在2016年5月新奥尔良举行的无人机展览会上,有关军方官员表达了上述观点。美国陆军希望看到更适用于远征行动的无人机,能够为地面机动作战指挥官提供有效支持,而不是像军队近十年来所实施的那种依托于固定设施的行动,垂直起降无人机可能很契合这一目标,美国陆军正在研究一个未来战术无人机项目。

在我国,军事专家表示,垂起固定翼对中国来说有着广阔的应用前景,在海洋维权和低烈度地区冲突中都有着大显身手的潜力。由于面积狭小,南海岛礁如果一味将宝贵的空间用于建设跑道,势必会限制其他装备如防空系统、安防系统和雷达系统的部署,而垂直起降无人机则能很好地适应这种作战环境,它不需要太大的起飞空间,就能够在需要时迅速放飞并执行任务,如果携带一定的对空武器和侦察吊舱,能有效地提高南海岛礁的防御和侦察能力。在两栖登陆作战中,这种无人机能够有效补充传统固定翼飞机和直升机的作战空白,大大丰富作战形式。或许不久,能看到一架架无人机在南海的岛礁和海军战舰上拔地而起,翱翔在保卫祖国海疆的第一线。

在民用领域,垂起固定翼可广泛应用于航拍测绘、电力巡线、防灾减灾、地质勘测、城市应急监视、航拍航测、快速运输、火险巡视、动植物资源查勘等领域。当作业任务繁重、地形地貌复杂时,在多旋翼无法快速覆盖的区域,在传统固定翼无法找到合适起降点的山区、丘陵或丛林等区域,垂起固定翼都可以大显身手,充分展现其技术优势。

## 5.1.3　垂起固定翼的常见类型

### 1)动力复合式垂起固定翼

动力复合式垂起固定翼是在传统固定翼的基础上加装旋翼机的垂直起降装置,以此兼获垂直/水平飞行的能力,是目前应用较为广泛的垂直起降固定翼飞行器。其典型代表有美国龙勇士(Dragon Warrior)无人机和国内成都纵横 CW 系列无人机,如图 5-9 所示。该类机型在垂直飞行时,升力由旋翼提供;在水平飞行时,升力由机翼提供,一副推进式螺旋桨产生推力。由于此旋翼可部分或完全卸载,有较好的水平飞行性能。但由于采用了两套动力装置,在进行垂直或者平飞时,其中一套推进及其控制装置将成为废重,因此空机质量较同级别传统直升机大。

 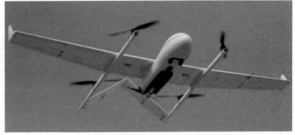

美国龙勇士(Dragon Warrior)无人机　　　　　国产成都纵横 CW 无人机

图 5-9　动力复合式垂起固定翼机型图示

### 2)机翼旋转式垂起固定翼

机翼旋转式垂起固定翼也称复合式旋翼停转型飞行器,起飞降落时利用旋转的机翼提供飞行所需的升力,巡航飞行时旋翼停转,转变为机翼与其他翼面提供升力或采取各种收藏方式减小阻力,由其他固定翼面提供平飞所需升力。

其典型代表是 20 世纪 90 年代美国波音公司组织研制的 X-50"蜻蜓(Dragonfly)"验证机,如图 5-10 所示。该型验证机采用旋转机翼加鸭翼、尾翼的布局方

图 5-10　X-50"蜻蜓(Dragonfly)"验证机

式,其中的旋转机翼类似直升机的宽旋翼,飞机起飞降落时旋翼作为无人机上的螺旋桨,飞机平飞时旋翼被锁定在机身上成为固定机翼,从而使飞机既具有直升机一样的垂直起降和空中悬停能力,又能像固定翼飞机那样高速巡航飞行。这种设计不仅融合了两种不同类型飞机的飞行特点,还具有较好的隐身性能和高速飞行能力。可惜该型验证机在试飞过程中出现了交叉耦合结构在控制上的一系列问题,3 次试飞均宣告失败,随后美国国防预先研究计划局(DARPA)终止了与波音在该项目上的合作,项目研究陷入停滞。

### 3)倾转旋翼式垂起固定翼

倾转旋翼式垂直起降固定翼无人机技术发展较早,某种程度上说,倾转旋翼技术可以看作旋翼机和传统固定翼飞机的有机结合。通过在固定翼的两端安装一套可在水平与垂直方向上转动的螺旋桨倾转装置,使得飞机以直升机方式起飞后,再操纵旋翼倾转,将旋翼转换成用于平飞提供推力的螺旋桨,由固定的机翼提供升力,实现高速巡航。如图 5-11 所示的国产彩虹-10 无人机就是倾转旋翼式垂起固定翼的经典机型。

图 5-11　国产彩虹-10 无人倾转旋翼机

彩虹-10 无人倾转旋翼机是一种融合直升机和固定翼技术的新型无人飞行器,在直升机模式下垂直起降,在固定翼飞行器模式下快速巡航,通过旋翼倾转实现飞行模式转换。其主要任务是作为伴随海军大中型水面舰艇或陆军野战部队的察打一体无人平台,执行前伸侦察、探测、通信中继、搜索、目标指示、中继制导等信息保障任务。

另一种与倾转旋翼极为类似的垂起固定翼称为倾转涵道式,两者的起降方式基本相同,不同之处是将旋翼换成了涵道,这种几何特征上的改进使得动力部件可以更好地融入机身/机翼中。

如图 5-12 所示为零号项目 Project Zero 推出的倾转涵道风扇验证机,该验证机于 2010 年开始研制,是无人电动垂直起降(eVTOL)混合倾转旋翼/涵道风扇技术的孵化器项目。零号项目采用飞翼布局,包括可拆卸机翼和中央翼,其中央翼面积很大,于两侧各开有一个圆环以安装内埋式涵道风扇,并通过安装罩上装有的转轴按任务需求绕机身横轴进行倾转。

倾转旋翼式和倾转涵道式中的倾转机构实现了旋翼和螺旋桨的合二为一,减小了结构重量,有效增加了载荷能力和航程。同时,两副旋翼既可提供升力,又可提供前飞动力,动力利用率高。但它有一些缺点:机翼翼尖有两个同步旋转桨舱,不仅机构复杂、控制困难,而且占据了飞行器一部分的载荷能力,另外,复杂的倾转机构维护成本和维护难度较高,可靠性较

图 5-12  Project Zero 倾转涵道风扇验证机

低;旋翼需要自动倾斜器;垂直飞行模式下旋翼滑流正面吹在机翼翼面之上,压差阻力损失较大,导致升力增重较大;垂直飞行时俯仰控制完全由旋翼提供,操纵效率不高,对质心位置限制严格。

### 4)倾转机翼式垂起固定翼

倾转机翼与倾转旋翼原理类似,但实现方法不同。倾转旋翼的机翼是固定的,只由动力驱动的旋翼部分可操纵倾转,而倾转机翼则是机翼连同旋翼一起倾转以实现推力换向。起降或悬停时,机翼与平尾保持垂直状态,起飞后与降落前利用位于机身内部的倾转机构完成机翼和平尾由垂直向水平的倾转。倾转机翼展示的是动力部件与机翼的融合度或一体化程度,但本质上仍是倾转动力的一种特殊体现。

事实上,倾转旋翼技术是在倾转机翼的基础发展起来的,世界上第一个提出倾转机翼设计理念的是皮亚塞茨基(Piasecki)直升机公司的设计师卡普兰(Kaplan),他曾经专门成立了自己的转换翼公司(Convertawings)来制造 Model B 倾转旋翼机,但未获成功。随后皮亚塞茨基直升机公司在 1956 年更名为伏托尔(Vertol),后成为波音公司的直升机部门,继续致力于倾转机翼机技术的研究。在长期的研发过程中,得益于美国军方的扶持,先后有多款倾转机翼的原型验证机被相继推出,如 1961 年的三军垂直起降项目导致 XC-142A 大型倾转机翼机的诞生,如图 5-13 所示。可惜的是,这些原型样机在军方测试时都无法满足事先想要的作战需求。暴露出的主要问题包括当机翼处于垂直位置会因阵风吹袭而发生抖动、低速操纵性不佳、直升机模式过渡到固定翼模式相当危险等。

图 5-13  沃特"XC-142"倾转机翼飞行器

直到 2014 年美国国防部正式启动了"垂直起降试验飞机"研究计划之后,美国国家航空航天局推出了"Greased Lightning"10 发倾转机翼飞行器,以及 E-VTOL 的发展,倾转机翼飞行器再次回到人们的视线。

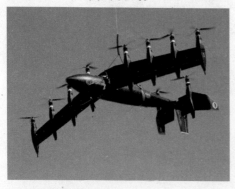

如图 5-14 所示,NASA 兰利中心于 2015 年推出的基于倾转机翼技术的 GL-10 闪电无人机,采用分布式螺旋桨-固定翼常规布局,机翼上 8 个螺旋桨和平尾上两个螺旋桨分别与机翼和平尾进行一体化设计,通过倾转机构操纵机翼/动力融合体的旋转运动来实现推力转向,并进一步实现飞机的垂直起降和前飞。目前,GL-10 已经过多次验证飞行,证明了分布式电推进技术应用于垂直起降飞机具有十分明显的优势,但其不足之处在于全电驱动下飞行航时相对较短,预计后期采用油电混合动力后此问题可以

图 5-14　NASA 倾转机翼 GL-10 闪电无人机

得到改善。在未来的全尺寸版本中,动力将由两个 6 kW 柴油发动机提供,这些发动机将为锂离子电池充电。

在国内,北京天宇新超公司于 2018 年推出首款倾转机翼垂起固定翼原型样机,并成功完成首飞。如图 5-15 所示,该机采用六螺旋桨和倾转机翼的融合设计,依靠机翼与平尾的倾转实现垂飞模式和平飞模式之间高效、安全的转换。起降或悬停时,机翼与平尾保持垂直状态,起飞后与降落前在空中完成机翼和平尾由垂直向水平的倾转。

图 5-15　国内首款倾转机翼垂起固定翼原型样机(北京天宇)

目前,倾转机翼无人机仅在美国军方以及 NASA 航天局有了成熟研发和应用,其中的飞行控制等关键技术具有明显的"卡脖子"性质。北京天宇新超公司突破技术封锁,成功将倾转机翼技术应用到工业级无人机上,可有效填补国内 30 ~ 1 000 kg 垂直起降高效飞行器的空白,推动国内高效物流、远距离高效测绘、飞行汽车等民用领域和军舰无人侦察、公安、陆军等军事领域的发展,具有很好的军民融合产业前景。

## 5)尾座式垂起固定翼

尾座式垂起固定翼无人机的灵感来自有人战机垂直起降技术的最初设计,利用的是喷气的反作用力,就是由发动机向下喷气产生的反作用力作为升力来克服重力实现垂直起降。已公开报道的成熟机型是美军 V-BAT 垂直起降无人机,如图5-16 所示。

V-BAT 垂起无人机机长 2.4 m,机身外形有点像战斧式巡航导弹,机身后部是翼展为 2.74 m 的固定机翼,机身尾部安装有一台采用涵道风扇推进的 183 cc 排量的二冲程发动机。V-BAT 既能独立完成垂直起飞和降落,也能保持像固定翼长航时无人机那样的高效率飞行,起降、平飞、悬停等模式切换自由。只需约 9 m² 的起降场地,使得 V-BAT 的

图 5-16　V-BAT 垂直起降无人机

使用限制非常小,无论是密集的城市环境,还是紧张的甲板上都有用武之地。垂直起落操作的便利性,加上小型无人机系统中带罩风扇的安全性和固定机翼的持续时间,V-BAT 将会在最需要的战术层面上弥补关键的任务差距,在军事、执法、工业和环境监测等领域具有不可替代的应用前景。

综上所述,设计理念的不同会在一定程度上导致各类垂起固定翼存在系统结构、飞行控制技术和应用场景等方面的差异。目前,从通用且适合的行业应用和技术成熟程度的视角来看,应用最成熟的还是动力复合式垂起固定翼。基于此,笔者在长期的无人机应用技术专业高等职业教育教学实践中,经历选型、装配、调试和飞行验证等具体环节,开发一套适合院校教学和机构培训用的垂起固定翼无人机教学训练系统,并自主命名为"白云岩",如图5-17所示。本书将以该无人机作为主训设备,开展装调、性能测试和超视距飞行等实训教学。

图 5-17　"白云岩"垂起固定翼教学训练用机(全套)

# 任务 5.2　系统组装与调试

## 5.2.1　设备及配件检查

"白云岩"垂起固定翼教学训练用机的机体采用碳纤维轻量化设计,机身安排有动力、载

荷和航电 3 个设备仓。基于无工具快速拆装要求,专门定制了模块化纯电动动力系统,并采用箱式存放或运输。模块化动力系统采用 4+1 方式,即 4 轴多旋翼电机加 1 轴前拉电机,垂飞时以多旋翼方式垂直起降,平飞时按传统固定翼方式巡航飞行,垂飞转平飞由飞控自主控制,平飞中若升力不足或姿态过大,多旋翼将参与辅助飞行。全机主体设备清单见表 5-1,部分设备实物如图 5-18 所示。

表 5-1  "白云岩"垂起固定翼教学训练用机设备清单

| 序号 | 部件名称 | 组成与参数规格 | 数量 |
|---|---|---|---|
| 1 | 机体(重尾一体) | 内含前拉电机、电调、折叠桨、分电板、垂尾(含方向舵机) | 1 个 |
| 2 | 左机翼 | 含左副翼舵机、空速管 | 1 个 |
| 3 | 右机翼 | 含右副翼舵机 | 1 个 |
| 4 | 平尾 | 含升降舵舵机 | 1 个 |
| 5 | 垂臂(垂直起降) | 含前后旋翼电机、电调、碳桨,共 4 组 | 左右各 1 个 |
| 6 | 航电设备 | 雷迅 CUAV X7+ 飞控、CUAV NEO3 PRO GPS 模块、RFD900A 数传电台、雷迅 APM/PIX 数字空速计 V5 版、通用型 PIX/APM 飞控减震架、雷迅 CPDB V5 系列高压分电板 | 各 1 个 |
| 7 | 遥控器 | 乐迪 AT9S(含接收机 R9DS) | 1 套 |
| 8 | 地面站 | MP(Mission Planner)+笔记本电脑 | 1 套 |
| 9 | 电池 | 6S/16 000~30 000 mAh | 1 块 |

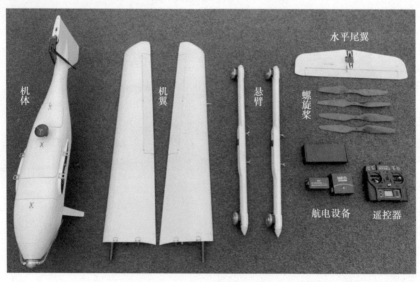

图 5-18  "白云岩"无人机设备组成图示

整机装调前请对照表 5-1 和图 5-18 检查设备的完整性。

**友情提示**

**雷迅 CUAV X7+飞控简介**

CUAV 是广州雷迅创新科技股份有限公司拥有的一款基于无人机开源社区的知名品牌。该公司长期致力于无人机开源飞控的研发与技术升级,在地面站、链路、GNSS 定位和电源管理等飞控配套设备方面屡有产品推出,在无人机开源飞控领域拥有较多骨灰级发烧友和商业用户。

2008 年,该公司将 APM 开源飞控成功引入国内,并在 2012 年与两大国际无人机开源组织 Ardupilot/PX4 建立了战略合作伙伴关系;2013 年,推出首款自由品牌开源飞控 Pixhack,并在两年后推出其升级版 Pixhack V3 商业级开源飞控产品,创下单日零售 500 多套的历史纪录;2019—2020 年,先后推出 V5+、V5 NANO、X7、Nora、X7 Pro 等功能强大的飞行控制器系列,成功实现其商业市场布局并形成海内外销售网络。

从上述发展历程可知,本书选用的 CUAV X7+飞控是目前飞控产品中硬件规格较高的产品之一,也是当前爱好者手中炙手可热的产品。通过实现 PX4 和 Ardupilot 两个开源平台的双平台兼容,使得 CUAV X7+飞控同时拥有 PX4 和 APM 两套固件和相应的地面站软件,这有效地保证了在上一个项目中学到的知识和技能对本项目仍然具有极强的延续和指导作用。

## 5.2.2 　机体组装

### 1)安装平尾

将水平尾翼的快装接头与螺丝,对准飞机尾部垂直安定面顶端的相应接头和螺丝孔,扶住尾翼弯曲位置,轻轻向下按压水平尾翼,使其接插件稳定可靠连接,再将两个自紧螺钉拧紧,如图 5-19 所示。

图 5-19　安装水平尾翼

### 2)安装机翼垂臂

在标记有 L 的左侧机翼下翼面找到机翼与垂臂的快装接口,将标记有 L 的左垂臂上的对应接头,按前长后短朝向对准机翼上的接口并轻轻按压,再将两个自紧螺丝拧紧,如图5-20所示。

图5-20 安装左垂臂

用同样的方法安装好右机翼与右垂臂,注意左、右垂臂不能互换,垂臂前后朝向不能颠倒。

### 3)机翼与机身对接安装

①安装空速管。打开机身第二仓仓盖,将安装好左垂臂的左机翼水平靠近机身左侧,在距离合适时将两根空速硅胶管分别与铜嘴连接好,并将多余硅胶管塞入机翼内,以防空速管受到挤压或过分弯折影响空气流通。

②安装左机翼。左机翼碳杆对准机身中部碳杆插孔,右手扶住机体第二仓内壁,左手握住机翼与垂臂连接处上方,水平状态下缓缓将机翼推进机身,压紧后利用快速锁扣将两者固定,如图5-21所示。

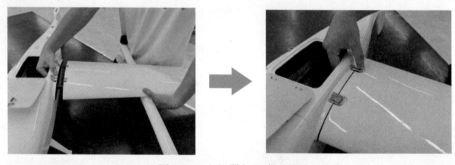

图5-21 左机翼与机身对接

③安装右机翼。用同样的方法将右机翼与机身对接安装好。"白云岩"无人机具有较好的快速拆装特性,安装好螺旋桨后,其整机外观如图5-22所示。

图5-22 机体安装后整机效果

### 5.2.3　飞控固件安装与校准

#### 1)固件下载与安装

CUAV X7+飞控必须在本地硬盘中有对应的固定翼固件才能使用,事前应进入 CUAV 雷迅创新官网下载飞控固件,下载页面如图 5-23 所示。

图 5-23　下载 CUAV X7+飞控固件

打开计算机上 MP 地面站,用 Type-c 线连接飞控与计算机,不要点"连接"。按图 5-24 所示依次点击"初始设置"→"安装固件"→"加载自定义固件",在弹出的文件框中选中下载的固件文件"arduplane. apj"。这里不要点击固定翼飞机图标,因为 ArduPilot 官网上的固件与 CUAV 飞控存在不兼容。

#### 2)改为垂直起降固定翼参数

垂直起降固定翼飞行控制是由"多轴+固定翼+过渡"三者结合而成,其中"Q_"开头的参数大部分与多轴(Quad)有关,尤其多轴 PID 参数,只要把参数前面的"Q_"去掉就跟多轴固件(Copter)同名称同作用,而前面没有"Q_"的参数大部分为固定翼参数。飞控安装完固件实际上只是固定翼固件,全部参数中只有一个带"Q_"头的参数 Q_ENABLE(此时 Q_ENABLE 值为 0),不能控制垂直起降固定翼飞行,可通过改写参数或导入参数两种方法变成垂直起降固定翼参数。

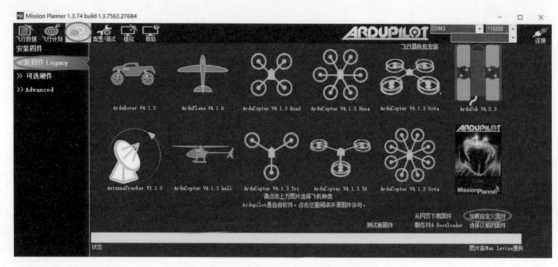

图 5-24　安装 CUAV X7+飞控本地固件

（1）改写参数

进入全部参数表，找到 Q_ENABLE 参数，将 0 改为 1，然后点击右侧"写入参数"，如图 5-25 所示。重启飞控后，就可以看到全部参数表中出现了许多带"Q_"头的参数，表示已变为垂直起降固定翼参数了，如图 5-26 所示。后续通过对一些参数进行调试，使之成为适用于控制垂直起降固定翼飞行的参数。

| 命令 △ | 值 | 单位 | 选项 | 描述 |
|---|---|---|---|---|
| Q_ASSIST_ANGLE | 30 | deg | 0 90 | This is the angular error in attitu Q_ASSIST_SPEED is also non-error in roll or pitch is greater than |
| Q_ASSIST_SPEED | 0 | m/s | 0 100 | This is the speed below which th transition. Note that if this is set t waste battery. A lower value will minimum airspeed you will fly at arming check Q_ASSIST_SPEE |
| Q_AUTOTUNE_AGGR | 0.1 | | 0.05 0.10 | Autotune aggressiveness. Defin |
| Q_AUTOTUNE_AXES | 7 | | 7:All 1:Roll Only 2:Pitch Only 4:Yaw Only 3:Roll and Pitch 5:Roll and Yaw 6:Pitch and Yaw | 1-byte bitmap of axes to autotun |
| Q_AUTOTUNE_MIN_D | 0.001 | | 0.001 0.006 | Defines the minimum D gain |
| Q_ENABLE | 1 | | 0:Disable 1:Enable 2:Enable VTOL AUTO | This enables QuadPlane functio /TOL AUTO mode. |
| Q_ESC_CAL | 0 | | 0:Disabled 1:ThrottleInput 2:FullInput | This is used to calibrate the thro using. This parameter is automat all motors will come directly from when armed and zero when disa |
| Q_FRAME_CLASS | 1 | | 0:Undefined 1:Quad 2:Hexa 3:Octa 4:OctaQuad 5:Y6 7:Tri 10:Single/Dual 12:DodecaHexa 14:Deca 15:Scripting Matrix 17:Dynamic Scripting Matrix | Controls major frame class for mu |

Q_ENABLE=1
写入参数后再按刷新参数
就会出现所有的VOTL参数

图 5-25　改写 CUAV X7+飞控固件为垂直起降固定翼参数

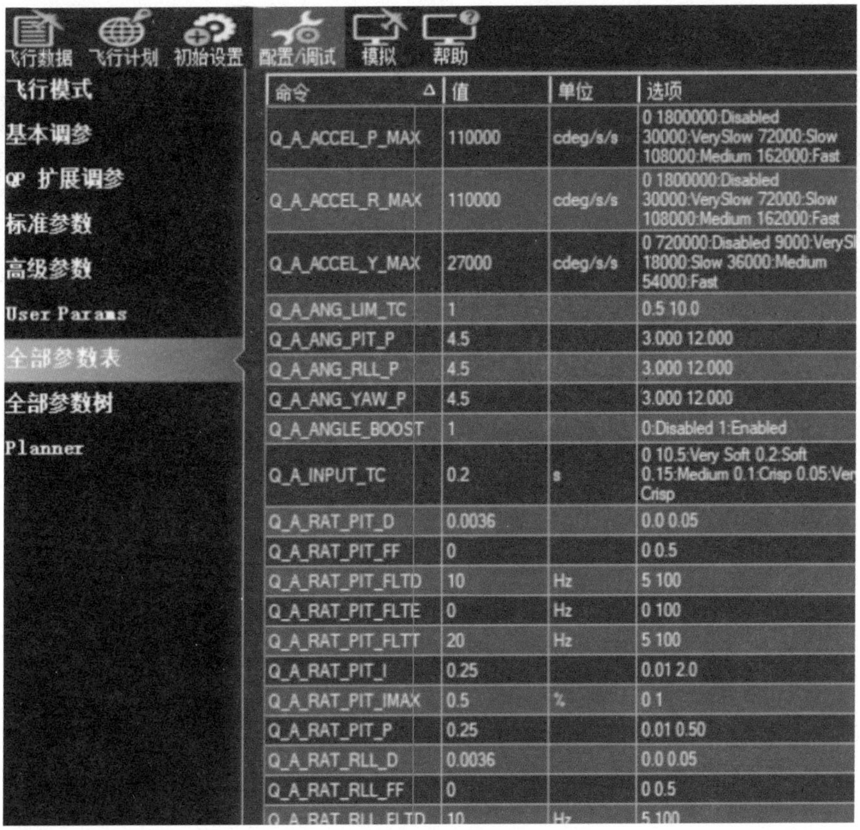

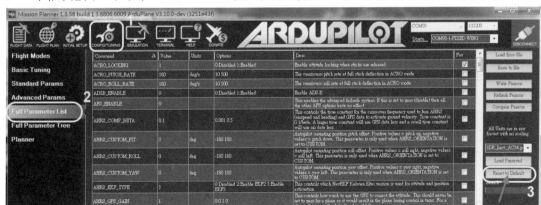

图 5-26　垂直起降固定翼参数显示

（2）导入参数

如果有同机型成熟的垂直起降固定翼的参数，可以直接导入参数。

因为第一次刷上固件后参数内存什么值是不可预期的，所以在导入参数前必须重置参数为默认值（只有第一次刷要这么做，以后升级是不必重置的）。重置方法很简单，只要在图 5-27 中依次按下 1、2、3（Reset to Default）三个按钮，然后"写入参数"，再重新开机即可。

图 5-27　重置垂直起降固定翼参数

参数重置完成后即可进行参数导入，在图 5-28 中依次点击 1、2、3（Load from file）三个按钮,再选择下载的机型参数。

图 5-28　导入垂直起降固定翼参数

**重置和导入参数时注意事项**

①禁止用数传来进行导入,因为这个步骤可能要操作好几次,而大批量更新参数时数传可能会掉封包。

②第一次导入会出现一大堆的错误(找不到参数名称),这是因为有些参数要先打开才会看到有关的参数,如 Q_Enabled=1 后才会看到"Q_"开头的参数,所以导入后要进行写入参数(Write Params)、重新开机,再重复导入一次。

③经过几次导入后会发现错误剩下几个(或许没有错误了),此时请改用[Compare Params]比对参数,再按写入并重新开机,应该所有参数都导入完成了,如果还有几个错误就算了,有可能是新旧版本参数名称不同(或改了)。

### 3)加速度计校准

加速度计校准分为六面校准(Calibration Accel)与水平校准(Calibration Level)两种。六面校准是要校准飞控内部加速度计误差,要在飞控装入飞机前完成,校准工作应在完全平整的桌面上进行。校准方法与上一个项目中的传统固定翼相同,此处不再赘述。水平校准是在装机完成后校准飞控与飞机水平基准之间的安装误差,特别是针对以多轴电机为水平的基础上进行校准,以确保多轴模式悬停的稳定性,期望达成的目的是以 QSTABILIZE(多轴自稳模式)在无风环境下尽可能地不飘移。

把飞机水平放好后再按图 5-29 所示的 1、2、3 操作,等几秒钟会出现"校准成功"的提示。注意:在校准期间请勿移动飞机,并保持飞机静置不动。

### 4)GPS 设置

GPS 在安装到飞机上之前,需要先连接到飞控上进行相关参数设置和外罗盘校准。

(1)连接 GPS 与飞控

本书选用 CUAV NEO_3 PRO GPS 模块,它与 CUAV X7+飞控的连接接口为"GPS&SAFETY",如图 5-33 所示。NEO_3 是即插即用模块,一般无须进行参数设置,如果要进行手动设置,应在 MP 地面站的全部参数中进行参数设置。

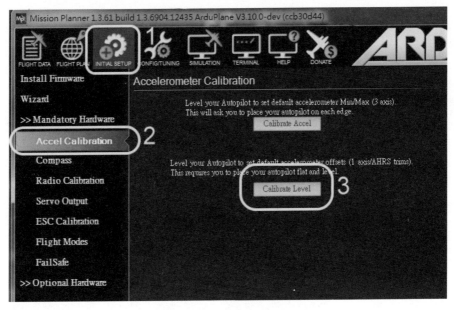

图 5-29　水平校准操作

（2）设置 GPS 参数

①GPS 安装位置设置：GPS 的位置和飞机重心的距离

GPS_POS1_X：默认为 0，正值为机头方向，负值则靠机尾方向安装。

GPS_POS1_Y：默认为 0，正值为靠右翼方向，负值则靠左翼方向安装。

GPS_POS1_Z：默认为 0，正值为向下，负值则向上方向安装。

第二个 GPS 方向（GPS_POS2_*）设置同上。

②启用 GPS CANBUS

CAN_P1_DRIVER=1，启用 CANBUS1。

CAN_P2_DRIVER=1，启用 CANBUS2。

NTF_LED_TYPES=231，选择 LED 灯类型。

GPS_TYPE=9，CAN BUS GPS 类型为 9。

设置后重新开机才会出现另外一些 CAN 参数，如

CAN_D1_PROTOCOL=1

CAN_D1_UC_NODE=10

CAN_P1_BITRATE=1 000 000

5）罗盘校准

外罗盘应该校准后再装机，装机后建议再校准一次（方法一样），且装机后最好用数传以电池供电来校准（USB 可能供电不足）。

在校准之前请先进到全部参数确定罗盘 ID 是否数量正确，Pixhawk2 Cube／Pixhack-V3／UAVS-V3 有两个内置罗盘（一般 Pixhawk 只有 1 个内置），如果插上一个外置罗盘就必须看到 3 个不同的罗盘 ID，如图 5-30 所示。如果不是这样，请检查接线或有其他问题。

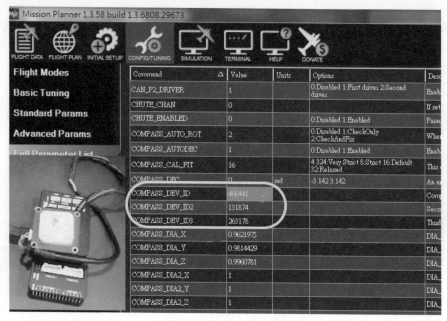

图 5-30　罗盘编号设置

确定罗盘参数正确后,将外罗盘与飞控连接,进入罗盘校准页,如图5-31所示。按顺序点击图中1、2、3(Start)三个按钮后,就可以把飞控及罗盘拿起来转动,只要每个方向都有转到,进度条就会一直增加到100%,如图5-32所示。

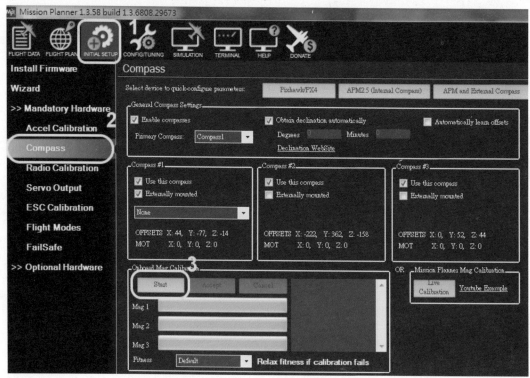

图 5-31　多罗盘校准

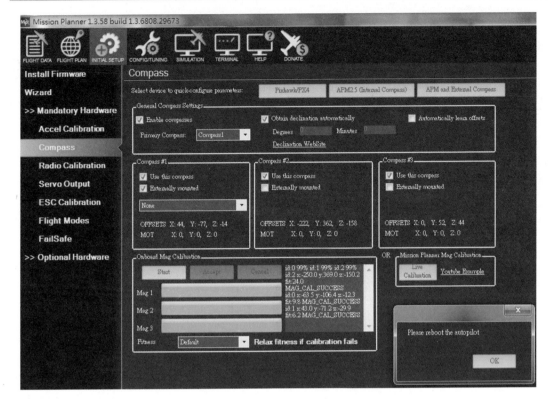

图 5-32　多罗盘校准完成

**罗盘校准时注意事项**

①垂直起降固定翼(VTOL)在多轴模式的电流很大(>60 A)且集中于两侧机翼,很难避开干扰罗盘的问题,如果实在无法排除电流磁场干扰,只能禁用两个内置罗盘,仅用 1 个外置或两个外置罗盘。

②关于罗盘安装方向:新的固件会自动识别罗盘方向,在校准页不需设置方向,如果校准完成发现偏转了 90°(由 Mission Planner 地图可观察到,屏幕正上方为北边),先检查附近是否有干扰,或换个位置校准。

③罗盘校准完成,将飞控重新开机。如果校准失败,则检查附近是否有磁性物体,远离磁性物体后再进行一次校准操作。

6)遥控器校准

将遥控器接收机的 SBUS(或 PPM)插到飞控的 RC IN 接口,如图 5-33 所示。打开遥控器,如果遥控器有动过通道微调或 END POINT 的请还原,有调整遥控器 EXP 的也请还原。

将飞控与 MP 地面站连接进行遥控器校准,校准步骤与本书上一个项目中常规固定翼遥控器校准步骤相同,此处不再赘述。需要注意的是,在后续设置"飞行模式""失控保护""电调校准""电机测试"等操作前必须保证遥控器已完成校准。

### 5.2.4 飞控设备安装

前面是针对飞控及相关航电设备在飞机上安装前的基础性调试,如果调试工作均正常即可进行机上安装。飞控及其相关航电设备安装时的连接关系如图 5-33 所示,安装位置分别对应机身上的电池舱、载荷舱和飞控舱,如图 5-34 所示。

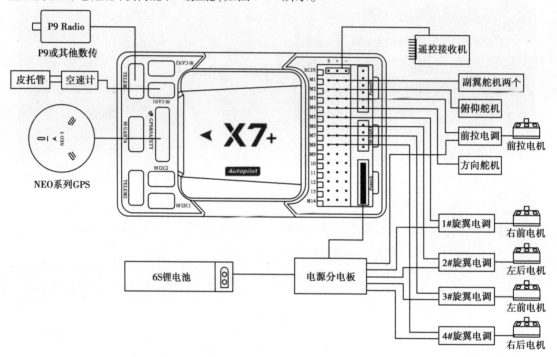

图 5-33 机载飞控系统的连接关系图示

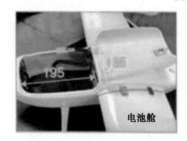

图 5-34 机身设备舱布局

### 1) CPBD 高精度高电压电源模块设置与安装

**(1) CUAV CPBD 高压分电模块特点**
① 支持更高的输入电压:10 ~ 60 V(3 ~ 14 S 电池)。
② 更精准的电流电压检测:电压检测精度:±0.1 V;电流检测精度:±0.2 A。

③提供双路 5 V 电压及最大 5 A 电流输出。

④最大输出/检测电流:60 A。

⑤最多可同时输出 8 组动力电源(电压约等于电池电压)。

(2)接口

高压分电模块实物及各接口标记如图 5-35 所示,图中:

①电池正极接口。

②电池负极接口。

③高压电调正极接口(输出电压约等于电池电压,接入设备耐压值应高于电池电压)。

④高压电调负极接口(输出电压约等于电池电压,接入设备耐压值应高于电池电压)。

⑤6P 的信号线插入飞控的 PowerA 接口,如图 5-33 所示。

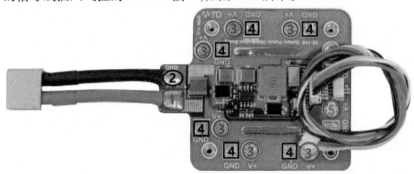

图 5-35　CUAV CPBD 高压分电模块

(3)地面站设置

使用 USB 或者数传连接到地面站,按"初始设置"→"可选硬件"→"电池监测器"顺序,进入电池检测器设置,如图 5-36 所示。

①监控器:4,同时检测电压电流。

②传感器:0。

③APM 版本:4,根据模块类型填入。

④电压分压器:18,电压传感器测得 1 V,电压实际为 18 V。

⑤安培每伏:24,电流传感器通过测电压计算得出电流,测得 1 V,电流实际为 24 A。

⑥电池容量:根据实际电池容量填入。

(4)手动校准电压

PM 模块是模拟传感器器件,可能会存在一定的差异性,可以手动校准参数获得更准确的电压测量值(电流无须校准)。校准前要准备 1 个万用表或者 BB 响(校准电压使用)。校准电压步骤如下:

①飞控和电源模块连接后,使用电池给电源模块供电,然后将飞控与 MP 地面站连接上。

②使用万用表或者 BB 响测量当前电池电压。

③选择"传感器"为 0,在"测量电池电压:"中填入当前测量出来的电压;填好后随便点一下鼠标或者按一下 TAB 键,地面站会自动计算一个分压比系数和自动保存写入飞控。

④验证:如果电池检测器设置正确,在 MP 的 HUD 窗口下部会有电池电压、电流和容量的准确显示。

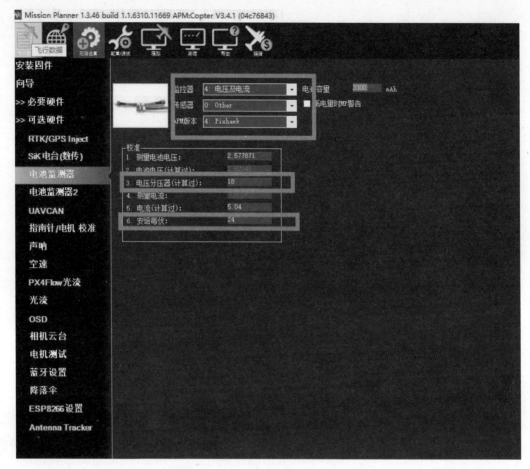

图 5-36　电池监测器设置

（5）安装

①将电源模块试着装到飞机电池舱后部的对应位置，准备与位于第二仓顶端前部的飞机分电板输入端接口连接。

②确定好前拉电调和左右旋臂电调快插接口的 3 对中粗红黑电线长度，将 3 对红黑中粗线分别焊接到电源模块上，便于连接到电板输入端接口。

③将电源模块固定到安装位置上，将最粗的两根输入端电源线，放入第一仓，准备与电池连接；将信号线沿机舱顶部穿至第三仓放置，准备与飞控连接。

2）空速计安装与设置

空速计设备由空速管（皮托管）、空速计、硅胶管和数据线组成。由于空速管安装在左机翼上，机翼与机身采用快拆装连接，因此动压和静压通过硅胶管、铜嘴、硅胶管从空速管引到空速计上。

（1）安装

①利用 3M 双面胶将空速计固定到机身第三舱内飞控减震座前的对应座板上。

②用数据线将空速计连接到飞控的 I2C 接口上,然后选择两根适当长度的硅胶管,将空速计连接到左机翼上和空速管相连的两个铜嘴上,如图 5-37 所示。注意:动压口和静压口不能接错,硅胶管不能受到挤压和过度弯折,以免影响空气流入。

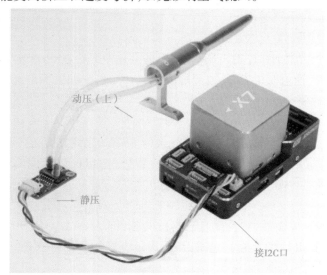

图 5-37    空速管、空速计和飞控连接关系图

(2)校准

连接地面站切换到"初始设置"→"可选硬件"→"空速计",选择已启用。

①手动校准

空速计安装后需要在地面进行校准才能保证飞行的安全,校准步骤如下:

a. 连接 Mission Plannerf 地面站,打开飞行数据界面下的动作栏,点击下方动作选择框选择"PREFLIGHT_CALIBRATE",点击"执行动作",如图 5-38 所示。

b. 向空速管吹气,观察响应情况。静止空气中,零和小值振荡(2~3)都是正常的。空速随压力的平方根变化,在接近零压差时的变化非常小,而在飞行时则需要更大的压力变化来产生并估计速度变化。校准时大多是 0、1、2,偶尔跳到 3 或 4,可认为它是正常的,飞行时很少这样变化。

c. 校准需确保周围没有风,否则会影响校准的效果。校准过程中切勿动空速计。

②自动校准

空速可以在飞行时以 GPS 测量的速度进行自动校准,而 GPS 测量的速度为地速,在无风的条件下与空速相等,需要在无风条件下进行。

a. 打开空速自动校准参数

ARSPD_AUTOCAL=1(启用空速自动校准);

ARSPD_SKIP_CAL=0(地面禁止不归零,开机时若风大必须挡风防止灌入空速管,但禁止堵死);

图 5-38    空速计校准

233

ARSPD_RATIO=2(校准值默认为2);

ARSPD_FBW_MAX=35(最大空速 m/s);

ARSPD_FBW_MIN=12(最小空速 m/s);

ARSPD_USE=1(启用空速计)。

b. 观察空速计是否有效

开启 MP 地面站,观察 HUD(抬头显示器)上的空速值是否在 0~5 m/s 跳动,用手捏空速管(动压管),会看到空速值变很大,手放开则恢复 0~5 m/s。如果不是这样(如一直都是 0),则往前查原因,禁止做下一步。

c. 升空

以 QStabilize 或 QLoiter 多轴模式升空并转换为 FBWA 先绕几圈,这期间空速会渐渐被校准,油门与速度会逐渐跟上,速度与油门的控制变得更好,也可以切到 Loiter(固定翼绕圈模式)让它自动去绕,通常 5 圈左右就可以了。

d. 降落

降落后连接到 MP 地面站,将自动校准参数关闭,即 ARSPD_AUTOCAL=0(关闭空速自动校准),观察 ARSPD_RATIO 参数值已被改变,表示完成空速自动校准。

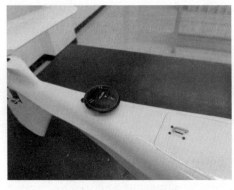

图 5-39　GPS 安装位置

## 3)GPS 安装

①GPS 在罗盘校准时已连接到飞控,安装前需要把 GPS 连接线从飞控上取下来。

②用 3M 双面胶将 GPS 表面向上粘贴到机身垂尾附近的圆台上,GPS 表面箭头与机头方向保持一致,如图 5-39 所示。

③GPS 距离飞控有点远,需要选择 500 mm 左右长度的数据线(也可自己动手制作),将数据线沿机舱顶部穿至第三仓放置,准备将 GPS 与飞控连接。

## 4)数传安装

RFD900A 数传不区分收发,每个模块均集成 USB 串口芯片,USB 与 UART 接口自动切换,USB 优先;发射功率可调;采用全金属屏蔽,抗干扰性强,室外通信距离直线可达 40 km 或以上(依赖天线性能以及通信速率)。

(1)安装

①任选一个数传模块作为天空端,将两根天线拧在该数传模块上。

②将数传天空端与数据线连接,利用 3M 双面胶将数传固定在垂直安定面顶端前沿,并将信号线沿机舱尾部穿至第三仓放置(也可根据数据线长度,将模块粘贴在机身飞控舱底部,天线端朝向机尾,或在天线连接位置向下钻两个合适的孔,使天线伸到机身外面)。以上两个步骤如图 5-40 所示。

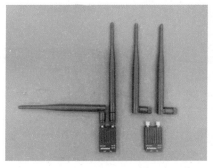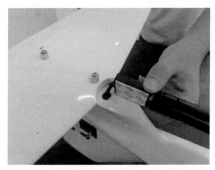

图 5-40　安装 RFD900A 数传天空端

③用数据线连接天空端数传模块的 UART 接口与飞控的 TELEM1 接口。

④另一个数传模块接另两根电线作为地面端,用 USB 线连接到装有地面站的笔记本电脑上。

（2）设置

打开并连接 MP 地面站,进入"初始设置"→"可选硬件"→"Sik 电台（数传）",调节"发射功率",功率越大,遥控无人机距离越远。

如果是多台无人机飞行有信号干扰,或感觉数传信号不稳定（HUD 右上角信号强度偏低）,可修改"网络 ID"值。

其他设置参照本书上一个项目中的常规布局固定翼数传配置内容。

### 5）CUAV X7+飞控安装与线路连接

以上工作完成后,将飞控安装到通用型 PIX/APM 飞控减震座上,再将减震座安装到飞机飞控舱的飞控固定板上,注意飞控的箭头朝向机头方向,飞机中轴线尽量与机身总线平行,且飞控与安装基准面平行。

按图 5-33 所示正确进行飞控与其他航电设备的线路连接,其中动力与舵机信号连接具体如下:

①用 Y 线将左右副翼舵机连接到飞控 M1,"S/+/−"3 个信号都要连接正确,两个舵机从"S"取得相同副翼控制信号,从"+/−"取得 5 V 电。

②用延长线将升降舵机连接到飞控 M2,"S/+/−"3 个信号都要连接正确,舵机从"S"取得升降控制信号,从"+/−"取得 5 V 电。

③将前拉电调的 BEC 线连接到飞控 M3,"S/+/−"3 个信号都要连接正确,前拉电调从"S"取得转速控制信号,通过"+/−"向飞控输出供入 5 V 电,该电调输入电源已接到电源模块板。

④用延长线将方向舵机连接到飞控 M4,"S/+/−"3 个信号都要连接正确,舵机从"S"取得方向控制信号,从"+/−"取得 5 V 电。

⑤右前旋翼（1#）电调的信号线连接到飞控 M5 的"S"（该电调输入电源已接到电源模块板）。

⑥左后旋翼(2#)电调的信号线连接到飞控 M6 的"S"(该电调输入电源已接到电源模块板)。

⑦左前旋翼(3#)电调的信号线连接到飞控 M7 的"S"(该电调输入电源已接到电源模块板)。

⑧右后旋翼(4#)电调的信号线连接到飞控 M8 的"S"(该电调输入电源已接到电源模块板)。

### 6)接收机连接

利用杜邦线连接接收机与飞控,一边接入飞控端后面 RC IN 口,另一边接入接收机 SBUS2 口。待接收机通电后,将发射制式改为 SBUS,完成后利用 3M 双面胶将其固定在第三仓减震板下端机壁上,将信号天线从机体穿出,保证控制信号畅通。

## 5.2.5　飞控参数设置

### 1)飞行模式设置

采用最简单的飞行模式设置方法,即用 SC(3 段)开关控制 3 个模式:

①将 MP 地面站全部参数表中参数 FLTMODE_CH 改为 5,使用遥控器信道 5 当模式开关信道。

②进到遥控器的信道设置将信道 5(CH5)指到 3 段开关 SC,如果是其他 3 段开关,最好不是在控制油门的那只手,因为不希望控制油门的同时去切开关。

③拨动 SC 开关,在 MP 地面站飞行模式设置界面上会看到飞行模式变化。把"开关下"选择为"FBWA",即模式 1,固定翼自稳;"开关中"选择为"QSTABILIZE",即模式 4,多轴自稳;"开关上"选择为 Auto,即模式 6,自动航线飞行,其他 3 个选不到的位置则不管它,如图 5-41 所示。

### 2)上锁/解锁设置

参照固定翼设置以下参数:

ARMING_REQUIRE=1。

ARMING_CHECK=1。

ARMING_RUDDER=2。

Q_M_SPIN_ARM:解锁后电机怠速旋转速度,0.0—慢速,0.1—中速,0.2—快速,不能大于 Q_M_SPIN_MIN,可为默认值 0.1。

LAND_DISARMDELAY:自动降落后,如果飞机仍然在地面上,飞机将在 20 s 后自动上锁。

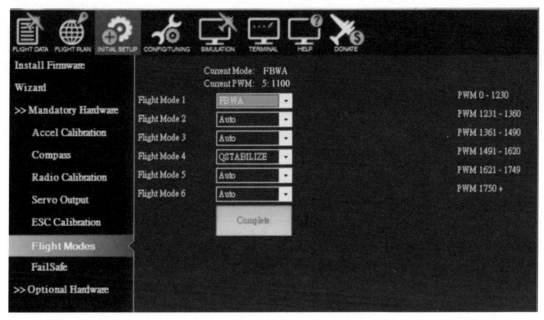

图 5-41　垂起固定翼 3 种飞行模式设置

## 3）地面站失控保护设置

垂起固定翼如果是遥控器控制飞行可设置遥控器失控保护,方法参照上一个项目中常规布局固定翼相关内容。如果采用地面站远距离程控飞行,由于遥控器通信距离短,容易失联,所以可不必设置遥控器失控保护,只设置地面站失控保护。

①修改或确定失控保护参数

a. FS_GCS_ENABL:地面站失控保护开关,0—禁用,1—启用。此处设置为 1。需要注意的是,在地面测试中,要使用单独的电机启动开关或拆卸螺旋桨以保证安全,试飞完成前不推荐使用。

b. FS_LONG_TIMEOUT:地面站失控保护触发时间,默认为 5 s。

c. FS_LONG_ACTN:长时间失控触发故障保护方式,建议设置为 1。其保护方式与飞行模式有关,见表 5-2。

表 5-2　地面站长时间失控触发故障保护方式

| 飞行模式 | FS_LONG_ACTN 值 | 故障保护方式 |
| --- | --- | --- |
| STABILIZE 或 MANUAL | 0 or 1 | RTL |
| | 2 | FBWA |
| AUTO 或 GUIDED | 0 | continue |
| | 1 | RTL |
| | 2 | FBWA |
| | 3 | 释放降落伞 |

d. Q_RTL_MODE:RTL 与 QRTL 转换,0—禁用,1—启用,设置为1,若离返航点很远自动转固定翼 RTL 返航,到达返航点 RTL_RADIUS 半径内自动变多轴 QRTL。

e. FS_SHORT_TIMEOUT 和 FS_SHORT_ACTN,默认即可。

②通过数传电台连接到 Mission Planner,在 HUD 的右下角确认在非自动模式(手动,稳定,FBWA 都可以)下"飞行"(非实际飞行)。

③拔掉一个数传电台,超过 FS_LONG_TIMEOUT 秒后关闭自动驾驶仪,自动驾驶仪进入失控保护状态。

④将自动驾驶仪与 Mission Planner 连接起来,并拖动日志,核实在 MAVlink 信号丢失时间超过 FS_LONG_TIMEOUT 秒后,自动驾驶仪是否进入 RTL。

### 4)PID 参数设置

不同机型,PID 参数是不同的。"白云岩"垂起固定翼教学训练用机的 PID 参数如图 5-42 所示。建议将原始 PID 参数做好备份再根据飞行测试结果予以修改,修改后点击"写入参数",将新 PID 参数写入飞控,然后点击"刷新屏幕"看参数是否变化。

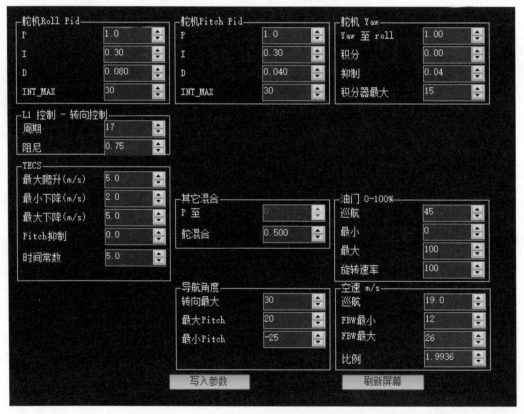

图 5-42 "白云岩"垂起固定翼 PID 参数

## 5.2.6　电机与舵机调试

### 1）电调校准

（1）电调校准前确定

①已做过遥控器校准。

②确定 SERVO？_FUNCTION 设置与电调插的 PWM 位置无误，即：

SERVO1_FUNCTION=4，设置输出通道 1 为副翼功能（选项 4 为 Aileron）；

SERVO2_FUNCTION=19，设置输出通道 2 为升降功能（选项 19 为 Elevator）；

SERVO3_FUNCTION=70，设置输出通道 3 为油门功能（选项 70 为 Throttle）；

SERVO4_FUNCTION=21，设置输出通道 4 为偏航功能（选项 21 为 Rudder）；

SERVO5_FUNCTION=33，设置输出通道 5 为旋翼 1#功能（选项 33 为 Motor1）；

SERVO6_FUNCTION=34，设置输出通道 6 为旋翼 2#功能（选项 34 为 Motor2）；

SERVO7_FUNCTION=35，设置输出通道 7 为旋翼 3#功能（选项 35 为 Motor3）；

SERVO8_FUNCTION=36，设置输出通道 8 为旋翼 4#功能（选项 36 为 Motor4）；

BRD_PWM_COUNT=8，控制为 PWM 设置的 FMU（飞行管理单元）输出的通道数量，CUAV X7+飞控输出最大为 14 个通道，"白云岩"垂起固定翼只用于专业实训教学与机构培训，即不带载荷飞行时 8 个通道就够了。

③确认飞控可以解锁，或直接关闭飞控上锁/解锁设置：ARMING_REQUIRE=0，务必要关掉自检设置：ARMING_CHECK=0。

④建议直接禁用安全开关：BRD_SAFETYENABLE=0。

以上参数若有修改，请重新开机后让参数生效。

（2）整体校准

VTOL 的电调校准方法与多轴或固定翼不同，一般采用整体校准。

①拆桨（务必拆桨，安全至上）。

②飞控插上 USB 连接到 Mission Planner，但不要插上电池。

③改飞行模式为 QSTABILIZE（以下校准在该模式下有效）。

④进到全部参数页修改以下参数：

Q_ESC_CAL=1（启用电调校准）；

Q_M_PWM_MAX=2 000，设定电调最大行程 PWM，如果设定为 0，则与 RC3_MAX 相同；

Q_M_PWM_MIN=1 000，设定电调最小行程 PWM，如果设定为 0，则与 RC3_MIN 相同。

⑤若设置了上锁和安全开关，以 QStabilize 模式解锁，按安全开关，若没有则跳过此步骤。

⑥将油门推到最高，插上电池。

⑦听到发出高位确认音（通常是"滴滴"两个音），立即将油门收到最低。如果听到的是急促的"滴滴滴……"音，则可能是收油门到最低太迟了（特别是设置了解锁和安全开关，很

容易延迟,必须在电调发出告警约 2 s 内完成),可从上一个步骤重新开始校准。

⑧听到发出低位确认音,完成。

⑨重新开机(重新开机后 Q_ESC_CAL 会自己改回 0)。

注意:此方法只用于校准多轴电机,前拉电机的电调请直接插在接收机的 CH3 上予以校准。

(3)逐个校准

如果整体校准失败,只能采用单个电调逐个校准。

①请修改以下参数:

Q_ESC_CAL=0(关闭电调校准);

Q_M_PWM_MAX=0;

Q_M_PWM_MIN=0。

②把电调油门线一个一个拆下来插到接收机的 CH3(油门)。

③遥控器油门杆推到最高,插上电池,听到高位确认音将油门收到最低。

④听到低位确认音,拔下电池,这样就完成 1 个电调的校准。

⑤重复步骤②—④直到所有电调校准完毕。

⑥观察 Mission Planner 地面站 ServoOut 页,看 PWM 输出对不对。

## 2)电机测试

当电调校准完成后就可以测试电机旋转方向或编号是否正确了(可以使用 MP 内的电机测试功能来确认)。

注意:进行电机测试前请先拆除桨、做好电调校准、确定飞机可以正常解锁(或关闭上锁/解释)。

打开 Misssion Planner 进入电机测试页,将 Throttle(油门%)输入20%,转动持续时间设置为 5 s,如图 5-43 所示。

当按下 Test motorA—D(测试电机 A—D),电机会以 20% 油门转动 5 s,这里要注意 A—D 并不是按照电机 1—4 的编号,而是顺时针方向,此时可检查电机旋转方向与电调信号线是否插对通道。电机从 1#(右前)开始,按顺时针方向依次为逆、顺、逆、顺的方向旋转,如图 5-44 所示。

## 3)固定翼舵机设置

(1)检查舵机行程量

Servo? _Min=1 100(舵机的最小行程量);

Servo? _Max=1 900(舵机的最大行程量);

Servo? _REVERSED=0(0=正常,1=舵机反向);

Servo? _TRIM=1 500(舵机的行程中立位)。

注意:舵机一定要分开供电,即由外部 BEC 供电。如果企图通过飞控供电,则电机直接

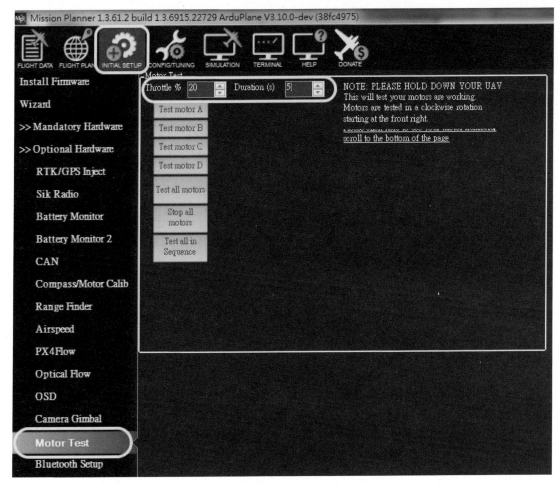

图 5-43  电机测试

插上后不会有动作,即使有动作,飞控会随时进入保护模式而断电。

(2)确定舵机遥控器打舵方向

当插上舵机后有两个方向要设置,分别为"遥控器打舵方向"及"自稳反馈方向",且一定要先确定前者正确后才能设置后者。

①用遥控器或地面站把模式设为 FBWA 模式(或手动模式较易观察)。

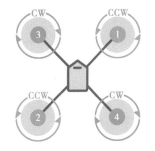

图 5-44  X 形机架旋翼旋转方向

②遥控器副翼杆往左(右),应有左副翼上(下)偏、右副翼下(上)偏。如果不对则把遥控器该通道反向。

③遥控器升降杆往前(后),应有两片升降舵下(上)偏。如果不对则把遥控器该通道反向。

④遥控器方向杆往左(右),应有方向舵左(右)偏。如果不对则把遥控器该通道反向。

注意:遥控器通道反向可以在 RC?＿REVERSED 中设置(1—副翼,2—升降,4—方向),

但不要在遥控器和 RC？_ REVERSED 中都设置,建议只在遥控器中设置。

(3)确定舵机自稳反馈方向

①用遥控器或地面站把模式设为 FBWA 模式。

②把飞机左(右)倾斜,应有左副翼下(上)偏、右副翼上(下)偏,同时升降舵成比例上偏。如果副翼偏转不对则把 Servo1 _REVERSED 反向,如果升降舵偏转不对则把 Servo2 _REVERSED 反向。

③把飞机抬(低)头,应有两片升降舵下(上)偏。如果升降舵偏转不对则把 Servo2_RE-VERSED 反向。

# 任务 5.3　飞行前准备

## 5.3.1　全系统静态测试

### 1)选择合适起降场地

垂起固定翼起降场地与多旋翼无人机一样,只需一小块平地即可。为防止在飞行训练时出现意外,应尽量寻找一平坦开阔且人员较少的地方作为起降训练场,其他飞行环境要求与前述常规布局固定翼内容相同。

### 2)无人机架设

(1)放置飞机

在起降场内选择一块平整地方作为起飞点,将飞机水平放置在起飞点位置,机头逆风朝向,机头方向 30 m 范围内尽量开阔无遮挡。

(2)安装螺旋桨

分别将前拉螺旋桨和垂臂的 4 个放翼螺旋桨安装到飞机上,确保螺旋桨放置方向正确无误,如图 5-45 所示。

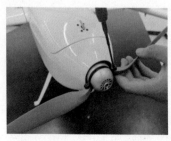

图 5-45　安装螺旋桨

（3）展开地面站

在飞机正后方 10 m 左右位置展开地面站，将数传电台地面端利用数据线与笔记本电脑连接，如图 5-46 所示。

3）静态测试

①打开遥控器，确认遥控器设定为垂起模式 QSTABILIZE，且油门处于最小位置。

②打开笔记本电脑，启动地面站软件，确保地面端数传模块天线竖直向上。

图 5-46　展开地面站

③用 BB 响检测电池电压，确保电池电压为 24.8～25.2 V。

④再次按图 5-33 检查并确认机载设备接线正确，然后将电池放入并固定在机头的电池舱内，按红正黑负连接电池和电源模块，如图 5-47 所示。此时飞机开始自检过程并伴有轻微声响，响声停止后，GPS 上灯闪变为蓝灯常亮，电机和舵机轻微抖动后停止，表明飞机状态正常。

⑤在地面站软件初始页面右上方，选择 Com 口，波特率为 57 600，点击"连接"按钮，通过数传电台连接地面站和无人机，如图 5-48 所示。如果 MP 地面站数据下载顺畅，信号强度接近 100%，地面站正确显示飞机位置和机头方向，虚拟仪表能正常显示无人机相关参数，表明无人机与地面站通信连接正常。

图 5-47　安装并连接电池

图 5-48　地面站与无人机连接且通信正常显示

### 5.3.2　飞行前检查

#### 1）外观检查

检查飞机机身机翼、舵面舵角、接插件是否正常，连接部位是否紧固。

①机身机翼应无破损，无变形。检查时需绕飞机一周仔细观察并认真检查。

②舵面、舵角连杆、接插件连接方式正确，天线、馈线紧固无松动。检查时用手轻轻触碰舵面、舵角连杆处，不可大力掰动舵面；用手触碰天线及馈线输出，观察是否有松脱。

③电机紧固，无卡涩；螺旋桨紧固，无破损，正反桨无误。检查时用手转动桨叶，观察旋翼桨叶螺丝是否上紧，观察桨叶与电机旋转方向是否一致；观察固定翼电机螺帽是否上紧，桨叶与电机旋转方向是否一致。

#### 2）遥控器舵面检查

检查遥控器控制舵量，及飞机各舵面反馈是否一致，若有问题需重新调试。

（1）副翼舵面检查

副翼左舵，即副翼向左打满舵量叶，副翼左上右下；副翼右舵时副翼右上左下，如图5-49所示。

图5-49　副翼舵面检查

（2）升降舵面检查

升降舵向下拉杆，舵面上偏，飞机抬头；升降舵向上推杆，舵面下偏，飞机低头，如图5-50所示。

#### 3）姿态自稳检查

检查飞机自身稳定系统，当飞机受到扰动后，自我修正的反馈是否正确，若有问题需重新调试。检查工作由两人配合完成，其中一人站于机头，手握飞机的两根垂臂转动飞机以变换飞机姿态，另一人在地面站观察飞机舵面和水平仪显示。

图 5-50　升降舵面检查

①飞机左偏：副翼右上左下，升降舵上偏，地面站水平仪右倾，如图 5-51 所示。

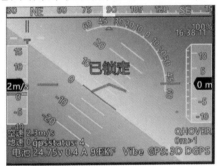

图 5-51　飞机左偏检查

②飞机右偏：副翼左上右下，升降舵上偏，地面站水平仪左倾，如图 5-52 所示。

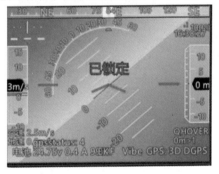

图 5-52　飞机右偏检查

③飞机抬头：升降舵下偏，地面站水平仪下移，天空视觉，如图 5-53 所示。

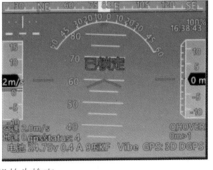

图 5-53　飞机抬头检查

④飞机低头:升降舵上偏,地面站水平仪上移,俯地视觉,如图 5-54 所示。

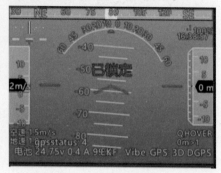

图 5-54　飞机低头检查

### 4)航向检查

延续上述自稳检查步骤,继续检查飞机磁航向角与 GPS 状态是否正常,地面站反馈是否一致,若有问题需重新调试。检查时,一人手握飞机在水平面内转动,另一人在地面站观察水平仪顶端的航向角数值变化。正常情况下,当航向角为 0°或 360°时机头朝向正北,90°时朝向正东,180°时朝向正南,270°时朝向正西,由此可进一步判断不同的航向角所对应的机头朝向。

实际操作时,通常是通过两个 90°旋转动作来完成航向检查,即飞机左转 90°,航向值减小90°;飞机右转 90°,航向值增加 90°。检查完成后,将飞机原位置原方向水平放置。

### 5)空速校正

空速校正用来检查空速显示值在静止状态是否低于 2 m/s,若大于,则先清零空速,再通过吹气的方式,判断空速管是否正常,若有问题则需重新调试。

检查工作同样由两人配合进行。先由一人在飞机端用空瓶套住空速管,另一人在地面站软件的对应任务卡里执行空速校正动作,此时的空速值显示应为 0 ~ 2 m/s;移去空瓶并向空速管轻轻吹气,地面站人员可观察到空速值增大明显,至少应大于 10 m/s,吹气结束后空速值应重新回落到 0 ~ 2 m/s。

### 6)飞机重心检查

检查飞机在增加动力电池和机载设备后,重心是否与原空载状态保持一致。检查方法为:顺机头位置在距离前缘约 1/3 处,找到左、右机翼下的重心标定点,用两手食指尖撑住重心标定点并顶起飞机,若飞机前后平衡或前方稍重(即机头略有下倾),则表明重心满足飞行要求,如图 5-55 所示。

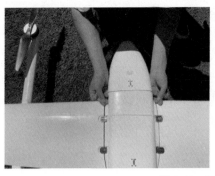

图 5-55　飞机重心检查

### 7）地面站参数检查

检查地面站参数显示，判断数据链路连接是否正常，所有参数是否处于标准值。检查内容应予以口头报告，具体包括：

①通信链路：数传信号强度接近 100% 为正常，低于 90% 不能起飞。

②GPS：定位精度小于 1 m、颗数大于 10 颗为正常，低于 6 颗严禁起飞。

③动力电池：电压接近最大值 25.2 V 为正常，低于 24.8 V 不能起飞。

④在起降过程中，应随时报告飞行高度、航向（机头朝向）、目标航点及距离等关键参数，确保飞行安全。

### 8）动力检查

通过点击地面站"解锁/锁定"按钮，或遥控器手动解锁操作，检查多旋翼模式时的动力系统工作状态，保证电机旋转方向正确且转速稳定。遥控器操作时，当前飞行模式为"QSTABI-LIZE"，美国手常采用左杆内八字解锁，即油门杆最低位、方向舵最右位。解锁成功后，4 个旋翼电机应同时起转，旋转方向正确且怠速相同。测试完成后，将遥控器摇杆置于油门最低位、方向舵最左位锁定飞机。

## 5.3.3　手动视距内飞行测试

上述步骤全部完成，特别是在确认动力系统工作正常后，可选择一名全程参与装调并具备一定飞行经验的飞手，以手动操纵方式，在视距内进行一次试飞，进一步验证无人机的飞行性能，检验飞行前准备情况。测试具体步骤如下：

①动力解锁正常 20 s 内，轻推油门，使飞机以旋翼方式升高到 5 m 以上悬停。

②若飞机悬停性能良好，则可适量打舵，像操纵多旋翼那样，使飞机前后移动、左右移动、左右转动和上升下降，进一步考察飞机在多旋翼模式下的姿态稳定情况。

③如果多旋翼模式飞行稳定，可进一步将飞机升高到 50 m 以上，通过遥控器将飞行模式

改为 FBWA 模式,实现多旋翼转固定翼飞行。固定翼飞行过程中一定要柔和变舵并随时关注油门和高度的跟随性,以及左右盘旋姿态的稳定性。

④当飞机盘旋到飞手正前方的起降场地时,再由固定翼改多旋翼飞行,轻收油门以实现飞机缓慢降落着陆。

以上步骤中,任何一步出现问题时,请及时以多旋翼方式收油门让飞机尽快着地,避免进一步操纵引发的飞行事故。

# 任务 5.4　超视距飞行实施

## 5.4.1　航线规划

航线规划是无人机任务规划的核心内容之一。无人机任务规划是指根据无人机需要完成的任务、无人机的数量以及携带任务载荷的类型,对无人机制订飞行路线并进行任务分配。任务规划的主要目标是依据地形信息和执行任务的环境信息,综合考虑无人机的性能、到达时间、耗能、威胁以及飞行区域等约束条件,为无人机规划出一条或多条自出发点到目标点的最优或次优航线,保证无人机高效、圆满地完成飞行任务,并安全返回基地。

航线规划需要综合应用导航技术、地理信息技术和远程感知技术,以获得全面详细的无人机飞行现状和环境信息,结合无人机自身技术指标特点,按照一定的航迹规划方法,制订最优或次优飞行航线。无人机任务规划及其航线规划涉足相当多的技术领域,相关内容将在"无人机地面站系统勤务与操作"课程中重点学习,配套教材将随后推出。本书仅以 MP 地面站为例,通过一个具体的实例学习航线规划的基本操作,实现无人机在不搭载任务载荷情况下的超视距飞行实施。

### 1)航点及其属性

航点是航线中的关键点。根据无人机具体的作业任务要求,在地面站数字地图上建立一系列航点,通过用直线连接相邻两个航点就构成一条完整的飞行航线。在特定的任务空域,无人机将会沿此航线飞行并完成相应的作业任务,就像人们在地面驾车时所使用的导航操作一样。

每个航程点都有其属性描述,或者称为参数描述,如航点的经纬度坐标,飞机飞行至此航点时的高度、速度和航向,飞机的绕圈、延迟、返航,等等。这些属性可以在航线规划时予以设置,也可以在飞机飞行中进行修改,前者称为事先预规划,后者称为飞行中重规划,具体操作在实例中涉及。MP 地面站设置或修改航点属性操作可在如图 5-56 所示的窗口中进行,该窗口在地面站软件中有多种显示方式,便于用户在编辑单个航点属性时快捷操作。图中第一列是 14 个航点的序号,第二列是每个航点的任务指令,右边各列显示的是各航点的参数属性。

### 2）添加与删除航点

（1）鼠标法添加航点

用鼠标左键在桌面地图上远离当前航点的地方点击即可添加一个新航点，该航点自动为最大连续序号。如果鼠标在靠近某航点的区域点击，可选中该航点；选中该航点并按住鼠标左键移动，可拖动该航点到另一位置；选中该航点按鼠标右键，针对弹出的快捷菜单，可作相应的操作。

| 航点半径 10.00 | 悬停半径 30 | 默认高度 50 | Relative ▾ | ■验证高度 | 在下方添加 | 高度警告 U | | 添加 | | | | | | |
|---|---|---|---|---|---|---|---|---|---|---|---|---|---|
| | 命令 | | Acc radius | Pass by | | Lat | Long | Alt | Frame | 删除 | 向上 | 向下 | 坡度 | Angle | 距离 | 方位 |
| 1 | VTOL_TAKEOFF ▾ | 0 | 0 | 0 | 0 | 30.375439 | 114.395482 | 40 | Rela... ▾ | X | ↑ | ↓ | 2... | 87.6 | 40.0 | 82 |
| 2 | WAYPOINT ▾ | 0 | 0 | 0 | 0 | 30.3754251 | A | 80 | Rela... ▾ | X | ↑ | ↓ | 16.5 | 9.3 | 2... | 90 |
| 3 | WAYPOINT ▾ | 0 | 0 | 0 | 0 | 30.37406 | 114.398... | 100 | Rela... ▾ | X | ↑ | ↓ | 13.2 | 7.5 | 1... | 180 |
| 4 | WAYPOINT ▾ | 0 | 0 | 0 | 0 | 30.3736159 | 114.393... | 120 | Rela... ▾ | X | ↑ | ↓ | 4.9 | 2.8 | 4... | 263 |
| 5 | WAYPOINT ▾ | 0 | 0 | 0 | 0 | 30.3736025 | 114.391... | 120 | Rela... ▾ | X | ↑ | ↓ | 0.0 | 0... | | 270 |
| 6 | WAYPOINT ▾ | 0 | 0 | 0 | 0 | 30.3754766 | 114.391... | 120 | Rela... ▾ | X | ↑ | ↓ | 0.0 | 0... | | |
| ▷ 7 | WAYPOINT ▾ | 0 | 0 | 0 | 0 | 30.3754669 | 114.393... | 120 | Rela... ▾ | X | ↑ | ↓ | 0.0 | 0... | | 90 |
| 8 | DO_JUMP ▾ | 4 | 30 | 0 | 0 | | | | Rela... ▾ | X | ↑ | ↓ | | | | |
| 9 | WAYPOINT ▾ | 0 | 0 | 0 | 0 | 30.3740879 | 114.393... | 100 | Rela... ▾ | X | ↑ | ↓ | -... | -7.4 | 1... | 180 |
| 10 | WAYPOINT ▾ | 0 | 0 | 0 | 0 | 30.3740561 | 114.390... | 90 | Rela... ▾ | X | ↑ | ↓ | -3.7 | -2.1 | 2... | 269 |
| 11 | WAYPOINT ▾ | 0 | 0 | 0 | 0 | 30.3754813 | 114.390... | 80 | Rela... ▾ | X | ↑ | ↓ | -6.3 | -3.6 | 1... | 358 |
| 12 | WAYPOINT ▾ | 0 | 0 | 0 | 0 | 30.3755087 | 114.392... | 60 | Rela... ▾ | X | ↑ | ↓ | | -5.9 | 1... | 89 |
| 13 | WAYPOINT ▾ | 0 | 0 | 0 | 0 | 30.3754251 | 114.394... | 40 | Rela... ▾ | X | ↑ | ↓ | | -6.0 | 1... | 93 |
| 14 | VTOL_LAND ▾ | 0 | 0 | 0 | 0 | 30.3754401 | 114.395... | 0 | Rela... ▾ | X | ↑ | ↓ | | | 65.6 | 88 |

图 5-56　航程点参数属性设置和修改窗口

（2）相对坐标编辑器添加航点

相对坐标编辑器具有使用简单，编辑航点坐标快速、准确和可靠等特点，但 MP 地面站的公开版本中没有此项功能。通过对地面站软件的二次开发，可在 MP 中实现用相对坐标编辑器添加航点的操作，如图 5-57 所示。

①序号：为当前点顺序号，Home 点为 0 号。每次"确定"后自动变为最大航点加 1。

②距离：为当前点到上一个点的距离（m）。

③方位：为上一个点到当前点的航向。

④高度：为当前点的高度，默认为航线高度，可修改为其他高度。

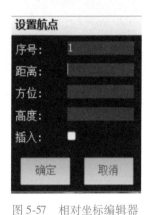

图 5-57　相对坐标编辑器

⑤确定/取消：点击则当前点在地图上生成/不生成。

⑥插入选项：若勾选，则当图上无当前航点时，生成连续序号的新航点，当图上无当前航点时，在当前航点后插入一个新航点，后序航点序号自动加 1；若不勾选，则当图上无当前航点时，生成最大连续序号的新航点，当图上无当前航点时，修改当前航点的坐标和高度。

（3）删除航点

最简单的方法就是在要删除的航点上单击鼠标右键，在弹出的对话中选择第一项即可，其他方法读者可以在 MP 地面站软件操作中自行摸索。删除当前航点后，与其序号相邻的两个航点会自动连成一条直线。

航点类型

航点有两种:一种是既有航点序号也有坐标,并在地图上显示,与前后航点之间形成航线,用以引导无人机飞行的,称为航路点;另一种虽然有航点序号,但没有坐标(或虚坐标),在地图上不显示,与作用点重合,如"DO_JUMP"点(该点与要跳转的目标航点重合,其有效参数为跳转的目标航点和跳转次数),这种没有坐标在航线上实现某种功能的航点称为功能点,下文实例中有体现。

### 3)应用实例

以民航无人机飞行执照考核中的一个具体实例,来详细说明航线规划的实施步骤。

如图 5-58 所示,要在特定的飞行空领内规划一条边长为 150 m、由航点 3、4、5、6 构成的正方形航线,航线对地高度 120 m,测区风向正东;按要求在 4 号航点盘旋 5 圈执行侦察任务,航线不闭合且循环两次后返回 Home 点。

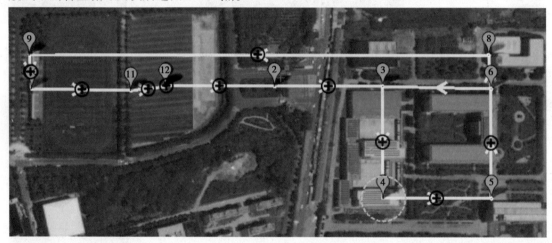

图 5-58　航线规划实例

(1)添加起飞点

在 Home 点外围任意处单击鼠标左键添加 1 号航点,并将其拖至 Home 点与其重合,此时 1 号航点即为起飞点。在航点表中(图 5-56 中第二列)改其指令为"TAKEOFF"或"VTOL_TAKEOFF",将高度改为垂起目标高度,如 40 m,表明飞机以多旋翼方式起飞至 40 m 高度后切换成固定翼模式飞往下一个航点。

(2)添加起飞引导点

根据测区风向要求,利用相对坐标编辑器,在 1 号点的正东方向添加 2 号航点,并设置距离 150 m,方位 90°,高度 60 m。这表明无人机以固定翼模式逆风飞行至 60 m 高度,准备进入任务航线。

（3）规划任务航线

在2号航点正东方添加3号航点，距离150 m，方位90°，高度120 m；在3号航点正南方向添加4号航点，距离150 m，方位180°，高度120 m；在4号航点正东方添加5号航点，距离150 m，方位90°，高度120 m；在5号航点正北方向添加6号航点，距离150 m，方位0°，高度120 m。

（4）设置盘旋

在4号航点的命令列中，单击下拉菜单，选中"Loiter_Turns（盘旋）"；在第三列"Tums"中输入"5"，表明飞机在4号航点盘旋5圈，便于执行侦察任务。

（5）设置跳转与循环

在6号航点单击右键，在弹出的对话框中单击跳转中的航点编号，出现如图5-59所示的弹窗，在对话框中输入"3"并点击"OK"，这表示飞机在6号航点后将跳转至3号航点；在紧接着出现的下一个弹窗中输入"1"并单击"OK"，这表示飞机跳转指令执行一次，即沿航线循环两圈。

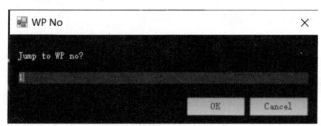

图5-59　设置跳转与循环

（6）返航设置

在6号航点正北方向添加8号航点（7号航点已被设置为功能点），距离100 m，方位0°，高度110 m（便于与任务航线区别，表明飞机开始返航并降低高度）；在8号航点正西方添加9号航点，距离600 m，方位270°，高度80 m；继续在9号航点正南方添加10号航点，距离100 m，方位1 800°，高度60 m，9号和10号航点是为了将飞机引导至Home点西方，便于逆风返航；在10号航点正东方添加11号航点，距离120 m，方位90°，高度40 m，为固定翼飞行转多旋翼降落作准备；在11号航点正东方向添加12号航点，并将该航点拖至与Home点重合，高度为0，任务指令设置为LAND。

常见航点指令

（1）Loiter_Time（悬停时间，垂起悬停相当于固定翼盘旋）

飞机飞到预定位置等待预定时间（s），这个任务相当于悬停模式。

（2）Loiter_Turns（绕圈旋转飞行）

这个任务相当于绕圈模式，飞机将会绕预定经纬度和高度点盘旋飞行，设参数CIRCLE_RADIUS可改变飞行半径。

（3）TURN：飞机旋转一圈绕点飞行圈数

Dir 1＝CW：-1表示逆时针，+1顺时针（飞机绕点飞行的方向，不是旋转方向）。

（4）Loiter_Unlimited

飞机在不确定的位置悬停等待,处于这个任务时将不会继续过去的任务。

（5）Return_To_Launch（返回起飞）

这个任务相当于返航模式,详细描述在返航模式页面中,在返航前飞机先爬升到预定高度（默认 15 m）,返回的 Home 点的位置是最近解锁起飞的位置。

（6）Delay（延迟）

在预定时间或绝对时间内,飞机将会保持在原地。第一栏中"second"就是延迟时间（s）,如果设置为-1 应该是无效的,"hour UTC""minute UTC"和"second UTC"区域用来设置绝对时间。例如,可以设在 1:30pm 起飞,注意小时和分钟设置区域设置为-1 是无效的。

（7）Condition-Delay（条件延迟）

这个延迟命令是延迟到下一个"DO"命令开始。注意:这个指令不终止飞机飞行,延迟时间执行的条件是下一个航点到达。如果"DO"没有产生条件时间延长是不会执行的。

Time:是执行下一个"DO"延迟的时间。

（8）Condition_Distance 条件距离

飞机在离下一个航点的预定距离时开始执行"DO"指令。注意:这个指令不会使飞机停止或在任务期间终止,它仅仅影响"DO"命令。Dist 栏就是设置距离（m）。

（9）Condition_Yaw（条件航向）

飞机机头指向预定的方位数。

Deg:当 rel/abs 为 0 时表述的是飞机机头朝向,当 rel/abs 为 1 时飞机的航向是一个变化量。

Dir:为 1 顺时针,为-1 逆时针,航向被预定时使用这个,预定的航向是操控员从当前的航向上增加或者减少去计算目标航向。无论是航向增加还是减少,飞机都将快速地转向新目标的航向。

Rel/abs:允许设定相对航向"0"和绝对向航"1"。

（10）Do_Jump

跳转到预定次数的预定任务之前继续这个任务。其中,WP:任务指令跳转;Repeat:跳转的最大次数,1 代表始终跳转。

Do_Jump 是个"nav"命令而不是"DO"命令,带条件的命令像 CONDITION_DELAY 不会影响 DO_Jump 指令,它一旦满足那样的指令就会执行 Do_Jump。注意:这里最大的次数为 3。

（11）Do_Change_Speed

改变飞机水平目标速度（m/s）。

（12）Land/VTOL_Land（着陆）

飞机将会着陆在当前位置或者提供的经纬度坐标位置,这个任务相当于着陆模式。

4）航线上传与模拟飞行

（1）航线上传

确保飞机正确完成飞行前各项检查,遥控器、地面站和飞机均通电正常,数传链路通信正常以及航线检查无误后,在地面站的飞行计划页面,点击右边状态栏的"写入航点"指令,将上例中已规划好的航线由地面站上传至机载飞控。为检验航线写入飞控是否成功,可通过鼠标右键"清除任务"指令清除地面站航线,再左键点击"读取航点"指令,若读取成功则表明航线上传无误。相关指令操作如图5-60中框内所示。

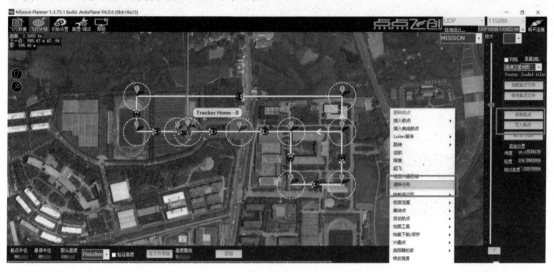

图5-60  航线上传界面

（2）模拟飞行

模拟飞行也称仿真演示,是指在数字地图上添加飞行航线,仿真飞行过程,检验飞行指令和航程点属性参数设置的正确性和可行性,这是无人机任务规划要实现的主要功能之一。虽然MP地面站的公开版本不具备此项功能,但经二次开发,笔者成功地实现了在MP地面站软件中的模拟飞行,并长期应用于专业教学,有效降低了外场实飞训练时的事故率,以下为具体的操作步骤:

①给飞机和遥控器断电,模拟飞行在地面站飞行计划和飞行数据界面即可进行,如果连上地面站和遥控器会产生真实飞行数据与模拟飞行数据间的冲突。

②在笔记本电脑桌面上打开专用模拟飞行辅助软件Cygwin64 Terminal,在弹出的窗口中输入. /ardupilot/Tools/autotest/sim_vehicle. py -v ArduPlane -f quadplane -L wczy -N,由此调用模拟数据库。

③当再次出现新的弹窗时,打开MP地面站并点击"连接"按钮,通过"加载航点文件"调入已规划航线,再经历"写入航点""清除任务""读取航点"的步骤模拟航线上传。

④进入飞行数据界面,点击"动作"按钮的"解锁/锁定"完成模拟解锁,通过"设定航点"（Home点）和"设定模式"（AUTO）按钮开始模拟飞行。如图5-61所示显示的是模拟飞行中的飞机正经历8号航点向9号航点飞行并准备返航的飞行路径,此时,应该密切关注飞机的姿态、数传信号、航向、速度和高度等关键参数是否与事先规划的保持一致。

图 5-61　无人机模拟飞行界面

### 5.4.2　飞行实施

超视距飞行应在手动视距内飞行验证后实施,实施前要再次确保无人机和各项检查符合飞行标准,航线规划正确并上传无误。

#### 1)起飞

动力检查正常后,无人机就可以起飞,起飞有 3 种方式。

（1）遥控器自动起飞

在动力解锁检查 20 s 内,将遥控器上飞行模式控制开关拨到"AUTO"位置,然后将油门置于中间略上位置,飞机将按规划航线自动飞行。由于起飞点与 Home 点重合,且 1 号航点指令为"VLOT_Takeoff",因此起飞过程为:Home 点(也称起飞点)以旋翼垂直升高到 1 号点→转固定翼后飞往 2 号航点→朝后续航点按所规划的任务航线飞行。

（2）地面站自动起飞

在动力解锁检查 20 s 内,在"飞行数据"的"动作"栏,航点选中"1"并点击"设定航点",则无人机设定 1 号航点为目标点,然后选择"AUTO"并点击"设置模式",如图 5-62 所示。无人机将自动起飞至 1 号航点,经由 2 号航点后继续规划航线自动飞行,HUD 窗口右下位置显示目标航点和飞行模式。

（3）手动起飞

在动力解锁检查 20 s 内,推油门,无人机上升,到达一定高度,将遥控器上飞行模式控制开关拨到"AUTO"位置,然后将油门置于中间略上位置,飞机将按规划航线自动飞行。与遥控器自动起飞不同的是,手动起飞是先推油门,再进行"AUTO"设置。

### 2)飞行中重规划

超视距飞行的无人机在正常起飞后,一般会沿预规划航线自动飞行并在关键航点执行指令任务。如图5-63所示为无人机在4号航点执行盘旋和侦察任务的图示。预规划航线飞行过程中,飞机已远离视距,为确保飞行安全,操作手应密切关注由数传下行链路传下来的各种遥测数据,特别是飞机姿态、GPS和链路信号、剩余油量或电池电压等关键参数,如果有图传还应观察视频信号。

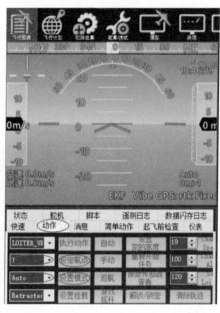

图5-62 地面站自动起飞

当然,实际遂行多种作业任务时,可能会遇到一些突发情况,如地形、气象变化、未知的限飞禁飞因素等,这就需要在飞行过程中对预规划航线进行动态和局部调整,包括飞行路径的修改、命令任务的改变和应急处置预案的选择等,即所谓飞行中重规划。对常见的变向、变高、变速和修改指令任务等几种情况予以说明。

图5-63 无人机在指定航点执行盘旋侦察任务

(1)变向

变向即改变飞机飞行航向或机头朝向。航向是由航线位置决定的,而航线位置又由航程点决定,变向的本质是航程点改变,也称"变点",如增加或减少航程点等。

255

①飞往任意一个兴趣点。

如果在飞行过程中,突然有一个兴趣点需要立即关注,请在飞行数据界面的飞行轨迹窗口中的兴趣点位置点击鼠标右键,在弹出的快捷菜单中选择"飞行至此",在弹出的对话框中输入航点高度,该高度应与任务航线高度保持一致或略高,单击"OK"按钮后,该位置将会出现一个绿色的航点符号和一个蓝色的虚线圆圈,表明飞机将从当前位置改变航向飞往兴趣点,到达兴趣点后开始盘旋,如图5-64所示。

图5-64 飞往引导点

该兴趣点也可称为引导点,意在每次重规划航线开始前,都需先将飞机引导至这个安全位置,再进行其他操作,该航点的高度要不低于航线高度的原因就是要确保飞机处于安全状态。

②改变目标点。

改变目标点即改变飞机飞行的下一个航程点,如飞机正在向3号航点飞行,因情况有变,需跳过3号航点,直接飞往4号航点。操作步骤(图5-64)如下:

a.在飞行数据窗口的"动作"卡中,选择"设定航点"按钮左边的下拉选项,在出现的航点列表中选择4号航点作为下一个目标点。

b.同样的方法选择"设定模式"为"AUTO"。

c.分别点击"设定航点"和"设定模式"按钮,飞机即从当前位置飞往4号航点。

③添加航点。

a.执行"飞行至此"操作,将飞机引导至安全位置。

b.进入飞行计划界面,在所需加点位置右键点击插入航点,输入上一点序号(意思是在上一个航点后面添加一个点)并点击"OK",即可在指定位置插入一个新航点。也可以在上一个航点上右键插入航点,然后用鼠标拖到指定位置达到同样效果,如果要精确添加航点,请使用相对坐标编辑器,并勾选"插入"选项。

c. 执行"写入航点""读取航点"指令,上传并检查重规划是否成功。

d. 分别点击"设定航点"和"设定模式"按钮,飞机即从引导位置前往重新规划的航线。

④删除航点。

a. 执行"飞行至此"操作,将飞机引导至安全位置。

b. 进入飞行计划界面,在需要删除的航点上单击鼠标右键,在弹出的快捷菜单中选择"删除航点",即可将当前航点从航线中删除,也可在航点列表执行此操作。

c. 执行"写入航点""读取航点"指令,上传并检查重规划是否成功。

d. 分别点击"设定航点"和"设定模式"按钮,飞机即从引导位置前往重新规划的航线。

(2)变高

①临时变高。

飞机需要临时改变高度时,可以执行此操作。需要说明的是,临时变高只在两个航点之间有效,飞机飞过后高度仍会变为正常的航线高度。操作方法为在飞行数据页面的"动作"选项卡中,在"Change Alt"按钮上方的输入框中,输入指定高度后点击该按钮即可实现高度的临时改变。

②航线变高。

a. 执行"飞行至此"操作,将飞机引导至安全位置。

b. 进入飞行计划界面,在航点列表窗口依次修改任务航线的航程点(不包括起降点和引导点)高度,输入指定值。

c. 执行"写入航点""读取航点"指令,上传并检查重规划是否成功。

d. 分别点击"设定航点"和"设定模式"按钮,飞机即从引导位置前往重新规划的航线。

(3)变速

参照"临时变高"操作方法,此时选择的按钮是"Change Speed"。

(4)改变任务指令

①指定圈数盘旋。

a. 执行"飞行至此"操作,将飞机引导至安全位置。

• 进入飞行计划页面,将要求盘旋的航点命令改为 LOITER_TURNS,然后在命令的第一个格子中输入盘旋圈数(默认 5 圈)。

• 执行"写入航点""读取航点"指令,上传并检查重规划是否成功。

• 分别点击"设定航点"和"设定模式"按钮,飞机即从引导位置前往重新规划的航线并在指定航点按圈数执行盘旋操作。

②指定时间盘旋。

• 执行"飞行至此"操作,将飞机引导至安全位置。

• 进入飞行计划页面,将要求盘旋的航点命令改为 LOITER_TIME,然后在命令的第一个格子中输入盘旋时间,单位为 s。

• 执行"写入航点""读取航点"指令,上传并检查重规划是否成功。

• 分别点击"设定航点"和"设定模式"按钮,飞机即从引导位置前往重新规划的航线并在指定航点按时间执行盘旋操作。

③航点盘旋变高。

• 执行"飞行至此"操作,将飞机引导至安全位置。

• 进入飞行计划页面,将要求盘旋变高的航点命令改为 LOITER_TO_ALT,然后在航点的高度框中输入目标高度,单位为 m。

• 执行"写入航点""读取航点"指令,上传并检查重规划是否成功。

• 分别点击"设定航点"和"设定模式"按钮,飞机即从引导位置前往重新规划的航线并在指定航点盘旋变高。

④跳转。

当需要循环或多次执行全部或部分任务航线时,就要用到跳转指令,一般是在需要跳转的航点后插入一个新的功能航点,并对该航点进行跳转设置。

• 执行"飞行至此"操作,将飞机引导至安全位置。

• 进入飞行计划页面,在要求跳转的航点后添加一个新航点,将新航点命令改为 DO_JUMP,然后在出现的第一个弹窗中输入要跳转到的目标航点序号,第二个弹窗中输入跳转的次数(循环次数-1)。

• 执行"写入航点""读取航点"指令,上传并检查重规划是否成功。

• 分别点击"设定航点"和"设定模式"按钮,飞机即从引导位置前往重新规划的航线并在指定航点执行跳转,开始循环。

### 3)返航操作

#### (1)自动返航

飞机在执行完全部的预规划或重规划任务航线后,会自动进入返航模式,沿预先设置的返航路线自动降落到着陆点,参见上文实例的返航设置。注意,当飞机从固定翼转为多旋翼降高着陆时,应密切关注并大声报读高度等返航参数,直至着陆后空速计因 20 s 感受不到高度变化而旋翼停转并自动上锁为止。

#### (2)遥控器手动返航

在飞行中,将"AUTO"自动模式改为固定翼模式(如 FBWA)或多旋翼模式(如 QSTABI-LIZE),无人机将会放弃航线飞行,这时需要飞手用遥控器飞行无人机,包括遥控器手动返航。

遥控器飞行一定要保证遥控器信号在有效联通距离之内,且可直视。当无人机离 Home 点比较远时,应选择固定翼模式,可加快返航速度,飞到较近处再切换成多旋翼模式降落。

#### (3)应急返航

当无人机在飞行中遇到紧急情况时,可采用应急返航方式一键返航,主要方法如下:

①在"飞行数据"的"动作"卡中,直接点击"返航"按钮。

②在"飞行计划"的航线窗口中单击鼠标右键,在弹出的快捷菜单中点击"返航"选项。

③在"飞行数据"的"动作"卡中,分别点击"设定航点"(Home)和"设定模式"(AUTO)按钮,无人机将直接飞向 Home 点,后续同自动返航。

### 5.4.3　着陆后检查

长时间进行飞行训练的固定翼无人机,其翼面和舵面会因受较大气动力而产生震动,机身的多个部位会在着陆时受到一定程度的冲击,这些都可能对机体相关部位造成损伤和毁坏。同时,机载的电气设备和动力设备会因工作电流高、工作时间长和电磁环境复杂等受到磨损和消耗。对着陆后的无人机进行全方位检查是无人机操作手必须养成的良好习惯。"白云岩"无人机属于教学训练用机,结构简单,且经历自主装调和试飞,着陆后检查工作内容相对较少。

#### 1)断电顺序

与飞行前加电顺序相反,即先飞机断电,再地面站断电,最后是遥控器断电。
①记录飞机着陆后的飞行时长和电池电压,然后飞机断电,取下电池。
②地面站断开连接,关闭地面站,取下地面数传模块。
③关闭遥控器。

#### 2)飞机检查和维护

①检查飞机外观有无破损、变形。
②检查电机和螺旋桨安装处有无松动,桨叶有无破损。
③检查外部机翼和舵面等连接处有无松动,各舱盖是否固定紧固。
④检查机舱内部的管、线有无松脱,天线有无变形松脱,电气设备安装有无松脱;电线、电路板应有无烧焦痕迹和异味等。

## 项目小结

(1)当"垂直起降"遇到"无人机"的时候,多旋翼飞行距离短和续航能力差、固定翼过分依赖起降场地等痛点或泪点问题便被有效解决。垂起固定翼无人机具有航时长、垂直起降、结构简单、操作简便、价格便宜等显著特点,可以保证在山区、丘陵、丛林等复杂地形和建筑物密集区域顺利作业,应用与发展前景极好。

(2)无论是多旋翼,还是传统固定翼,抑或是本项目中推崇的垂起固定翼,"组装→调试→性能验证→飞行实训→行业应用"一直是学习各类无人机时基于工作过程导向基本要求和渐进思路,请务必牢记:装调和性能测试时强调的是"结构全系统",实训和执行任务时强调的是"作业全流程"。

(3)本项目中,选用一种动力复合式垂起固定翼的常见机型,沿用 MP 地面站软件,配套传承 APM 飞控整体架构的雷迅 CUAV X7+飞控,构建了一套适合院校专业教学的垂起固定翼无人机训练系统。该系统选型简便、价格便宜,更重要的是经历装调、测试和飞行的反复实训,对全系统非常了解,一有故障可随时修复,很好地保证了训练效率。当然,如果院校需要,可考虑购买价格昂贵的商业级垂起机作为教学训练用机,这对学生提前介入无人机行业应用大有裨益,需要提醒的是,购置商业级无人机必须认真关注厂家的售后和培训。

(4)再次强调,安全永远是第一位的。超视距飞行时,无人机实际上已远离人们的视线之外。此时,正确设置失控保护、密切关注地面站上的各种飞行参数显示、随时做好突发情况时的应急预案处置、保证无人机起降和飞行安全,是平时训练中就必须养成的良好习惯。

# 习题

## 一、选择题(概念记忆)

1.关于垂直起飞和着陆回收以下错误的是(　　)。

A.垂直起降是旋翼无人机的主流发射回收方式

B.部分特种固定翼无人机可采用垂直方式发射和回收

C.垂直起降固定翼无人机均安装有专用的辅助动力系统

D.垂直起降固定翼具有起降方便和航时长等特点

2.垂起固定翼无人机通信链路系统主要有以下几种(　　)。

A.控制链路、动力系统、数据链路

B.控制链路、图像链路、数据链路

C.图像链路、任务设备、数据链路

D.动力系统、任务设备、飞行平台

3.地面站地图航迹显示系统可为无人机驾驶员提供飞机(　　)等信息。

A.飞行姿态　　　　　　B.位置　　　　　　C.飞控状态　　　　　　D.电池电量

4.地面站任务规划需要实现的功能包括(　　)。

A.自主导航功能、应急处理功能、航迹规划功能

B.任务分配功能、航迹规划功能、仿真演示功能

C.自主导航功能、自主起降功能、航迹规划功能

D.任务分配功能、航迹规划功能、应急处理功能

5.下面关于无人机中使用的磁罗盘描述错误的是(　　)。

A.磁罗盘能够对无人机的加速度进行检测

B.磁罗盘比较容易受干扰

C.磁罗盘主要对方向进行定位

D.磁罗盘也称为指南针

6.关于无人机电调的使用方法,下面描述错误的是(　　)。

A.电调应定时增加润滑油

B. 电调应注意散热

C. 电调应避免进水

D. 电调应工作在标注的电压范围内

7. 垂起固定翼应避免在高压线或信号发射塔附近飞行,原因不包括(　　)。

A. 有可能对无人机磁罗盘信号造成干扰

B. 会造成无人机飞行效率下降

C. 有可能对无人机遥控信号造成干扰

D. 有可能造成无人机失控

8. 垂起固定翼无人机飞行前,地面站、遥控器、飞机的加电顺序为(　　)。

A. 遥控器、飞机、地面站　　　　　　B. 飞机、遥控器、地面站

C. 地面站、遥控器、飞机　　　　　　D. 飞机、地面站、遥控器

9. 部分垂起固定翼无人机系统中可能使用到折叠桨,关于折叠桨的作用,下面描述错误的是(　　)。

A. 无须展开即可进行飞行

B. 如果桨叶有破损应及时更换

C. 桨叶与电机的搭配必须合理,不能过载搭配

D. 桨叶应定期检查,及时发现如断裂、破损等问题

10. 垂直起降的概念最初是由(　　)提出的。

A. 美国　　　　　　B. 英国　　　　　　C. 苏联　　　　　　D. 德国

## 二、填空题(概念记忆)

1. 描述一架垂起固定翼的主要性能指标包括_____、_____、_____。

2. 倾转式垂起固定翼包括倾转_____和倾转_____两种形式。

3. 固定翼机身上的设备舱一般应设置有电池舱、飞控舱和_____。

4. 空速计设备由_____、空速计、硅胶管和_____组成。

5. 航线规划需要综合应用_____技术、_____技术和_____技术。

6. 飞行中重规划一般包含_____、_____、_____和_____4种操作。

## 三、简答题(知识点理解)

1. 什么是垂直起降技术?垂直起降给固定翼飞机带来的好处有哪些?

2. 写出垂直起降固定翼无人机的基本定义。

3. 无人机着陆后,对飞机系统的检查和维护包括哪些内容?

4. 写出起飞前对无人机外观检查的具体内容。

5. 无人机姿态自稳检查的含义是什么?具体检查内容有哪些?

## 四、操作题（实训跟踪）

1. 雷迅 CUAV X7 飞控有哪些接口？各接口连接什么设备？画图表示飞控及其相关航电设备的连接关系。

2. 表 5-3 是一份无人机飞行前和回收后的详细检查项目清单，可以看作一份无人机的功能检测报告，对多旋翼、传统固定翼和垂起固定翼均适用。请在每一次执行作业任务时对照表格中的相应项目予以认真检查并签字确认。

表 5-3　民用无人机任务作业时检查项目清单

飞机编号：

| 序号 | 项目 | 检查内容 | 检查值 | 是否合格 |
|---|---|---|---|---|
| 1 | 静态检查 | 螺旋桨安装牢固 | | 是□　否□ |
| | | 遥控器、地面站、无人机编号对应一致 | | 是□　否□ |
| | | 用手旋动螺旋桨，电机旋转灵活顺畅，无卡顿，无异响，无阻塞感 | | 是□　否□ |
| | | 右前螺旋桨为顺转 CW/逆转 CCW 桨 | | 顺□　逆□ |
| | | 左前螺旋桨为顺转 CW/逆转 CCW 桨 | | 顺□　逆□ |
| | | 左后螺旋桨为顺转 CW/逆转 CCW 桨 | | 顺□　逆□ |
| | | 右后螺旋桨为顺转 CW/逆转 CCW 桨 | | 顺□　逆□ |
| | | 云台/相机设备安装稳固，挂载板连接件安装到位，锁紧销已插紧到底 | | 是□　否□ |
| | | GPS 信号线已卡入支架锁扣 | | 是□　否□ |
| | | 挂载航插已经插接到位，锁扣已锁紧位 | | 是□　否□ |
| | | 数图传天线及接收机天线已按照对应频率标记固定到相应的接口上 | | 是□　否□ |
| | | 数图传天线、接收机天线，安装稳固至天线底座已经用力无法转动，并且天线垂直向下摆到位 | | 是□　否□ |
| | | 飞机重心是否在中心位置 | | 是□　否□ |
| | | 安装地面站数图传天线在 1 号和 4 号天线馈线口，连接稳固 | | 是□　否□ |
| | | 云台/相机设备安装稳固 | | 是□　否□ |
| | | 飞行遥控器确认操作模式（美国手、日本手）（默认出厂设置左手油门即美国手） | | 左手油门□<br>右手油门□ |

| 序号 | 项目 | 检查内容 | 检查值 | 是否合格 |
|---|---|---|---|---|
| 2 | 通电检查 | 正确连接动力电池:先连接右侧电池负极黑色接头,再连接电池正极红色接头(右侧:从飞机后方往前看时的右侧) | | 是 □　否 □ |
| | | 飞行遥控器(用于控制飞行器)模型选择正确及模型编号与飞机编号对应 | | 是 □　否 □ |
| | | 系统开关/接电顺序为先地面站上电,再开启遥控器,最后无人机上电 | | 是 □　否 □ |
| | | 遥控器信号灯亮:绿灯长亮 | | 是 □　否 □ |
| | | 建立地面站与飞机的连接,连接后飞机的基本参数(如电压、姿态、数据链强度等)已回传至地面站 | | 是 □　否 □ |
| | | 检查地面站数据链强度 | | 强度: |
| | | GPS 在开机后 3 min 内搜星状态:在室内卫星数量≥4 颗,在室外卫星数量≥15 颗 | | 是 □　否 □ |
| | | 将手机与飞机齐平放置,手机显示方向与地面站显示机头航向偏差在 20° 以内 | | 是 □　否 □ |
| | | 姿态反馈检查<br>1.飞机低头,姿态球天地线往上移动<br>飞机抬头,姿态球天地线往下移动 | | 是 □　否 □ |
| | | 2.飞机左滚转,姿态球天地线左高右低<br>飞机右滚转,姿态球天地线左低右高 | | 是 □　否 □ |
| | | 3.飞机顺时针旋转,航向角数值增加<br>飞机逆时针旋转,航向角数值减小 | | 是 □　否 □ |
| | | 通过地面站电机测试功能测试电机转向:<br>1.右前电机(1 号电机) | | 顺 □　逆 □ |
| | | 2.左前电机(2 号电机) | | 顺 □　逆 □ |
| | | 3.左后电机(3 号电机) | | 顺 □　逆 □ |
| | | 4.右后电机(4 号电机) | | 顺 □　逆 □ |

续表

| 序号 | 项目 | 检查内容 | 检查值 | 是否合格 |
|---|---|---|---|---|
| 3 | 断电后检查 | 动力电池充/放电至存储电压,即单片电压3.85~3.9 V | | 是 □ 否 □ |
| | | 按清单检查物品品类及数量无误 | | 是 □ 否 □ |
| | | 遥控器、地面站、无人机编号对应一致 | | 是 □ 否 □ |
| | | 按包装箱指定位置装箱 | | 是 □ 否 □ |

备注:(填写对飞机飞行性能的整体判断)

检查时间:＿＿＿＿＿＿＿＿＿　　检查确认签字:＿＿＿＿＿＿＿＿＿

# 参考文献

［1］王古常. 多旋翼无人机组装调试与飞行实训［M］. 重庆：重庆大学出版社,2021.

［2］董彦非,李继广. 固定翼无人机技术［M］. 西安：西安电子科技大学出版社,2021.

［3］马丁·西蒙斯. 模型飞机空气动力学［M］. 肖治垣,马东立,译. 北京：航空工业出版社,2009.

［4］Paul G Fahlstrom,Thomas J Gleason. 无人机系统导论［M］. 吴汉平,译. 北京：电子工业出版社,2003.

［5］Reg Austin. 无人机系统——设计开发与应用［M］. 陈自力,董海瑞,江涛,译. 北京：国防工业出版社,2013.

［6］鲁储生. 无人机组装与调试［M］. 北京：清华大学出版社,2018.

［7］于明清,司维钊. 无人机飞行控制技术［M］. 西安：西北工业大学出版社,2018.

［8］权军. 无人机操控师［M］. 北京：中国劳动社会保障出版社,2015.

［9］吴文海. 飞行综合控制系统［M］. 北京：航空工业出版社,2007.

［10］于坤林,陈文贵. 无人机结构与系统［M］. 西安：西北工业大学出版社,2016.

［11］何华国. 无人机飞行训练［M］. 北京：高等教育出版社,2017.

［12］赵雲超,郑宇. 无人机入门宝典［M］. 济南：山东人民出版社,2017.

［13］司朝润,武伟超,周旭. 无人机大揭秘［M］. 北京：清华大学出版社,2019.

［14］刘义清,杨俊旺. 警惕战场上空的幽灵——无人机［M］. 北京：长征出版社,2003.